国家重点研发计划项目(2020YFB2103705)资助
国家自然科学基金项目(72104233)资助
中央高校基本科研业务费专项资金项目(2021QN1030)资助

老旧小区海绵化改造的居民参与治理研究

——基于长江三角洲地区试点海绵城市的分析

谷甜甜　李德智　尹继尧　著

中国矿业大学出版社

·徐州·

内 容 提 要

本书将参与式治理引入老旧小区海绵化改造,按照"政府主导、居民参与、互动合作"的思想,在厘清老旧小区海绵化改造的居民参与治理内涵基础上,划分老旧小区海绵化改造的居民参与治理模式,定量评价居民参与治理水平,探究居民参与治理的影响机理,仿真居民参与治理的演化过程,系统提出关于老旧小区海绵化改造中居民参与治理水平提升的对策建议。

本书可供普通高等院校工程管理专业的研究生和本科生参考阅读,也可供从事工程管理研究的科技工作者参考使用。

图书在版编目(CIP)数据

老旧小区海绵化改造的居民参与治理研究:基于长江三角洲地区试点海绵城市的分析/谷甜甜,李德智,尹继尧著. —徐州:中国矿业大学出版社,2022.7

ISBN 978 - 7 - 5646 - 5469 - 6

Ⅰ.①老… Ⅱ.①谷… ②李… ③尹… Ⅲ.①长江三角洲—居住区—旧房改造—研究 Ⅳ.①TU984.12

中国版本图书馆 CIP 数据核字(2022)第 117422 号

书 名	老旧小区海绵化改造的居民参与治理研究 ——基于长江三角洲地区试点海绵城市的分析
著 者	谷甜甜 李德智 尹继尧
责任编辑	陈红梅
出版发行	中国矿业大学出版社有限责任公司 (江苏省徐州市解放南路 邮编 221008)
营销热线	(0516)83884103 83885105
出版服务	(0516)83995789 83884920
网 址	http://www.cumtp.com E-mail:cumtpvip@cumtp.com
印 刷	徐州中矿大印发科技有限公司
开 本	787 mm×1092 mm 1/16 印张 16.5 字数 412 千字
版次印次	2022 年 7 月第 1 版 2022 年 7 月第 1 次印刷
定 价	48.00 元

(图书出现印装质量问题,本社负责调换)

前　言

在我国城市化快速发展的时代背景下,城市"水"病盛行,面对亟待解决的城市水危机,海绵城市建设理念应运而生。作为内涝重发区,老旧小区是海绵城市建设的重要组成部分,其海绵化改造涉及面更广、难度更大。为此,我国开始大力推行老旧小区海绵化改造,并将居民参与作为老旧小区海绵化改造的新途径。然而,现阶段居民在老旧小区海绵化改造项目中的"无意参与""无力参与""无路参与""无序参与"等现象仍然普遍存在,严重制约着老旧小区治理水平,甚至引发了较多投诉事件。

尽管国内外学者均在老旧小区改造、海绵城市建设、居民参与和参与式治理上有较多研究成果,但鲜见参与式治理在老旧小区海绵化改造中的应用,对居民参与治理模式的定量分析较少,缺乏居民参与治理水平的评价方法,少有对居民参与治理机理的分析,未见该领域居民参与治理动态仿真的研究,且缺少引导居民参与治理的对策。为此,本书将参与式治理引入老旧小区海绵化改造的过程中,按照"剖析内涵—划分居民参与治理模式—评价居民参与治理水平—分析居民参与治理影响机理—仿真居民参与治理动态过程"的思路,对老旧小区海绵化改造的居民参与治理进行系统研究。

本书共分7章:第1章简要介绍老旧小区海绵化改造中居民参与治理的研究概况;第2章全面剖析老旧小区海绵化改造的居民参与治理内涵;第3章系统划分老旧小区海绵化改造的居民参与治理模式类型;第4章定量评价老旧小区海绵化改造的居民参与治理水平;第5章深入探究老旧小区海绵化改造的居民参与治理影响机理;第6章动态仿真老旧小区海绵化改造的居民参与治理过程;第7章全面总结老旧小区海绵化改造的居民参与治理研究成果与展望。

本书在撰写过程中得到课题组成员的大力支持与帮助,书中也借鉴了近年来国内外相关领域学者们的科学研究成果,在此一并表示诚挚的谢意。另外,感谢深圳市城市公共安全技术研究院有限公司各位领导与同事的大力支持;特别感谢求学期间张建坤老师课题组和李德智老师课题组所有同门的大力支持；感谢中国矿业大学出版社陈红梅编辑的精心编辑，使得本书能够与读者提前见面。

最后，真诚感谢国家重点研发计划项目（2020YFB2103705）、国家自然科学基金项目（72104233）以及中央高校基本科研业务费专项资金项目（2021QN1030）的资助，研究中所取得的成果均已反映在书中。

限于笔者的水平和学识，书中难免存在疏漏之处，敬请广大读者批评指正。

著 者

2022 年 3 月

目　录

第1章

绪　论

1.1　研究背景

1.1.1　城市"水"病盛行

在我国城市化快速发展的时代背景下,城市硬化面积大幅度提高,河道、湿地、绿地等自然海绵体被侵占,城市调蓄水的面积逐渐被"蚕食",加之排水管网建设标准不高、排水系统不完善等原因,造成内涝灾害频繁,内涝问题日益严重,轻则影响车辆通行及行车安全,重则威胁人民生命财产安全,"改造自然、超越自然、战胜自然"的城市建设模式造成的生态危机逐步显现,内涝灾害、城市缺水、水质污染等城市"水"病开始盛行。住房和城乡建设部统计数据显示,2010 年以来超过 200 个城市发生过不同程度的积水内涝,尽管 2017 年之后发生内涝城市数量有所减少,但城市积水内涝仍给我国人民生命财产造成了重大损失,其中北京、上海、武汉、南京、聊城、深圳、长春及郑州等城市均出现过严重的内涝灾害。历年来我国部分城市内涝灾害统计见表 1-1。

表 1-1　历年来我国部分城市内涝灾害情况统计

时间	地点	内涝影响
2012-07-21	北京	根据北京市政府的数据显示,暴雨造成 79 人死亡,10 660 间房屋倒塌,160.2 万人受灾,经济损失 116.4 亿元
2013-09-13	上海	上海特大暴雨造成浦东、长宁等区 80 多条道路在短时间内积水 20~50 cm,部分老旧小区内道路积水 10~30 cm
2015-07-23	武汉	受暴雨侵袭,市区内多处积水,武汉大学门前水深没过膝盖,某工业园积水 2 m,商户损失惨重
2016-07-06	南京	遭到暴雨袭击,城市多处发生内涝,多个居民小区被淹,最高水深 1 m 以上,至少有数十处道路因严重积水出现交通中断,并有部分地铁站点进水影响正常运行
2017-06-22	益阳	强降水导致市内大部分地区严重积水,严重影响居民生产生活
2018-08-18	聊城	持续性降雨天气导致部分路段严重积水,出现树木折断现象,严重影响市民出行
2019-04-11	深圳	突发强降雨导致福田区 4 名河道施工人员被冲走;罗湖区西湖宾馆段施工处有 7 人被冲走,其中有 4 人获救,2 人失联,1 人死亡

时间	地点	内涝影响
2019-06-05	桂林	桂林市多条河流出现超出水位警戒线洪水,部分地区农作物受灾、交通受阻、城镇内涝严重,部分电网线路故障停运,旅游业受影响
2019-06-02	长春	长春市在经历5个小时强降雨之后,市内多条路段积水严重,部分住户进水较为严重,同时交通受阻
2019-08-01	郑州	经过特大暴雨之后,郑州市多个路段被淹,出行严重受阻
2019-09-06	上海	受到强降水影响,上海延安西路虹许路、虹许路古羊路、中环路吴中路上匝道等路段出现车辆拥堵情况,严重影响了市民出行

除上述水害问题外,我国部分城市在水资源、水环境、水生态方面也存在问题。我国水资源匮乏,人均水资源拥有量仅为世界平均水平的1/3,属于典型的人多水少且水资源时空分布不均的国家,2018 年全国有 400 多个城市(约占总城市数量的 2/3)存在不同程度的缺水问题。关于水污染问题,我国约有 50% 的城市市区的地下水污染比较严重,《中国水资源公报(2018)》对 31 个省(直辖市、自治区)1 045 个集中式饮用水水源地进行评价的结果显示,全年水质合格率在 80% 及以上的水源地占评价总数的 83.5%,仍有超过 10% 的地区全年水质合格率低于 80%。关于水生态退化问题,研究表明:城市水资源的严重污染导致湖泊与水库的富营养现象十分严重,使得周边城市水质恶化、城市河道断流、用地被挤占等问题频发。

1.1.2 国家大力推行老旧小区海绵化改造

面对亟待解决的城市水危机,海绵城市建设理念应运而生。2014 年 2 月,《住房和城乡建设部城市建设司 2014 年工作要点》中提出"督促各地加快雨污分流改造,提高城市排水防涝水平,大力推行低影响开发建设模式,加快研究建设海绵型城市的政策措施",并于 10 月发布《海绵城市建设技术指南——低影响开发雨水系统构建(试行)》,全面铺开海绵城市建设试点工作。2015 年 4 月遴选出第一批 16 个海绵城市建设试点城市,2016 年 4 月财政部、住房和城乡建设部、水利部三部门公布了第二批 14 个海绵城市建设试点城市。一时间,"海绵城市"这一概念再一次进入人们的视野;与此同时,海绵城市建设也被提升至国家战略的高度。我国海绵城市建设的政策推进历程见表 1-2。

表 1-2 我国海绵城市建设的政策推进历程

时间	相关政策(事件)	发布单位
2013 年 12 月	习近平总书记在中央城镇化工作会议的讲话中强调海绵城市建设	
2014 年 2 月	《住房和城乡建设部城市建设司 2014 年工作要点》	住房和城乡建设部城市建设司
2014 年 10 月	《海绵城市建设技术指南——低影响开发雨水系统构建(试行)》	住房和城乡建设部
2015 年 1 月	《关于组织申报 2015 年海绵城市建设试点城市的通知》	财政部办公厅、住房和城乡建设部办公厅、水利部办公厅
2015 年 4 月	第一批海绵城市建设试点城市名单公布	—
2015 年 7 月	《海绵城市建设绩效评价与考核办法(试行)》	住房和城乡建设部办公厅
2015 年 10 月	《关于推进海绵城市建设的指导意见》	国务院办公厅

表 1-2(续)

时间	相关政策(事件)	发布单位
2015 年 12 月	《关于推进开发性金融支持海绵城市建设的通知》	住房和城乡建设部、国家开发银行股份有限公司
2016 年 3 月	《住房城乡建设部关于印发〈海绵城市专项规划编制暂行规定〉的通知》	住房和城乡建设部
2016 年 3 月	《海绵城市专项规划编制暂行规定》	住房和城乡建设部
2016 年 4 月	第二批海绵城市建设试点城市名单公布	—
2017 年 7 月	出台海绵城市标准系列	—
2017 年 12 月	《关于组织申报 2018 年科学技术计划项目的通知》	住房和城乡建设部办公厅
2017 年 12 月	全国住房和城乡建设工作会议召开	
2018 年 1 月	《关于 2017 年度国家节水型城市复查情况的通报》	住房和城乡建设部办公厅、国家发展和改革委员会办公厅
2018 年 3 月	《住房城乡建设部建筑节能与科技司 2018 年工作要点》	住房和城乡建设部建筑节能与科技司
2018 年 12 月	《海绵城市建设评价标准》	住房和城乡建设部

　　老旧小区是城市建成区的重要组成部分,同时也是内涝重发区,对其进行海绵化改造是改善民生、排除内涝及控制雨水年径流总量的重要手段。如果仅是新建项目按海绵城市的理念实施,老旧小区维持现状或按照传统方式进行绿化改造,建设海绵城市就会成为纸上谈兵[1]。相较于城市道路、绿地与广场等海绵城市建设区域,老旧小区面临历史遗留问题较多以及产权复杂、空间局促等诸多不利因素,其海绵化改造涉及面更广,难度更大。为此,我国陆续发布相关政策文件强调海绵化改造在老旧小区综合整治中的重要性。2015 年 10 月,国务院办公厅发布《关于推进海绵城市建设的指导意见》,提出要统筹推进新老城区海绵城市建设,老城区要结合城镇棚户区和城乡危房改造、老旧小区有机更新等,以解决城市内涝、雨水收集利用、黑臭水体治理为突破口,推进区域整体治理,逐步实现小雨不积水、大雨不内涝、水体不黑臭、热岛有缓解。各地要建立海绵城市建设工程项目储备制度,编制项目滚动规划和年度建设计划,避免大拆大建。2016 年 6 月,中共中央、国务院发布的《关于进一步加强城市规划建设管理工作的若干意见》中明确指出了民族特色建设形态、工程质量与文明安全施工、节能减排、老旧小区综合整治、街区制住区、海绵城市、中水及垃圾减量化处理等新要求,强调老旧小区海绵化改造的重要地位。因此,合理利用海绵城市理念,并将其融入老旧小区改造设计的元素中,建设生态型的居民生活环境,这些将是城市规划设计中亟待解决的重要问题。

1.1.3　老旧小区海绵化改造过程中的问题

　　在试点工作中,部分城市在老旧小区海绵化改造方面取得了显著效果。例如,入选我国第一批海绵城市建设试点城市之一的嘉兴,其在海绵化改造规划、海绵技术选用和鼓励居民参与方面进行了相关实践。除此之外,作为我国第二批海绵城市建设试点城市的上海,在建设指标、设施维护、技术选用、积水区改造、居民认知角度等方面积累了一定的经验,为在老旧小区中落实海绵城市建设提供参考。但在实际操作中,海绵城市建设还是遇到了一些问题,突出表现为统筹协调难度较大。根据其他城市老旧小区海绵化改造经验,即便成立了相关工作领导小组,并有政府大力支持,老旧小区海绵化改造的统筹协调仍然是一项困难任务,具体如下:

第一,老旧小区的海绵化改造涉及多个政府部门和企事业单位。如小区的地下管线有8大类20余种,涉及住建、城管、燃气、电信等多个权属部门和单位,小区的绿化则涉及城建、城管、园林、物业等多个部门和单位,改造工作需要相关部门和单位充分配合、对接联动,统筹协调工作量大、难度高。

第二,老旧小区海绵化改造事项还需要协调小区的物业。由于这些事项往往涉及物业切身利益,难度更不容小觑。例如,在政府部门对海绵设施的管理维护未明确责任划分的情况下,部分物业费紧张的小区,会缩减住区海绵城市设施的维护工作量,导致维护不及时,设施状态不佳等情况。此外,部分老旧小区既无物业,也无业委会,甚至产权归属也很模糊,物业管理相关条例并不能在该类小区实施,老旧小区海绵化改造工作难以推进。

第三,居民参与度低是老旧小区海绵化改造推进的重、难点。老旧小区的海绵化改造本是一项惠民工程,但居民对于海绵化改造的态度以及参与行为却差异较大,突出表现为居民的"无意参与""无力参与""无路参与"。例如,在面源污染控制的设计与应用过程中,由于居民参与的缺失,导致很多面源控制措施在实施过程中无法得到居民的认同,以致项目后期被搁置,甚至被撤销。除此之外,居民对住区内雨洪基础设施功能认知不足,缺乏保护意识是另一大弊病,如部分雨水口周围堆放生活垃圾,甚至有居民直接将食物残渣倒入雨水口。

1.1.4 居民参与作为老旧小区海绵化改造的新途径

老旧小区的海绵化改造绝不是政府单一主体的任务,而是一个公益性质的项目,关乎每一位公民的切身利益。要想将海绵城市建设落到实处,必须要求政府、企业和公民等多元主体的共同参与。作为社区的真正主人且生活于此的居民,是老旧小区海绵化改造的直接接触者和受益者。因此,居民参与是解决城市雨水利用问题和雨水项目持续推广的重要措施,其参与与否直接决定着老旧小区海绵化改造的成败。

研究发现,在近年来老旧小区海绵化改造过程中,居民参与逐渐得到重视。在地方立法上,各省市纷纷出台相关政策,加强宣传工作,强化公众意识。例如,2015年江苏省人民政府办公厅发布的《省政府办公厅关于推进海绵城市建设的实施意见》、2016年浙江省人民政府办公厅发布的《关于推进全省海绵城市建设的实施意见》和2016年青岛市人民政府办公厅发布的《关于加快推进海绵城市建设的实施意见》等,均指出要加强宣传引导,提高公众对海绵城市建设重要性的认识,鼓励公众积极参与,营造良好工作氛围。在社会推广上,不同城市均进行了有益的探索,且取得了较好的效果。例如:镇江市的海绵工程改造,"小区议事会"说了算,"小区议事会"让社区居民有了话语权、参与权和监督权,也让接下来的海绵工程改造工作有了更明确的方向和目标;武汉市首批海绵社区改造过程中,每次改造前施工人员都会实施问卷调查,在充分尊重居民意愿的基础上优化设计,居民意愿成决策指挥棒,在改造完成之后居民满意度较高;嘉兴市的烟雨小区在改造过程中送宣传进社区,预先让居民加强对这件事情的了解,也为后续居民的监督打好基础。

然而,现阶段我国老旧小区海绵化改造进展仍然缓慢。一方面,多数老旧小区海绵化改造过度依赖工程性措施,对非工程性措施的研究和应用不够,导致居民对大范围改造难以理解,持消极态度,进而阻碍老旧小区海绵化改造的推进,如过分强调低影响开发措施以至于忽视居民感受;另一方面,居民参与意识不足,参与社区治理水平较低,与完善的老旧小区海绵化改造居民参与治理仍有一段距离。

1.1.5　长江三角洲地区试点海绵城市代表性较强

海绵城市建设没有现成经验和可复制的模式,先行先试便成了海绵城市建设的"必修课"。因此,试点建设的推进责任重大,试点的选择举足轻重。根据财政部、住房和城乡建设部、水利部《关于开展中央财政支持海绵城市建设试点工作的通知》(财建〔2014〕838 号)和《关于组织申报 2015 年海绵城市建设试点城市的通知》(财办建〔2015〕4 号),财政部、住房和城乡建设部、水利部于 2015 年组织了第一批海绵城市建设试点城市评审工作,根据竞争性评审得分,迁安、白城、镇江、嘉兴、池州、厦门、萍乡、济南、鹤壁、武汉、常德、南宁、重庆、遂宁、贵安新区和西咸新区等排名在前 16 位的城市(新区)进入 2015 年海绵城市建设试点范围。随后,财政部、住房和城乡建设部、水利部于 2016 年又组织了第二批海绵城市建设试点城市评审工作,北京、天津、大连、上海、宁波、福州、青岛、珠海、深圳、三亚、玉溪、庆阳、西宁和固原等排名在前 14 位的城市进入 2016 年中央财政支持海绵城市建设试点范围。对于试点城市的选择,住房和城乡建设部城市建设司副司长章林伟表示,大部分试点城市都要进行旧城改造,所以要求试点城市结合棚改、危改、旧城改造进行。试点城市具有很强的地域代表性,中部、东部、西部、南部、北部都有,同时包括了不同的城市规模,有直辖市、计划单列市、省会城市、地级市、县级市,试点城市基本覆盖了我国所有类型的城市,其代表性也是为了突出海绵城市建设因地制宜的基本准则。

经过试点实践,各地纷纷取得了一定的成效,尤其是长江三角洲地区(以下简称"长三角地区")的上海市、江苏省镇江市、浙江省嘉兴市和宁波市、安徽省池州市的试点工作开展迅速,在老旧小区海绵化改造方面积累了较多经验。例如,在镇江市老城改造项目实施过程中,老百姓感受到海绵城市实施前后小区环境的转变以及带来的好处,从一开始妨碍施工,逐渐转变为理解、支持、认知程度大大提高;在运作模式探索方面,嘉兴市对同一汇水区域有联系的道路、绿地、小区、共建项目进行了整合;在积水内涝缓解方面,池州市借助深圳水务专业队伍和专业设备的优势,解决了过去政府管网清淤维护投入不足、大型专业设备买不起用不起的问题,大大提升了管网运行维护水平,在 2016 年降雨量比往年多 30%～40% 的情况下,试点项目区域无明显积水点。除此之外,这 5 个城市经济社会水平差异较大,居民参与治理的影响因素差异较大,对于老旧小区海绵化改造居民参与治理有较高的研究价值。

1.2　国内外研究现状

1.2.1　国外研究现状

1.2.1.1　老旧小区改造

在国外,老旧小区又叫作 old community、old urban community、old housing、old residential area,旧住宅区改造被认为是旧居住环境更新改造的一部分。老旧小区改造大概分为两个阶段:第一阶段,20 世纪 60 年代之前,以大规模拆除老旧或简易住宅(多为贫民窟)为主——主要改造方式为拆旧建新式开发;第二阶段,20 世纪 70 年代前后,以改造修缮老旧住宅为主——主要改造方式为整治式更新和维护式开发,在此阶段,因不适应新时代的发展大规模拆除重建的单一性指导理念被逐渐摒弃,转变为"住区可持续发展"的新理念。对老旧小区改造的研究主要集中在老旧小区宜居性建设和老旧小区社区治理等方面。

在老旧小区宜居性建设方面,国外宜居社区的研究与建设起源于宜居城市的建设。Foroughmand[2]认为,在工业发展提高了人们生活水平之后,大家开始呼吁创造良好的居住环境,先后出现了很多关于城市规划与发展方面的理论,如霍华德的田园城市理论、芒福德以人为本的城市规划理论等。Francois 等[3]认为,越来越多的国家或地区开始将目光转移到关于宜居城市或宜居小区的建设,注重居民生活环境的舒适度和满意度。例如,英国于1909 年制定了《住宅与城市规划法》,提出舒适性是英国住宅与城市规划中最突出的特点;20 世纪 70 年代,日本根据对人居环境问题的调查结果,制定了改善居住区环境的相关政策,规定居住区环境设计必须达到 4 项要求,即安全、卫生、方便、舒适,为今后居住区环境设计奠定了理论基础;美国于 1999 年设立了 Community Livable Office(宜居社区办公室),为居民提供舒适满意的宜居环境;法国针对住宅小区结构混乱、服务系统缺乏、环境恶化等一系列问题,开展了大范围的住宅小区改造建设,不断对居住区周围的环境进行整治,同时加强服务系统的整体与全面建设,提高居民的满意度。

在老旧小区社区治理方面,国外研究重点主要在居民参与方面。这一理论起源于美国学者 Richard[4]提出的公民治理下的社区治理模式,随着 21 世纪公民越来越深入参与到社区事务当中,他认为社区治理要遵循一系列的原则(规模原则、责任原则、民主原则和理性原则),社区治理模式的选择取决于领导者倾向于何种社区政策导向及社区发展态度。这是一个公民治理的时代,要赋予居民更多的选择权和决定权,使居民承担对社区的责任。Richard 从社区治理的角度为社区的发展提供了一条新思路,提出了"社区协调委员会""社区公民协商委员会"等组织形式。通过这样的社区平台,社区公民代表通过掌握的权力更好地管理公共事务,并且其他公民能更好地表达自己的期望和需求。Maksimovska 等[5]从现代地方治理的角度,考察地方政府是否履行强制性责任并满足迅速扩大的社会期望,提出了一种新的方法和一套衡量网络化社区地方治理质量的指标,通过案例分析构建并阐述了地方政府社会响应度的综合指标。

1.2.1.2 海绵城市建设

海绵城市是雨洪管理系统在中国的概念,其在国外的称呼和发展路径不尽相同。20 世纪 70 年代以来,美国、英国、澳大利亚等国为应对城市雨水污染等环境问题,积极推进海绵城市的构建,相继提出各种先进理念,指导着城市的海绵化建设和改造。国外学者主要从海绵城市建设理论内涵、海绵城市规划、海绵城市实践、海绵城市的技术应用和海绵城市绩效评价等角度进行研究。

在海绵城市建设理论内涵上,各国分别发展了具有本国特色的雨洪管理体系。20 世纪 70 年代,美国提出了最佳管理措施(BMPs),最初主要用于控制城市和农村的面源污染,而后逐渐发展成为控制降雨径流水量和水质的生态可持续的综合性措施。在 BMPs 的基础上,20 世纪 90 年代末期,由美国东部马里兰州的乔治王子县(Prince George's County)和西北地区的西雅图(Seattle)、波特兰(Portland)市共同提出了低影响开发(LID)的理念。其初始原理是通过分散的、小规模的源头控制机制和设计技术,达到对暴雨所产生的径流和污染的控制,减少开发活动对场地水文状况的冲击,是一种发展中的、以生态系统为基础的、从径流源头开始的暴雨管理方法。1999 年，美国可持续发展委员会提出绿色基础设施理念，即空间上由网络中心、连接廊道和小型场地组成的天然与人工化绿色空间网络系统，通过模仿自然的进程来蓄积、延滞、渗透、蒸腾并重新利用雨水径流，削减城市灰色基础设施的负荷。上述 3 种理念在雨洪管理领域既存在差异又有部分交叉，均为构建"海绵城市"提供了战略指导和技术支撑。英国建立了可持续城市排水系统（SUDS），以通过科学途径管理降雨径流，实现良性的城市水循环。可持续排水系统遵循 3 大原则：排水渠道多样化，避免传统下水管道是唯一排水出口；排水设施兼顾过滤，减少污染物排入河道；尽可能重复利用降雨等地表水。澳大利亚的水敏性城市设计（WSUD）理念源自传统城市开发和暴雨管理模式对城市水环境的负面影响的反思，最早出现于 20 世纪 90 年代初期。作为一种新的城市规划和设计方法，水敏性城市设计将暴雨雨水看作一种可利用的资源，强调城市规划设计、城市水文管理措施、城市水处理工程技术的整合，综合实现水的生态、景观和美学价值。这些理念是城市化背景下的产物，它们致力于寻找一种适合特定场地或区域的雨水管理解决途径。

在海绵城市规划方面，Kong 等[6]提出低影响开发技术的应用可以实现累计效用，然而这种效应是否能让大尺度上的雨洪管理得以实现还有待验证，尤其是使用不同设计策略之后产生的累计效应。因此，他们基于 GIS-SWMM 模型对 4 块土地使用性质不同的区域暴雨径流量的减少进行了探索。

在海绵城市实践方面，Damodaram 等[7]认为，在高度城市化的地区，低影响开发理念最适合应用于改造现有的基础设施，如停车场、道路、人行道和建筑。Zahmatkesh 等[8]提出低影响开发在雨水利用方面通常依赖于渗透和蒸发作用，其有效性受当地土壤类型、植物种类、日照量、降雨模式以及其他气象和水文特性等因素的影响。Latifi 等[9]提出了一个新的框架，以优化低影响开发的做法：首先，针对不同的输入参数和不同的盖板，建立了暴雨水量管理模型（SWMM）；其次，针对 SWMM 模型模拟的输入和输出变量集，将神经网络（MLP-ANN）作为代理模型进行训练和验证，实现了多目标优化模型在城市雨水管理中的应用。Passeport 等[10]认为，低影响开发应用的位置非常关键，较为平坦的区域可能更加需要以滞留为基础的低影响开发技术。

在海绵城市的技术应用方面，Brown 等[11]对两处进行过低影响开发的地区进行长达 17 个月的监测，主要观察进行渗透措施处理之后水文和水质的变化。Fletcher 等[12]将雨洪管理的技术分为两类：一类是以渗透为基础的技术，一类是以滞留为基础的技术，这两类技术可以有效地减小城市中不渗水区域，或者是就地处理，或者是水域末端处理。其中，以渗透为基础的技术包括洼地、渗透沟、盆地、生物滞留系统（雨水花园）、过滤器、多孔路面等，第二类技术通常包括湿地、池塘、绿色屋顶和雨水收集等。

在海绵城市绩效评价方面，Jacobson[13]认为，评估一个地点水文特性的变化可能比污染物浓度的变化更难量化，因为变化的复杂性需要考虑不能立即观察到的因素，如地下水的流动。Mayer 等[14]进行了一个时间跨度为 6 年的研究，他们在某一流域设置了 83 个雨水花园和 176 个雨桶，并监测了流域的水文和生态指标，研究发现低影响开发措施在小流域尺度上对减少雨水量具有"小""统计上效果显著"的作用。Line 等[15]对 3 个商业用地片区进行了比较，一个是没有雨水控制措施的区域，一个是有湿式滞留池的区域和一个是采取低影响开发措施的区域，研究发现低影响开发措施对该区域确实有积极的影响，然而，在低影响开发控制方面仍存在问题，包括在雨水湿地和生物滞留区域容易发生堵塞，这些降低了 LID

措施减少雨水径流的能力。Xu 等[16]从生命周期的角度对低影响开发类型的最佳管理实践的环境和经济评价进行了文献综述,并提出研究人员应提供环境、经济和社会效益相结合的低影响开发类型的最佳管理实践,以实现可持续性。

1.2.1.3　居民参与

从严格的学术角度来看,"参与"一词大概出现在 20 世纪 40 年代末期,进入 50—60 年代,在"社区发展"理论和实践的推动下,这一概念逐步发展成为具有实践意义的参与方式,当时的参与主要是动员和鼓励群众参与社区建设和发展相关的事务。20 世纪 70—80 年代,与贫困问题结合以后,参与的概念实践化进入最为活跃的时期。进入 20 世纪 90 年代,参与成为当代国际发展领域最常用的概念及基本原则,形成了政治学、社会学和经济学 3 个维度对参与范畴的界定。政治学强调对弱势群体赋权,通过参与发挥其在发展以及最终在变革社会结构过程中的作用;社会学强调社会变迁中各个角色的互动,以此引申出社会角色在发展进程中的平等参与。在居民参与治理上,本书对居民参与模式、居民参与影响因素、居民参与仿真和居民参与途径等 4 个方面进行了梳理。

在居民参与模式的划分上,通常以参与的程度或影响力为划分标准。最经典的理论是 Arnstein[17]提出的公民参与梯度理论,将公民参与按程度分为包括 8 个梯级:操纵、治疗、告知、咨询、安抚、合作伙伴、授权权力和公民控制。其中,操纵和治疗属于非参与式参与;告知、咨询和安抚属于象征性参与;最后的授权权力以及公民控制属于完全型参与。目前,大多数公众参与都集中在告知、咨询和安抚的阶段(象征性参与),主要包括关于环境影响评估的公众咨询、公共信息分享会议以及资料提供等。在后来的研究中,学者在 Arnstein 的梯度模型的基础上进行了简化或增加。Richard[4]在讨论 Arnstein 提出的公民参与模型时,描绘了不同层次的自主决定方式,在其公民参与程度测量标尺上加入无参与标签。Hurlbert 等[18]则在 Arnstein 参与梯度理论的基础上将每一个阶梯进行分割形成了分裂梯度模型,帮助判断什么条件下、需要怎样的参与以及希望参与者达到怎样的目标,并已在加拿大的阿尔伯塔省(Alberta)和萨斯喀彻温省(Saskatchewan)、智利的科金博大区(Coquimbo Region)以及阿根廷的门多萨省(Mendoza)的水管理案例中得到应用和测试。2014 年,公众参与国际协会(International Association of Public Participation,IAP2)将公众参与简化为以下 5 个等级:告知、咨询、参与、合作、授权。第一层级告知公众主要的途径有媒体、宣传册、网络和公众听证会等;当存在告知与反馈的信息交换后进入第二层级,主要途径有公开会议、访谈和网络讨论等;第三层级参与需要充分理解公众关注点和他们所能做出的贡献;在第四层级合作中公众已参与到项目决策的各个方面,有利于在复杂问题上公众和利益相关者达成一致;最后一个层级授权中公众拥有最终决策的权力,后面三个层级主要通过小型组织或专家的研讨会以及与关键人物交流等途径来实现。而后,IAP2 对公众参与范围进行了拓展,提出参与等级的划分依赖于目标、时间框架、资源和决策过程中担忧的水平,增加了公众参与目标和对公众的承诺,拓宽了对公众参与维度的研究。

国外学者对居民参与的影响因素分析主要集中于外部环境和公众心理因素两个方面。在外部环境分析上,Faust 等[19]认为,目前的文献没有确定在初步规划阶段早期纳入利益相关方意见的适当手段,因此开发并展示了一个决策支持框架,将系统中的思想系统与二进制概率分析相结合,通过提供有关利益相关者的人口统计学知识和选择决策过程中的行为特征来帮助利益相关方有效参与。此外,Faust 等[20]对美国城市的水基础设施退役和提高成本进行了舆论调查与统计分析,确定了可能反对这些替代方案的群体,分析发现了一系列影响居民反对替代方案可能的社会经济因素,其影响在不同特征居民中有很大差异,研究结果为政策制定提供了初步的依据。在公众心理分析上,Mostafavi 等[21]认为,传统的项目融资方式已不足以应对现阶段工程项目的需要,亟须创新融资方式,而公众的支持或反对是融资创新的关键,对公众的知识、意识、观念以及公众对金融创新的态度进行了调研分析,这项研究结果有助于公共机构制定公共政策以增强公民参与,将公众偏好纳入政策发展,以提高公众支持创新融资方法的可能性。迪安(Dean)等[22]认为,公民参与与水有关的问题是确保未来供水和保护水道的关键,同时还探讨了与水相关的问题——人们的认知、态度和行为,并描述它们如何相互影响和干预规划。

在居民参与仿真研究上,国外参与建模主要应用在生态环境、社会-生态、复杂网络和土地规划等方面,且较多利用多智能体(multi-agent)进行建模。Zellner 等[23]认为,在进行规划时会邀请不同利益方的代表,但这些人往往没有受过培训,无法理解人类环境的复杂性,因此规划人员利用计算机模型来模拟不同规划相关政策相互作用下的影响,基于 agent 进行建模,根据这些关系解释输出,并提出修改意见。Buil 等[24]认为,多智能体系统(MAS)模型已越来越多地应用于不同区域复杂现象的模拟,为其决策提供了可靠的依据,MAS 方法的一个具体应用是城市政策设计领域,其中应考虑公民的需求、偏好和行为来设计政策。Islami 等[25]认为,基于多主体建模的方法可以从简单的行为规则中发现公众参与的多维度问题,并提出多主体应考虑政府、受益人、组织和非政府组织之间的相互作用以及与自然环境的相互作用,应用德尔菲法对多主体的行为进行逐步识别,再使用网络层次分析法(ANP)对决策元素进行量化,从而确定概念模型。Batista 等[26]指出,社会网络分析(SNA)可用于多智能体系统的构建,他们开展了利用社会网络分析帮助建立多智能体系统的研究,同时分析这两种理论的异同,建立了一个多智能体系统原型,用于通过在多智能体之间建立的社会网络形成代理的团队来完成任务的分解,使其能最大限度地参与团队。

在居民参与的路径研究上,促进公众参与的途径和机制有很多,例如愿景展望、专家研讨会议、社区行动规划、参与式行动研究、战略规划等。目前,使用较多的传统参与形式主要有公众听证会、公民咨询委员会、社区会议等。在雨洪管理和海绵城市领域,国外学者也针对居民参与的引入进行了一系列研究。Emerson[27]从流域管理的角度出发,决策的制定过程是协作性的,在解决问题的过程中,需要由不同的利益相关集团来建立共识并产生最终结果。Floyd 等[28]也提出将悉尼转变为水敏性城市需要各级政府之间的有效合作,包括不同类型的专业人员在组织内部和社区之间的沟通,以及社区充分参与水敏性城市的规划和实施。Shelton 等[29]提出雨洪管理是美国社区关注的重点,近年来政府在公众教育上投入较多人力和财力,这些项目主要是针对绿色基础设施管理方面的人、雨水管理经理、市政官员、园艺师和业主,开展活动包括:会议、全天雨花园讲习班、绿色基础设施旅游、雨洪设施建设讲习班、交互式雨花园模型介绍、青年活动、出版物宣传。

1.2.1.4　参与式治理

参与式治理起源于西方社会的政治理论和治理模式,它是政治学领域的参与式民主与协商民主、公共行政学领域的新公共管理与新公共服务以及治理理论交互的产物,是民主与效率相结合的新型治理模式[30]。国外学者对参与式治理在社会问题、基础设施建设以及环境治理方面已有较为深入的研究,认为参与式治理成为一种可持续且有效的环境治理方式。目前,参与式治理在发展中国家得到了广泛的推广,并带来一些公共政策方面的好处,包括增加问责制、提高政府的响应能力和提供更好的公共服务等。国外学者在参与式治理的实践面向、参与式治理的影响因素、治理水平评价和参与治理的实现路径等方面取得研究进展。

在参与式治理的实践面向研究上,20世纪90年代以来,无论是在发达国家还是发展中国家,参与式治理取得了很大成效。丹麦的公民会议、美国的邻里治理、巴西的参与式预算、印度的村镇自治以及孟加拉国的公共服务改革,在推进民主、改善当地的政治生态以及推进地方发展均发挥了积极的作用。在实践中,参与式治理被广泛地应用到参与式预算、社区参与治理、农村参与式治理方面。在城市治理和社区参与式治理方面,Awan[31]提出许多研究,并且对社区大学、参与式管理及其作用以及支持组织变革的条件进行了研究,但没有分析记录社区经历创伤后重建信任的情况,同时回顾和比较了社区大学从不忠到重建信任的情感恢复过程,并强调了可以开始恢复和重建信任的关键活动。Whelan等[32]认为,在环境治理的过程中需要社区参与,将权力和资源下放给社区层面的机构,新的支持者预计将社区成员纳入决策有助于实现社区治理的整体与协作。

通过对国外文献的研究发现,影响参与式治理的因素有信息交流与沟通、利益间的平衡、公民参与决策的程度、公众信任度、参与机制的成熟度等。Moini等[33]认为,目前很多参与式治理流于表面主要是因为:

第一,信息不对等,主要表现为一些能够提供对特定环境的全面性理解的地方性知识往往难以被承认并融入集中治理的决策过程中,即公众拥有的地方性知识并没有受到决策者的重视与采纳;参与式治理过程不够透明公开,公众缺乏对治理过程的了解和相关技术知识的掌握,方交流沟通不足。

第二,各方利益的多样性。

第三,权力关系不对等,主要表现为公众参与度不够,很少掌握决策权,导致部分参与式治理只是表面上的民主。

第四,参与式治理的主导团体的被信任度不高。

Siegmund-schultze等[34]提出在大流域的水资源管理问题中主要通过委员会的形式进行参与式治理,而在部分项目的实际应用中存在民众怀疑委员会的决定质量,或者认为委员会和其执行机构间的合作不是最佳而导致治理过程最终未达到理想效果的情况。Xavier等[35]在研究了10项参与式治理的基础设施项目后发现大多数项目都缺乏公共参与的制度结构。

在治理水平评价方面,Díez等[36]为了评估这些参与途径,首先回顾了Natura 2000参与式方法的作用,其次从信息质量、合法性、社会动态3个方面构建了对参与过程的评估框架,并进行了实证分析,尽管参与者的样本相对较少,但研究表明确保社会行动者之间的公开对话有助于增进对各类利益相关者的了解。Kozová等[37]设计了一个标准化调查问卷,定性的部分主要来自专家结构性访谈,对有关科学文献、政策文件、个人意见和公众参与项目的案例进行了评估,深入分析地方一级参与进程成败的关键因素。

在参与治理实现路径上,Xavier等[35]认为,在各方利益不同、治理过程中享有的权利不对等的情况下,权力较弱的一方可通过调整适应性偏好来避免利益冲突,使得各方合作能够继续进行。Shirley等[38]提出公众在何种程度上对治理感兴趣,并能够有效地参与其中,往往没有得到令人满意的解决办法;他们针对这一问题提出了一个可用于评估公众参与地方环境治理的框架,利用5个特征塑造了公众参与的适度。Kozová等[37]认为,需要对参与式治理主导团体履行项目和满足公众需求以及目标情况进行定期监测,从而提高公众信任,并确保实现目标或结果的可持续性。Xavier 等[35]提出要推动参与式治理过程,需要建立明确的、具体的、可以被监控和评估的参与机制,并将其常规化,从项目开始到结束的构想和规划全过程明确分配资金,并促进公众参与。

1.2.2 国内研究现状

1.2.2.1 老旧小区改造

2000 年以前,针对老旧小区改造的理论研究较少,近年来通过借鉴国外老旧社区相关管理研究和改造经验,在结合我国城市现状的基础上,一些学者开始将研究目光聚焦在老旧小区宜居性、社区治理、物业管理、改造评价等方面。2015 年开始,得益于国家海绵城市建设试点城市的推广,在改造内容上开始强调营造微观的海绵社区。

在老旧小区宜居性方面,主要围绕老旧小区是否能够满足特定住户的需求。朱勇[39]阐述了人口老龄化对老年宜居环境建设带来的严峻考验,提出推进我国老年宜居环境建设的 5 点建议,强调加大老年宜居环境建设的推进力度。陶希东[40]分析了我国传统的旧区改造模式存在的问题,如重拆建、轻保留、轻保护,导致出现隔断城市文化记忆、毁坏旧区居民的社会网络、中心城区面临"空心化""绅士化"双重风险等弊端,进而提出中国走向"社会型城市更新"的路径与规划策略。仇保兴[41]提出以绿色化改造和宜居为目标,以城市修补来替代传统的大拆大建,将老旧小区绿色改造项目分为必备项目和拓展项目,并且对拓展项目中的海绵社区整体设计改造进行了阐述。

在老旧小区社区治理方面,对创新的社区治理进行了探索。刘承水等[42]从协调部门关系、产权关系、居民参与程度、老旧小区的劣势等方面,揭示了老旧小区治理陷入困境的原因,提出了无物业管理老旧小区治理的途径。周亚越等[43]认为,社区公共性的缺失是老旧小区居民参与治理不足的根本原因,只有识别和协调居民诉求,组织居民参与才能促进居民参与治理。李迎生等[44]认为,城市老旧社区是在从单位-街居制向社区制转型过程中存在的一种特殊类型社区,是当前城市创新社区治理的难点之一,通过对北京 P 街道社区治理体制、机制创新的分析,为特定时期城市老旧社区创新社区治理、推进实现共建共享提供了参考借鉴。

1.2.2.2 海绵城市建设

"海绵城市"概念的产生源自行业内和学术界习惯用"海绵"来比喻城市的某种吸附功能。俞孔坚等[45]曾用"海绵"概念来比喻自然系统的洪涝调节能力,指出"河流两侧的自然湿地如同海绵,调节河水之丰俭,缓解旱涝灾害"。近年来,"海绵城市""城市海绵""绿色海绵""海绵体"等这些非学术性概念在学界得到了广泛的应用,更多的学者将海绵用以比喻城市或土地的雨涝调蓄能力。在党的十八大将生态文明建设放在突出位置的背景下,我国鼓励各地因地制宜地探索海绵城市建设的新途径,希望通过海绵城市的建立缓解城市内涝、消减城市径流污染负荷、节约水资源、保护和改善生态环境。在此基础上,一些学者从海绵城市理论内涵、海绵城市规划、海绵城市实践、海绵城市技术、海绵城市绩效评价等角度进行研究。

在海绵城市理论内涵上,主要是对海绵城市的特征进行阐述。车伍等[46]认为,海绵城市建设是多目标雨水系统的构建,通过采取现代雨水管理的手段,对城市外排径流总量和径流污染进行控制,提高城市排水防涝标准,实现城市水文的良性循环,维持城市良好的生态系统。仇保兴[47]对海绵城市的 4 项基本内涵进行了阐述,具体为海绵城市的本质——解决城镇化与资源环境协调和谐、海绵城市的目标——让城市"弹性适应"环境变化与自然灾害、转变排水防涝思路、开发前后的水文特征基本不变。俞孔坚[48]认为,从生态系统服务出发,通过跨尺度构建水生态基础设施,并结合多类具体技术建设水生态基础设施,是海绵城市的核心,并对其内涵进行具体阐述。李俊奇等[49]将海绵城市建设概括为"一核心(LID)、三组成(狭义的低影响开发雨水系统、传统的雨水管渠排放系统及超标雨水排放系统)、多目标(城市径流总量控制、径流峰值控制、径流污染控制、雨水资源化利用和排水防涝等多重目标)、多途径(通过保护、修复和开发等多种途径)"。马海良等[50]认为,海绵城市具有"六位一体"的特征,分别是渗、滞、蓄、净、用和排,并对其具体内涵进行阐述[50]。

在海绵城市规划方面,从宏观、中观、微观3个层面进行了探讨。仇保兴[47]提出建设海绵城市的3种途径,即区域水生态系统的保护和修复、城市规划区海绵城市设计与改造、建筑雨水利用与中水回用。李俊奇等[49]将海绵城市建设目标分层级、分步骤地纳入城市总体规划层面、控制性详细规划层面、修建性详细规划层面,形成一个综合系统。吕红亮等[51]梳理了海绵城市规划过程中出现的各类问题,指出海绵城市建设应当做好各阶段衔接,从而明确对海绵城市规划的需求。王诒建[52]针对现行规范编制中缺乏有关海绵城市控制要求的问题,将海绵城市的规划总目标分解为具体的控制要求,与相关规范指标体系进行衔接,构建海绵城市控制指标体系。车伍等[53]提倡推广和应用基于"滞、渗、蓄、净、用、排"原理的多功能的雨水控制利用体系,建议各城市编制"雨洪控制利用专项规划"。俞孔坚[48]提出海绵城市的构建需要宏观、中观、微观3个不同尺度的承接、配合,在宏观上重点研究水系统在区域或流域中的空间格局,并将水生态安全格局落实在土地利用总体规划和城市总体规划中,在中观层面重点研究如何有效利用规划区域内的河道、坑塘,合理规划并形成实体的"城镇海绵系统",微观层面则是落实到具体的"海绵体"。

在海绵城市实践方面,针对具体区域和设施进行海绵建设设计。王虹等[54]探讨了整合各类人工与自然雨洪设施,规划构建城市—社区—源头3层尺度的城市雨洪基础设施框架,并借鉴西方发达国家在城市化进程中的经验教训,提出了城市规划应以雨洪基础设施先行的理念,为我国城市化进程中雨洪基础设施改造以及未来的城市规划提供参考。戴慎志[55]针对高地下水位城市的特征和主要问题,研究提出高地下水位城市的海绵城市规划建设策略,以供此类城市的海绵城市规划建设参考。卓想等[56]以四川省华蓥市海绵城市规划为例,基于"大海绵"视野,从"面要素—线要素—点要素"3个层级构建小城市"大海绵"空间格局,并提出分区建设指引与管控、完善城市水系统、建立动态监测平台等规划策略。李方正等[57]提出在海绵城市建设背景下城市绿地系统规划编制程序与编制内容的响应思路,重点针对基于水安全敏感性的城市绿地适宜性分析和城市绿地规划布局优化、海绵城市指引的集雨型绿地分类和集雨型绿地空间优化路径及实施策略3个层面提出城市绿地系统各层次的规划方法。

在海绵城市的技术应用方面,重点分析了在微观层面所使用的"海绵"技术。车伍等[58]认为,LID+GSI(绿色取水基础设施)+传统技术的组合应用应该是缓解中国城市水涝、控制径流污染、保护水源、高效率利用雨水资源、改善城市景观和生态环境的经济、有效的途径。苏义敬等[59]融合"海绵城市"理念建设下沉式绿地,通过水量平衡法计算下沉式绿地的设计参数。应君等[60]对透水铺装材料的物理特性、适用范围、后期养护、设计流程等方面进行了系统论述,以期为在海绵城市建设中更好地应用透水铺装提供借鉴。王俊岭等[61]研究了基于海绵城市建设的LID对场地开发前后自然水文状态的复原原理,分析了LID技术的主要功能,对LID的6项功能列清单,提出了功能列表并分析了功能多边形。石坚韧等[62]

等收集了从海绵城市到海绵社区的实现途径,探讨了实现"海绵社区"所需技术,并给出了国内外优秀案例。文献[62]认为,海绵社区的主要技术措施——雨水滞留系统、雨水回用系统、雨水收集系统和雨水渗透系统。于洪蕾等[63]通过对当前世界范围内城市雨水管理技术发展的多样性和我国海绵城市建设过程中由于城市水问题复杂而导致的需求多样化两方面背景的分析,在技术层面提出基于功能主义的选择观,分析了低影响开发、水敏性城市设计、可持续排水系统等雨水管理技术的适应范围和侧重点。

在海绵城市绩效评价方面,主要对海绵城市建设效果进行评价。董淑秋等[64]研究优化"生态海绵"的构建技术方案和评价指标体系,通过"生态海绵"对雨水的渗透及滞留利用,实现水资源保护、城市防洪、水景观及水污染控制的综合效益。马越等[65]以住建部《海绵城市建设绩效评价与考核办法(试行)》为指导,遴选 7 项涉水核心指标,深入剖析其考核要求并尝试建立定量化评价分析方法。郑博一等[66]根据实例情况建立海绵城市措施决策指标体系,应用模糊层次分析法对该指标体系进行评价,引入 Delphi 法将定性指标及权重值进行量化,计算各方案的评分,从而得到决策结果。程鸿群等[67]总结国内外海绵城市建设的理论与实践,针对当前国内相关研究缺乏的现状,提出海绵城市建设绩效评价应当主要解决指标权重与绩效赋值的有效性问题。

1.2.2.3　居民参与

20 世纪 90 年代以来,我国学术界对社区治理的探讨就一直没有停止过,这对于明确社区建设的方向,探索社区建设的内容和路径有重要的意义。进入 21 世纪以来,社区建设中的居民参与成为一个重要的研究领域,尤其在作为社区建设重要内容推进的海绵化改造领域,公众参与对于促进海绵化改造的顺利实施至关重要。因此,本章节对居民参与模式、居民参与影响因素、居民参与仿真和居民参与路径等方面的研究成果进行了回顾和梳理。

在居民参与模式的划分上,国内研究对于居民参与模式划分有多种体系,其划分标准也各有区别。陈志青[68]按历史阶段划分,公民的整体参与模式经历了"传统公共行政时期的去公民参与模式—作为'公民'的民主参与模式—作为'顾客'的回应型公民参与模式—作为'公民'的强势公民参与模式—合作型公民参与模式"的转变。在同一历史阶段,将不同公民的参与模式进行划分也有多种体系。康宇[69]依据公民参与的梯度理论,将公民参与按照参与度划分为 8 种模式,由低到高分别为操纵、治疗、告知、咨询、安抚、合作伙伴、代表权和公民控制。彭惠青[70]借鉴西方学者的研究,建构社区参与的阶梯模型,将我国城市社区参与分为 3 个阶段:政府主导模式参与、依赖-过渡模式参与、居民治理模式参与。汪锦军[71]基于参与阶段和参与度,将公共服务领域的居民参与模式划分为公共服务的决策阶段和提供阶段,决策阶段包括告知型参与、有限吸纳型参与和决策型参与,提供阶段包括校正型、改善型和合作型参与。杨涛[72]提出了 4 种社区参与的类型:事务性参与、维权性参与、公益性参与和娱乐性参与。徐林等[73]从居民的"参与能力"和"参与意愿"出发,将社区参与分为 4 种类型:积极主导型、消极应对型、自我发展型和权益诉求型。董石桃[74]从权力"两权耦合"和公民参与权力这两个视角出发,将公民参与模式分为合作型参与、决策型参与、介入型参与和建议型参与。

国内学者对居民参与的影响因素分析也是从外部环境和个体心理因素两个方面进行。在外部环境对居民影响方面,宋文辉[75]认为,城市社区文化硬件设施不够完善、软件条件不够齐全、社区文化管理体制的行政管理色彩浓郁以及居民自身存在影响参与认知水平的不利因素等是引发居民参与城市社区文化建设困境的主要成因。孙旭友[76]认为,社区双重隔离、社区居住地单一定位以及社区建设预设居民双重角色非认可、居民参与的全球化原则是居民参与大多冷漠的原因。兰亚春[77]提出居民关系网络不但制约社区结构完善,而且影响居民的社区参与行为,个人在具体网络中所处的位置、与该网络关系的强弱、关系的重叠情况等都构成了对个人行为不同的影响。在居民参与认知、态度和行为对居民影响方面,刘佳[78]对吉林省城市社区居民的调查基础之上,通过对社区居民的参与意识和参与行为的数据进行分析,发现受到参与效能感低、信息获取困难、社团组织不发达、社区行政属性过强等因素影响,真正意义上的居民参与尚未实现。阙祥才等[79]以湖北省黄冈市黄州区为研究个案,从认知、情感评价、行为取向3个方面对城镇居民参与养老保险的态度进行了研究。张红等[80]基于计划行为理论,构建了居民参与社区治理影响因素理论模型,研究结果表明:主观规范、参与态度和知觉行为控制对居民参与意向、参与行为具有显著正向作用。白永亮等[81]从公众个体视角出发,探究了制度、环境和认识对居民参与意愿的影响,通过实证分析发现这3个因素对居民参与意愿均有显著影响,且认知对居民参与意愿的影响程度更高。

在居民参与的仿真研究方面,多主体建模与仿真方法为复杂系统的研究以及研究复杂系统的本质规律开创了新的可能性。盛昭瀚等[82]认为,多主体建模与仿真方法及其实验框架已经成为科学研究的一种新的基本方法,并称其为最有活力、最有突破性和挑战性的仿真方法。胡珑瑛等[83]通过调整网络主体属性以及政府、媒体、网民等网络主体之间的关系强度,考察网络关系的变化对网络舆情动态演进整体趋势的影响,并对仿真结果进行分析,为政府等相关部门制定应对网络舆情引导策略提供科学依据。李乃文等[84]基于复杂系统理论(CAS)和多主体建模方法(ABMS),构建了应激演化模型,利用 NetLogo 仿真平台,并根据个体所处的社会环境,动态模拟了非常规突发事件、群体、个体行为间的相互制约关系。戴伟等[85]基于 agent 模型构建了非常规突发事件公共恐慌演化仿真模型,以探讨不同的政府信息发布策略对公众恐慌的影响。刘德海等[86]从"信息传播—利益博弈"的协同演化视角,构建了环境污染群体性突发事件的协同演化博弈模型,然后在 NetLogo 平台上进行基于多主体的社会仿真分析。

在居民参与路径方面,学者从不同角度提出相应策略。庹锦峰[87]提出从培育社区意识、塑造公民精神,加强法制建设、大力推进社区自治,提高社区工作人员素质,建立专业化的社区工作队伍,大力发展社区非营利组织等途径,为居民提供更多参与社区建设的途径,进而保障居民利益,使之进一步加强与社区的联系。王莹等[88]结合治理理论与公众参与的实践,提出我国社会公共安全治理中公众的社会网络化参与模式和实现策略,包括要构建透明化的法治政府,引入非政府组织的参与,培养公民的参与意识与能力以及创新公众参与的制度。袁方成[89]认为,有效提升社区治理中居民参与的途径主要包括:开发专业技术、优化资源配置、实现自治权利和完善组织网络等。

1.2.2.4 参与式治理

20世纪90年代末,参与式民主、协商民主等现代民主学说进入中国学界,其与以"竞争性选举"为核心的代议制民主的不同诉求契合了中国的政治结构,尤其是协商民主,似乎与中国的政治协商制度与文化有极大亲和力。而实践层面的参与式治理,以其与价值中立的"治理"外衣,也快速进入中国政府改革与地方发展的理论叙事中,开始成为学界研究的新宠。目前,关于参与式治理的中文著作主要有《参与式治理:中国社区建设实证研究》《参与式地方治理研究》《政府改革:制度创新与参与式治理——地方政府治道变革的杭州经验研究》等。除以上著作外,还有一些期刊文章,通过整理发现主要集中在参与式治理的实践面向、参与治理的影响因素、参与式治理水平的评价和参与式治理的实现路径等方面。

在参与式治理的实践面向研究上,参与式治理从 20 世纪 90 年代后期开始进入中国,被称为"参与式管理"。在国际组织和当地政府的合作推动下,在云南、贵州等地的偏远地区减贫、小流域治理、小额贷款、农村合作医疗等方面广泛引入参与式发展的理念,取得显著成效。当前参与式治理在实践层面主要集中在参与式预算、城市治理和社区参与式治理、农村参与式发展与治理,本部分重点对城市治理和社区参与式治理进行梳理。在城市治理和社区参与式治理方面,参与式治理所突出的参与,是普通民众对公共事务治理有效的、实质性的直接参与。张紧跟[90]认为,政府改革与人民社会成长之间的互动格局可能既有助于化解地方政府创新缺乏可持续性的难题,又可能在改善治理绩效的基础上推进民主政治的发展。陈亮[91]提出沿着治理有效性视域下国家治理复合结构的基本思路,国家治理的功能定位主要展现在两个方面:一方面,在顶层制度设计上,发挥政府"元治理"的角色与功能;另一方面,在基层社会自治上发挥社会自主性的角色与功能。赵光勇[92]认为,公共决策在公共治理中居于核心环节,参与式治理自然便表现为普通公民对公共政策的直接参与。虞伟[93]提出,2011 年起浙江省嘉兴市政府在环境治理过程中搭建平台来发挥公众的参与作用,最终形成了由公众参与权与政府行政权之间互相配合的共治体系。周庆智[94]提出实现中国社区治理的现代转型,应具备主体性社会建构、社会自治、政府与社会、市场关系的再造,但这也只是一个理论预期,事实上中国社区治理转型存在诸多不确定因素。

在参与治理的影响因素研究上,参与式治理作为地方政府执政方式与治理模式的创新,其成功运作需要一系列的配套条件。陈剩勇等[95]认为,参与式治理的顺利实施,需要一个强大的人民社会和参与型的公民文化。傅利平等[96]基于 2013 年天津市居民调研数据,对公众社会治理满意度、参与度进行分析研究,其中,年龄和职业是影响社会治理的公众满意度和参与度的重要因素,收入、受教育程度和政治面貌则为一般影响因素。赵光勇[92]在总结的基础上结合各地参与式治理的实践,认为影响参与式治理成功运转的要素主要有地方政府的支持和主导、非政府组织和学者的积极参与、积极的公民文化。牛菊玲等[97]依据计划行为理论和知信行理论,对公众参与社会安全治理意愿的影响因素进行实证分析,发现公众的认知、对社会安全的态度、主观规范和知觉行为控制对其参与意愿有正向影响。张紧跟[98]在总结国外学者研究成果基础上,也提出了参与式治理有效运转必须具备两个基本条件:人民社会要件和政治经济要件。

在治理水平评价方面,王素侠等[99]根据已有社区治理绩效评价指标体系,从持续性、安全性、经济性、效率性、公平性这 5 个方面重新设计了考核指标,让专家和社区居民参与测评,并依据现有技术进行评估。蔡轶等[100]依据以经济、政治、社会、文化和生态环境为核心的"五位一体"改革布局进行归类,利用熵值法核算指标权重,构建村级治理评价指标体系,形成了以农村经济建设、民主政治、精神文明、社会公共服务和生态文明为一级指标、共包含 21 个二级指标的村级治理评价指标体系。韩永辉等[101]基于生态文明内涵,从经济发展维度、资源承载维度和环境保护维度建立测度生态文明治理水平的评价指标体系。南锐等[102]构建了一个包括社会保障治理、社会安全治理、公共服务治理和社会参与治理4个一级指标在内的社会治理评价指标体系,对社会治理水平子系统的协调度进行测算与分类。

在参与式治理实现的路径方面,陈剩勇等[95]总结了杭州在社区参与式治理机制建构方面的经验,包括城市政府的管理创新-建构社区接点上互动合作的社会行动结构、城市社会的组织化-建构社区时空中的多元参与。方卫华等[103]认为,要消解基层参与式治理中的双重困境,需要从短期、中期、长期3个时间维度综合施策。黄俊尧[104]提出浙江杭州在政府主导的"五水共治"框架中,既沿用了政府调查、项目动员等常规性吸纳民意工具,也采取了公众咨询、公述民评问政等创新性民意表达机制。庄晓惠等[103]认为,构建参与式治理机制的关键在于多元参与主体的优势整合,其中政府治理是参与式治理的设计者、社会治理是参与式治理的掌舵者、市场治理是参与式治理的推进者、公民个人治理是参与式治理的调适者。张紧跟[98]认为,走向参与式治理可以从两个方面推进:一是通过相关制度建设来强化地方政府发展参与式治理的意愿;二是提高公众参与地方政府治理过程的意愿和能力。叶林等[108]指出,城市治理转型的实现路径包含明确政府职责、转变城市管理理念、健全公众参与制度和充分发挥信息技术等。

1.2.3 国内外研究现状评析

本书从国内外研究现状出发,对老旧小区改造(包括老旧小区宜居性和社区治理)、海绵城市建设(包括海绵城市理论内涵、海绵城市规划、海绵城市实践、海绵城市技术和海绵城市绩效评价等)、居民参与(包括居民参与模式、居民参与影响因素、居民参与仿真和居民参与路径等)和参与式治理(包括参与式治理的实践面向、参与治理的影响因素、参与式治理水平的评价和参与式治理的实现路径等)相关文献进行系统整理。综合前述国内外相关研究可知,老旧小区海绵化改造是国际趋势,相关实践探索和理论研究主要集中在技术层面,包括社区海绵化改造后雨洪消减评价、社区低影响开发经验总结、海绵城市建设评价指标体系构建等方面,对本课题研究具有重要参考价值。同时,部分国外学者已经认识到居民参与在老旧小区海绵化改造中的重要意义,并提出不尽相同的对策建议。但是,由于国情不同,这些对策建议只能作为参考,不能直接为我国所用。相对而言,国内对老旧小区海绵化改造和居民参与治理两个方面研究都处于起步阶段,相关研究成果较少,未见参与式治理在老旧小区海绵化改造中的应用,缺乏居民参与治理模式、居民参与治理水平的评价方法、居民参与治理的影响机理、不同情境下居民参与治理水平的演化仿真、引导居民参与治理的提升对策等方面的系统性研究成果,具体表现在:

(1)已有研究扩展了参与式治理的研究内容,但鲜见其在老旧小区海绵化改造中的应用。目前国内外学者对参与式治理的研究集中在参与式治理的实践面向、参与治理的影响因素、参与式治理的构建等方面,其被广泛应用到参与式预算、城市治理和社区参与式治理、农村参与式发展与治理等方面,使得参与式治理作为一种新型的治理模式得到了充足的发展。虽然部分学者提出在老旧小区环境整治方面要推进公民自主治理,但由于老旧小区海绵化改造方兴未艾,理论和实践都在探索过程中,参与式治理的研究还未触及该领域,老旧小区海绵化改造的居民参与治理内涵较为模糊。

(2)已有研究开展了居民参与模式的定性研究,对居民参与治理模式的定量分析较少。目前,国外学者在居民参与模式上的研究主要是基于 Arnstein(阿恩斯坦)的公民参与梯度理论,并且按照参与程度将居民参与分为不同类型,或者对公民参与梯度理论进行改进,一定程度上推动了居民参与模式的发展。国内学者则是按居民参与的历史阶段、参与度、参与性质、参与能力、参与意愿或与基层政府联系紧密程度等将居民参与治理分为不同的模式,且多为定性描述,缺少对居民参与模式的定量表述。虽然近几年得益于我国海绵城市试点工作的推广,在改造的过程中开始强调居民参与,但对老旧小区海绵化改造过程中的居民参与治理模式研究较少,尤其缺乏对居民参与治理行为的梳理,仅停留在理念应用和政策建议阶段。

(3)已有研究聚焦于社区治理水平的绩效评估,然而缺乏居民参与治理水平的评价方法。国内外学者从经验层面探讨公民参与能否带来治理绩效以及参与带来治理绩效的条件进行了探讨,并从不同的角度构建了公共项目治理评价指标体系、农村治理评价指标体系、城市社区治理绩效评价指标体系和社会治理评价指标体系等指标体系。对于老旧小区海绵化改造的居民参与治理而言,其居民参与治理水平评价指标体系研究目前尚属空白,需要借鉴已有研究成果,针对老旧小区海绵化改造居民参与治理的特点开发出一套科学、有效、实用的指标体系并构建相应的评价模型。

(4)已有研究深究了居民参与的影响因素,但少有对居民参与治理影响机理的分析。居民参与的研究主要集中在居民参与模式、居民参与影响因素和居民参与建模仿真等方面,国内外学者对居民参与模式划分上不尽相同,其划分标准也各有区别。尽管在居民参与影响因素和参与治理的影响因素上开展了较多工作,如从居民所处外部环境和居民内因两个不同侧面对影响居民参与的因素进行了深入的探讨,尤其是分析居民参与的认知、态度及行为三者之间关系,但仍缺乏对老旧小区海绵化改造的居民参与治理模式内在逻辑及居民参与治理模式外在影响因素两方面的综合探索。

(5)已有研究探索了参与多主体建模与仿真,却未见在该领域居民参与治理动态仿真研究。近年来,国内外学者将多主体建模与仿真在社会学领域进行了应用,利用计算机技术,借助计算机构造实验对象、实验环境和实验平台,通过调整网络主体属性以及政府、社会组织等网络主体之间的关系强度,考察各利益相关者之间网络关系的变化对事件或项目的影响,动态模拟其相互之间的关系,在应对网络舆情、非常规突发事件、群体性突发事件上取得了较好的效果。然而,以往对居民参与的研究趋向于静态分析,缺少对其动态模拟进而预测的研究。

(6)已有研究完善了参与式治理实现的路径,但缺少引导居民参与治理的对策。国外社区治理的实现路径已经有了较为成熟的发展,居民、社会组织和政府多方合作,相互作用与影响,共同致力构建美好的社区环境。社区居民在这其中也能在很大程度上参与到社区治理中来,这为我国居民参与治理的实施提供了一定的理论基础和实践经验,具有借鉴意义。国内学者对于居民参与路径和参与治理实现的路径问题有了一定的研究基础,但是对于促进不同社会环境中居民参与治理老旧小区海绵化改造的研究还比较少。

1.3 研究目标、内容与意义

1.3.1 研究目标

将参与式治理理论引入老旧小区海绵化改造,按照"政府主导、居民参与、互动合作"的思想,在厘清老旧小区海绵化改造的居民参与治理内涵基础上,梳理老旧小区海绵化改造中居民常见参与治理行为,归纳居民的不同参与治理模式,定量评价老旧小区海绵化改造的居民参与治理水平,分析老旧小区海绵化改造居民参与治理差异的影响机理,仿真老旧小区海绵化改造居民参与治理的演化过程,提出一整套关于提升老旧小区海绵化改造居民参与治理水平的对策建议,具体目标如下:

(1) 明晰老旧小区海绵化改造的居民参与治理内涵,为后续研究提供相关理论基础。

(2) 聚类老旧小区海绵化改造的居民参与治理模式,厘清居民参与治理现状。

(3) 构建老旧小区海绵化改造的居民参与治理评价模型,客观评价居民参与治理水平。

(4) 探究老旧小区海绵化改造的居民参与治理影响因素,阐释参与治理差异的影响机理。

(5) 仿真老旧小区海绵化改造的居民参与治理过程,动态模拟居民参与治理水平的演化。

(6) 优化老旧小区海绵化改造中居民参与治理结果,提出引导居民参与治理的对策建议。

1.3.2 研究内容

本书尝试将参与式治理引入老旧小区海绵化改造的过程中,选取长三角地区社会经济发展水平差异显著的 5 个试点海绵城市作为研究对象,探究老旧小区海绵化改造的居民参与治理,主要研究内容如下:

1.3.2.1 老旧小区海绵化改造的居民参与治理内涵界定

参与式治理作为一种新型的治理模式,是参与式民主在治理中的运用。将参与式治理引入老旧小区海绵化改造,剖析老旧小区海绵化改造居民参与治理的内涵,是后续研究的理论基础。首先,分析老旧小区和海绵化改造概念相关的文献,进而明确老旧小区海绵化改造的概念,在此基础上梳理老旧小区海绵化改造的规划和常见的改造技术,厘清老旧小区海绵化改造的内涵;其次,分析居民参与和参与式治理概念相关的文献,明确居民参与治理的概念,并总结居民参与治理的方式;最后,界定老旧小区海绵化改造的居民参与治理概念,探讨老旧小区海绵化改造的居民参与治理基本要素,总结参与式治理在国内外相关领域的应用,分析老旧小区海绵化改造的居民参与治理赋权、参与、协作、网络和效度等特征。

1.3.2.2 老旧小区海绵化改造的居民参与治理模式分类

长三角地区 5 个试点海绵城市不同老旧小区海绵化改造时,在诸多因素影响下,技术组合多样,且不同组合对居民的影响不一,使得居民的参与行为和参与模式也不尽相同。首先,梳理行为参与相关文献,构建居民参与治理行为识别框架,搜集长三角地区 5 个试点海绵城市老旧小区中居民参与治理行为相关资料,识别常见的居民参与治理行为;其次,选取居民参与治理行为度量方法,利用收集的数据对老旧小区海绵化改造居民参与治理行为的参与治理水平进行排序;再次,确定老旧小区海绵化改造居民参与治理模式的研究框架,通过梳理居民参与治理模式相关文献中的指标,设计居民参与治理模式调研问卷,构建基于聚类分析的居民参与治理模式分类计算模型;最后,选取长三角地区的上海、宁波、嘉兴、镇江、池州等作为调查地点,收集居民参与治理模式相关数据,并对调研数据进行聚类分析,确定居民参与治理模式的类型。

1.3.2.3 老旧小区海绵化改造的居民参与治理水平定量评价

对居民参与老旧小区海绵化改造所形成的治理水平进行测量,有助于客观评价现行参与治理模式的优劣,为其有效提升奠定扎实基础。首先,梳理老旧小区海绵化改造评价的相关文献并进行评述,分析老旧小区海绵化改造的居民参与治理水平评价作用、内容和过程,明晰老旧小区海绵化改造的居民参与治理水平评价内涵;其次,应用参与式治理的思想,结合前文老旧小区海绵化改造的居民参与治理特征,以老旧小区海绵化改造居民参与治理水平评价为一级指标,以赋权、参与、协作、网络和效度等作为二级指标,并进一步分解三级指标,形成老旧小区海绵化改造的居民参与治理水平评价指标体系;再次,比较评价常用的方法,结合提出的参与治理水平评价模型,构建基于 ANP(网络层次分析法)-PROMETHEE(多目标决策法)Ⅱ的评价模型;最后,选取长三角地区 5 个试点海绵城市中在海绵化改造上具有代表意义的老旧小区进行案例研究,对其居民参与治理模式进行量化分析,客观地评价老旧小区居民参与治理的水平,并对老旧小区海绵化改造的居民参与治理评价结果进行分析。

1.3.2.4 老旧小区海绵化改造的居民参与治理影响机理

对老旧小区海绵化改造居民参与治理水平进行量化,从内部逻辑和外部影响因素两个方面分析居民参与治理水平高低不同的原因,为探寻居民参与治理的影响机理指明方向。首先,梳理心理学领域常见的行为理论,结合老旧小区海绵化改造居民参与治理模式的聚类结果,确定居民参与治理模式内在逻辑分析框架,基于此理论框架提出相应的研究假设并设计问卷,将结构方程模型作为假设检验的方法;其次,选取长三角地区的上海、宁波、嘉兴、镇江、池州等作为调查地点,收集居民参与治理模式相关数据,实证分析老旧小区海绵化改造的居民参与治理认知、居民参与治理态度、居民参与治理行为意愿和居民参与治理行为之间的内在逻辑;再次,对参与影响机理相关理论和参与治理模式影响因素相关文献进行分析,利用预调研数据优化居民参与治理模式外在影响因素调查问卷,在此基础上确定居民参与治理模式外在影响因素分析理论框架和研究假设,构建老旧小区海绵化改造的居民参与治理模式影响机理模型;最后,依旧选取长三角地区 5 个试点海绵城市中在海绵化改造上具有代表意义的老旧小区作为调研地点,利用设计好的调查问卷收集居民参与治理模式影响因素数据,从居民的基本特征:场域、社会资本、心理资本、惯习和社区归属感等方面对老旧小区海绵化改造的居民参与治理模式进行解释,以期探寻居民参与治理水平差异的影响机理。

1.3.2.5 老旧小区海绵化改造的居民参与治理动态仿真

前文对老旧小区海绵化改造的居民参与治理水平定量评价及居民参与治理模式影响机理的分析,虽然可以掌握和剖析现状,但是难以预测不同居民参与治理模式下治理水平的变化。因此,本书充分考虑时间和居民参与情境在居民参与治理过程中的影响,基于多智能体建模(multi-agent based,MAB)和系统动力学模型(system dynamic,SD)构建居民参与治理动态仿真模型并进行实证研究。首先,分析基于 MAB-SD 的居民参与治理动态仿真研究思路;其次,通过假设居民参与治理网络、分析居民参与治理模式策略和居民参与治理模式决策路径模型,构建基于 MAB 的居民参与治理模式演化系统;再次,分析老旧小区海绵化改造的居民参与治理模式倾向系统,并构建相应的居民参与治理模式倾向模型;然后,利用 Anylogic 软件设置老旧小区海绵化改造的居民参与治理动态仿真平台,结合前述长三角地区 5 个试点海绵城市中老旧小区居民参与治理的分析结果确定初始输入变量,运行仿真模型计算初始状态下居民参与治理模式状态可能的演化过程,并对仿真模型中的自变量和调节变量进行敏感性分析;最后,结合敏感性分析的结果,提出老旧小区海绵化改造居民参与治理水平提升的对策。

上述研究内容可用图 1-1 归纳为一个有机的整体。

1.3.3 研究意义

居民参与是社区治理内在的、不可分割的重要特征,参与式社区治理是城市社区善治的必然趋向。参与式治理的核心就是要居民参与,没有居民参与就谈不上参与式社区治理[107]。本书聚焦于老旧小区海绵化改造中的居民参与治理,具有如下的理论意义和现实意义:

1.3.3.1 理论意义

(1)有助于弥补"重技术、轻管理"的弊端,拓宽海绵城市研究视角。参与式治理作为一种新兴模式还未在老旧小区海绵化改造领域得到充分重视,缺乏对参与式治理的理论构建。因此,研究老旧小区海绵化改造的居民参与式治理,有利于从非技术视角出发,使居民参与的效用最大化,从而推进老旧小区海绵化改造技术手段的实施,并推动参与式治理理论在该领域的发展。

(2)有助于划分居民参与治理的模式,丰富参与框架的相关研究。现阶段国内外学者在居民参与模式的研究上多数借鉴公民参与梯度理论,按照参与的程度对居民参与类型进行分析,多停留在理论分析层面,对老旧小区海绵化改造过程中居民参与治理具体行为和参与治理模式的研究较少。因此,基于扎根理论识别老旧小区海绵化改造的居民参与治理行为,进而结合教育心理学领域的参与框架聚类分析居民参与治理的模式,有助于将理论与实践结合客观分析居民参与治理情况。

(3)有助于判断居民参与治理绩效,创新居民参与治理水平评估方法。尽管国内外学者对治理水平评价体系进行了探索,但现阶段对居民参与治理水平的评价体制极其不完善,由于老旧小区海绵化改造推广时间较短,鲜有学者对老旧小区海绵化改造的居民参与治理水平进行定量评价。因此,本书通过构建老旧小区海绵化改造的居民参与治理水平评价模型,并对长三角地区 5 个试点海绵城市进行实证分析,量化了海绵城市建设试点的实施状况,有助于判断老旧小区海绵化改造的居民参与治理绩效,同时也是对现有老旧小区海绵化改造的居民参与治理水平评估方法与流程的创新。

(4)有助于探究居民参与治理的影响机理,丰富计划行为理论等理论的应用研究。国内外学者在居民参与影响因素和参与治理的影响因素上开展了较多工作,但缺乏老旧小区海绵化改造的居民参与治理模式的内在逻辑及居民参与治理模式外在影响因素方面的探索。因此,本书基于计划行为理论构建居民参与治理模式内在逻辑分析模型,并基于场动力理论、社会实践理论、社会行动理论和社会资本理论等构建居民参与治理模式的影响因素模型,对长三角地区 5 个试点海绵城市进行实证分析,有助于厘清老旧小区海绵化改造的居民参与治理影响机理,拓宽计划行为理论等理论的研究范围。

(5)有助于揭示居民参与治理的演化规律,推动计算实验技术在居民参与领域的应用。在老旧小区海绵化改造的过程中,居民的行为存在较大的不确定性,传统的研究方法很难对其进行动态分析。因此,本书在对居民参与治理模式识别、居民参与治理水平评价和居民参与治理影响机理进行静态分析的基础上,构建老旧小区海绵化改造的居民参与治理动态仿真计算实验平台,对影响居民参与治理模式的各类因素进行多次敏感性分析实验,动态预测居民参与治理水平的变化,为提升居民参与治理水平提供优化方向。

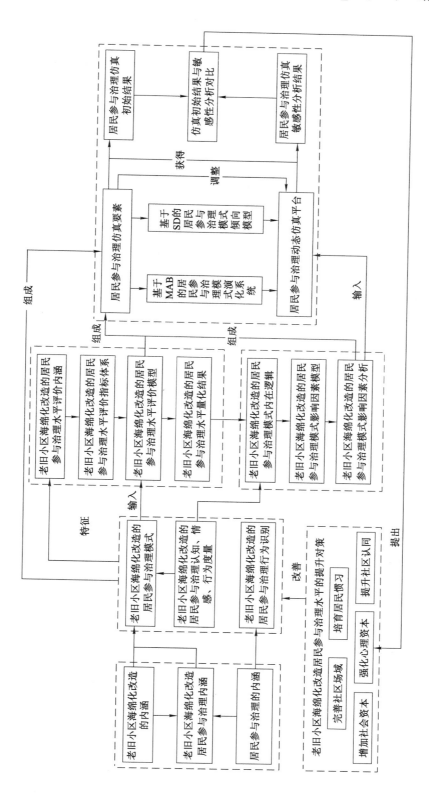

图1-1　本书研究内容之间的逻辑关系

1.3.3.2 现实意义

（1）有助于重塑政府与公民的关系，推进国家治理体系现代化。党的十八届三中全会强调，新时期全面深化改革的重点不仅限于厘清政府与社会之间的关系，更重要的是努力达成政府与社会之间互利共赢的合作治理模式。因此，坚持公民主体地位，探讨老旧小区海绵化改造中的居民参与治理，对于降低老旧小区治理成本，进而提高国家治理效率具有积极的实践意义。

（2）有助于转变居民的消极态度，推动社会主义和谐社会建设。老旧小区海绵化改造本是一项惠民工程，但由于部分老旧小区海绵化改造过程中忽视居民感受，使得居民对大范围海绵化改造持消极态度。探究老旧小区海绵化改造的居民参与治理，不仅能够减少改造中的群体性事件，还能够调动居民参与治理的积极性，提升社区居民居住满意度和幸福指数，推动和谐社会建设。

（3）有助于加快人民社会的发展，扩大积极参与型公民队伍。居民作为老旧小区海绵化改造的核心利益相关者，理应全方位参与，然而受居民、政府和社区居委会等因素的制约，却鲜有参与行为，突出表现为对社区海绵化改造过程中的"无意参与""无力参与""无路参与"。在老旧小区海绵化改造过程中引入参与式治理，通过动态仿真提出相应的提升对策，有助于改善居民参与老旧小区海绵化改造的现状，提升居民参与治理水平，建设人民社会。

（4）有助于从微观社区改造出发，促进海绵城市建设的宏观战略落地。目前我国多数海绵城市建设项目处在探索阶段，缺乏社区层面海绵化改造策略的选用指南和海绵化改造落实的法治化途径。本书重点分析的长三角地区 5 个试点海绵城市在老旧小区海绵化改造领域具有典型代表性，可以为其他省（市）老旧小区海绵化改造提供相应的实践经验，进而实现我国海绵城市建设的整体目标。

1.4 研究方法与技术路线

1.4.1 研究方法

本书将采用理论研究、经验研究、实证研究，定性分析与定量评价相结合的方法进行系统化研究。具体如下：

1.4.1.1 文献分析法

本书第 2 章通过查阅和整理国内外相关的文献，对老旧小区改造、海绵城市建设、居民参与和参与式治理的现有研究进行全面分析，界定老旧小区海绵化改造的居民参与治理内涵；第 3 章梳理行为参与和居民参与治理模式等相关文献，为进一步研究打下扎实基础；第 4 章对老旧小区海绵化改造评价和居民参与治理水平评价指标相关文献进行综述，明晰老旧小区海绵化改造的居民参与治理水平评价内涵和初步的居民参与治理水平评价指标体系；第 5 章整理心理学领域常见的行为理论和参与模式影响因素相关文献，确定居民参与治理模式内在逻辑分析研究框架和居民参与治理模式影响因素初步分析模型；第 6 章综述多智能体建模和系统动力学建模相关文献，明晰居民参与治理动态仿真思路。

1.4.1.2 质性分析法

本书第 3 章在文献分析的基础上,将与经历过海绵化改造老旧小区中居民的半结构化访谈信息文字化处理,使用质性分析的方法对访谈信息进行编码分析,并进行理论饱和度分析,识别老旧小区海绵化改造的居民参与治理行为。

1.4.1.3 层次聚类分析-K 均值聚类分析法

本书第 3 章在对老旧小区海绵化改造的居民参与治理模式进行聚类分析时,首先采用 ward's method(分层聚类凝聚法)和 squared euclidean distance(平方殴式距离)作为相似性测度进行层次聚类分析,确定合适的类别数目,然后采用 K 均值聚类分析法对具体聚类个数进行迭代,确定最终的老旧小区海绵化改造居民参与治理模式聚类结果。

1.4.1.4 ANP-PROMETHEE II 法

本书第 4 章在构建适用于老旧小区海绵化改造的居民参与治理水平评价模型时,利用 ANP 确定老旧小区海绵化改造的居民参与治理水平评价指标权重,在此基础上,结合专家打分数据,选择 PROMETHEE II 对老旧小区海绵化改造居民参与治理模式进行打分。

1.4.1.5 结构方程模型

本书第 5 章基于计划行为理论,结合居民在老旧小区海绵化改造过程中的参与治理模式特征,提出影响居民参与治理行为的相关假设,构建老旧小区海绵化改造居民参与治理模式内在逻辑分析的概念模型,通过问卷的收集数据,运用结构方程模式对相关假设进行验证。

1.4.1.6 无序多分类 Logistic(罗吉斯)回归

本书第 5 章采用无序多分类 Logistic 回归,将老旧小区海绵化改造的居民参与治理模式作为因变量,居民个体特征作为控制变量,居民社会资本、心理资本、惯习和社区归属感作为自变量,所在社区场域作为调节变量,探索居民个体特征、居民社会资本、心理资本、惯习、社会归属感和社区场域对老旧小区海绵化改造的居民参与治理模式的影响。

1.4.1.7 多智能体—系统动力学 MAB-SD

本书第 6 章在进行老旧小区海绵化改造的居民参与治理动态仿真时,首先利用 MAB 构建居民参与治理模式演化系统,确定居民参与治理模式决策路径模型;其次选取 SD 对居民参与治理模式倾向系统进行分析,构建居民参与治理模式倾向模型,再利用 AnyLogic 8 构建老旧小区海绵化改造的居民参与治理动态仿真平台,利用调研数据进行实验,并对影响因素进行多次敏感性分析。

1.4.2 技术路线

本书首先利用文献分析和实地走访等方法界定老旧小区海绵化改造的居民参与治理内涵,确定研究基础;其次,基于扎根理论识别老旧小区海绵化改造的居民参与治理行为,利用聚类分析划分居民参与治理模式,构建基于 ANP-PROMETHEE II 的评价模型量化老旧小区海绵化改造中居民参与治理的水平,从而明晰现状;再次,分析居民参与治理模式的内在逻辑与外部影响,并通过 MAB-SD 的仿真平台动态分析老旧小区海绵化改造的居民参与治理演化规律,对其进行深度剖析;最后,结合仿真结果,提出老旧小区海绵化改造的居民参与治理水平提升策略。本书研究思路和研究方法可用图 1-2 归纳为一个有机的整体。

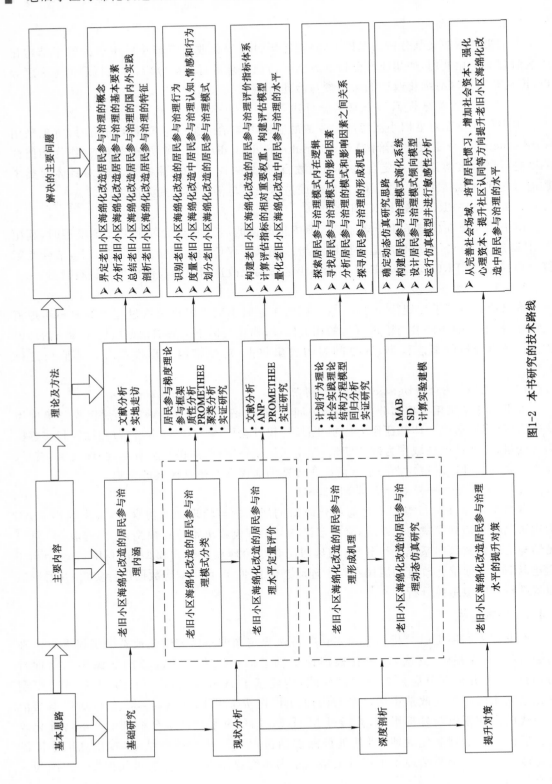

图1-2 本书研究的技术路线

1.5　本章小结

　　本章简述了本书的研究背景、国内外研究现状、研究目标、研究内容、研究意义、研究方法与技术路线,梳理了国内外老旧小区改造、海绵城市建设、居民参与和参与式治理等研究状况。通过综述发现存在鲜见参与式治理在老旧小区海绵化改造中的应用、对居民参与治理模式的定量分析较少、缺乏居民参与治理水平的评价方法、少有对居民参与治理机理的分析、未见在老旧小区海绵化改造领域居民参与治理动态仿真研究、缺少引导居民参与治理的对策等问题。

　　本书旨在将参与式治理理论引入老旧小区海绵化改造,按照"政府主导、居民参与、互动合作"的思想,在厘清老旧小区海绵化改造的居民参与治理内涵基础上,梳理老旧小区海绵化改造中居民常见参与治理行为,归纳居民的不同参与治理模式,定量评价老旧小区海绵化改造居民参与治理水平,分析老旧小区海绵化改造居民参与治理差异的影响机理,仿真老旧小区海绵化改造居民参与治理的演化过程,提出提升老旧小区海绵化改造居民参与治理水平的对策建议。

第 2 章
概念界定和内涵剖析

前述对老旧小区海绵化改造和居民参与治理两个方面的研究都处于起步阶段,相关研究成果较少,未见参与式治理在老旧小区海绵化改造中的应用,对老旧小区海绵化改造规划与技术、居民参与治理方式、老旧小区海绵化改造的居民参与治理基本要素、老旧小区海绵化改造的居民参与治理实践、老旧小区海绵化改造的居民参与治理特征等研究较少。因此,本章依次对老旧小区海绵化改造的相关内涵、居民参与治理的内涵和老旧小区海绵化改造的居民参与治理内涵进行梳理,界定本书研究边界,明确本书的研究框架。

2.1 老旧小区海绵化改造的内涵

2.1.1 老旧小区的概念

作为开展老旧小区海绵化改造研究的基本前提,科学且合理地明确老旧小区定义至关重要。鉴于研究目的和研究问题的特性,不同国家学者对老旧小区的界定有所区别。本书以"old community""old urban community""old housing""old residential area"和"old neighborhood""urban renewal districts"为关键词语,在 *Elsevier*,*Web of Science* 和 *Willey* 等本学科研究常用的外文数据库中进行关键词检索(文献截至 2019 年 6 月)。在对文献标题及摘要筛选过后,最终得到 32 篇外文文献,并在相应的外文数据库中进行下载。与此同时,本书以"老旧小区""老旧社区""旧住宅区""旧小区""旧社区""老旧居住小区""既有居住区""老旧住宅区""社区更新"为关键词,在文献覆盖广、权威的知网进行检索(文献截至 2019 年 6 月),同样在阅读文献标题及摘要后,剔除无关文献,剩余 66 篇文献。通过对上述文献全文的归纳,发现学者们主要从建造时间、产权形式和小区状况的研究视角阐述老旧小区的概念,见表 2-1。

表 2-1　不同学者对老旧小区概念的界定

研究视角	老旧小区概念	文献来源
小区特征	老旧小区指的是那些总体使用功能和结构落后于新时代要求,外部设施比较简陋的社区	文献[108]
	历史条件和经济状况的限制,导致城市社区规划与建设技术的落后,整体建筑功能无法满足人民的需求,与当下经济社会的发展不一致,需要对其基础设施等物质条件进行改善	文献[109]
	老旧小区一般表现为房屋建筑破坏严重、硬件设施不足、整改资金匮乏、居民整治需求迫切等特征	文献[110]
	旧住宅区也可以叫作旧居住区,是指那些随着使用年限的增加功能产生综合陈旧过程的住宅及其居住环境的整体集合	文献[111]
建成时间	20 世纪 80 年代,由于我国中央计划经济的转型而产生了大量旧居住区,政府通过大量补贴开展相关的更新项目	文献[108,112-113]
	南京市老旧高层住宅电梯整治主要针对 2000 年之前投入使用的老旧高层住宅,这类住宅通常存在安全隐患	文献[114]
	许多建设于 20 世纪 80—90 年代的住宅小区由于社区环境质量滞后于时代的要求,尽管使用寿命未到期,但是功能寿命已经到达期限,需要进行改造	文献[115]
产权形式	在改革之前,单位制背景下社区住房产权归属于单位,社区中的居民也多是单位职工及其家属。随着单位制的衰退,社区环境不断遭到破坏,形成了现在的老旧社区	文献[116]
	老旧小区的产权较为复杂,房改之前一般是几个单位合作开发分给员工居住,产权形式有归属单位、卖给职工、房改房等形式	文献[42]
	老旧社区又指单位居住区(单位分房时期形成的),是相对于商品房社区(个人购房时期形成)而言的,其产权结构、制度框架和居民特征都区别于其他社区	文献[117]
混合定义	20 世纪 90 年代中期以来,由于经济转型和国企改革,在失去国企归属和未有社会接管等情况下,原有工人宿舍房屋逐渐老化,形成了规模较大的老旧单位社区	文献[118]
	城市老旧小区是由政府或者单位资助建设的居住小区,与 1998 年房改之后建设的居住小区相对应。随着单位制的衰退,这类小区房屋和设施逐渐老化,违章搭建、停车位缺少、配套设施匮乏等问题影响着居民的生活质量	文献[119]
	老旧小区是指 20 世纪 80 年代初至 20 世纪 90 年代中,国营房地产公司或者单位开发的处于城市中心或次中心,至今仍在使用的居住区	文献[120]
	上海市老旧房屋是指建设在 20 年以上,多为砖混结构或者砖木结构的房屋	文献[121]
	我国城市老旧小区多数建于 20 世纪 70—80 年代,存在产权不明、空间布局不合理、基础设施落后、低收入群体聚集等问题	文献[122]

由表 2-1 可知,学界普遍认为,老旧小区是 20 世纪 90 年代之前由政府出资建设的具有规划设计标准低、房屋本体破坏严重、基础设施落后、配套设施不全、空间布局不合理、

产权形式复杂、住宅及居住环境无法满足人民对美好生活的需求等特征的居住区。

在实践的过程中,我国从 1992 年开始了大规模的老旧住宅整治出新项目,但是此类改造的标准比较低,只能满足基本居住需求[123]。而后,各级政府部门分别出台相关文件,对老旧小区改造的对象、内容及标准进行定义,通过整理中央和地方政府关于老旧小区改造或者老旧小区综合整治的相关政策,可以得到表 2-2。由表可知,在中央层面,原建设部于 2007 年发布的《关于开展旧住宅区整治改造的指导意见》,较早地从政策上对老旧小区整治的改造目标、改造内容、改造标准、统筹机制等进行规范;到了 2013 年,国家机关事务管理局联合中共中央直属机关事务管理局、国务院国有资产监督管理委员会、国家发展和改革委员会、财政部和北京市人民政府共同发布《关于开展中央和国家机关老旧小区综合整治工作的通知》,明确定义了老旧小区综合整治的 3 类对象;2014 年,国家机关事务管理局发布《中央国家机关老旧小区综合整治技术导则》,从房屋建筑鉴定与加固、房屋综合整治、基础设施、公共服务设施、小区环境整治等方面对老旧小区综合整治做出相关技术规范;2019 年,住房和城乡建设部办公厅、国家发展和改革委员会办公厅和财政部办公厅联合发布《关于做好 2019 年老旧小区改造工作的通知》,进一步明确老旧小区应当是 2000 年以前建成的,基础设施较为落后,影响居民基本生活且居民自身有比较强烈改造意愿的住宅小区。

在地方层面,选取了北京、上海、江苏、宁波和安徽这 5 个有代表性的省市进行分析。北京市人民政府办公厅于 2018 年发布了《老旧小区综合整治工作方案(2018—2020 年)》,以 1990 年为界线将老旧小区分类两类:一类是 1990 年之前建成未完成改造的小区,另一类则是 1990 年之后建成、功能存在欠缺但是没有负责改造单位的小区。上海市人民政府办公厅于 2018 年发布了《上海市住宅小区建设"美丽家园"三年行动计划(2018—2020)》提到,上海市旧住房综合改造重点是对二级旧里以下房屋和直管公房的改造。江苏省住房和城乡建设厅于 2019 年发布了《关于扎实推进老旧小区综合整治和省级宜居示范居住区建设工作的通知》。浙江省宁波市人民政府办公厅于 2018 年发布了《宁波市推进中心城区老旧住宅小区环境整治工作行动方案》。安徽省住房和城乡建设厅及财政厅于 2019 年发布了《城市老旧小区整治实施办法》。以上政府发布的文件均提到老旧小区为 2000 年以前(含 2000 年)建设的尚未整治的老旧住宅区。从小区特征看,无论是中央还是地方层面的政策,均强调老旧小区是未经过整治的小区,其建设标准较低、设施落后或匮乏、存在安全隐患、使用功能受损;从建成时间角度看,除北京市和上海市未明确老旧小区建设时间外,江苏省、浙江省和安徽省均以 2000 年作为老旧小区界定的节点,这类小区建设年限达到 20 年及其以上;从房屋产权看,江苏省提到的老旧小区应为非商品房住宅区,土地性质为国有。此外,在住房和城乡建设部办公厅、国家发展和改革委员会办公厅以及财政部办公厅于 2019 年联合发布的《关于做好 2019 年老旧小区改造工作的通知》中,加入居民改造意愿这一标准,指出要顺应群众期盼,将群众改造意愿强烈的项目作为优先改造项目,为老旧小区改造注入可持续的新动能。

表 2-2　部分政策文件对老旧小区概念的界定

层级	发文单位	年份	文件名称	老旧小区概念
中央	原建设部	2007	《关于开展旧住宅区整治改造的指导意见》	旧住宅区是指房屋年久失修、配套设施缺损、环境脏乱差的住宅区
	国家机关事务管理局联合中共、中央直属机关事务管理局、国务院国有资产监督管理委员会等	2013	《关于开展中央和国家机关老旧小区综合整治工作的通知》	综合整治的对象包括：1980 年以前建成的老旧住宅要按照现有的规范对其进行房屋抗震等安全检查并且进行加固；1990 年以前建成且归属于国有单位或企业的低建设标准、设施陈旧、配套缺乏的老旧小区；1990 年以后建成的老旧小区重视安全隐患的检查，并进行节能改造
	国家机关事务管理局	2014	《中央国家机关老旧小区综合整治技术导则》	房屋安全整治的对象包括：1980 年以前建成且抗震标准较低的建筑和 2002 年以前建成的公共建筑
	住房和城乡建设部办公厅、国家发展和改革委员会办公厅、财政部办公厅	2019	《关于做好 2019 年老旧小区改造工作的通知》	进一步明确现阶段改造对象为 2000 年以前建成的公共设施严重影响居民基本生活且改造意愿较为强烈的老旧小区
地方	北京市人民政府办公厅	2018	《老旧小区综合整治工作方案（2018—2020 年）》	优先实施整治的小区包括：1990 年以前建成的尚未完成抗震节能改造的小区，1990 年以后建成的住宅功能未达到现阶段住宅标准，以及经鉴定部分楼房已成为危房且没有责任单位负责改造的小区
	上海市人民政府办公厅	2018	《上海市住宅小区建设"美丽家园"三年行动计划（2018—2020）》	上海市旧住房综合改造重点是对二级旧里以下房屋和直管公房的改造，到 2020 年要达到让小区更安全、更有序和更干净的目标
	江苏省住房和城乡建设厅	2019	《关于扎实推进老旧小区综合整治和省级宜居示范居住区建设工作的通知》	老旧小区综合整治对象为 2000 年以前建成的，尚未整治的非商品房老旧小区
	浙江省宁波市人民政府办公厅	2018	《宁波市推进中心城区老旧住宅小区环境整治工作行动方案》	老旧小区改造的范围包括 2000 年以前（含 2000 年）建成交付且不在棚户区改造计划的老旧住宅小区；5 年内没有被列入征收计划的老旧小区
	安徽省住房和城乡建设厅、财政厅	2019	《城市老旧小区整治实施办法》	老旧小区整治的对象为 2001 年 9 月 10 日以前建成的并投入使用的小区，这类小区通常土地为国有，建筑面积 5 000 m² 以上，未列入棚户区改造

　　通过对理论和实践的梳理，可以发现仅以小区特征或者建设时间去划分老旧小区改造范围往往难以执行，对老旧小区的界定需要综合考量小区特征、建成时间和产权形式 3 个维

度。因此,本书结合上述 3 个维度从广义角度对当前阶段的老旧小区进行界定:老旧小区是使用时间在 18 年及其以上(2000 年以前建成的并投入使用的小区),具有规划设计标准低、房屋本体破坏严重、基础设施落后、配套设施不全、空间布局不合理、产权形式复杂、物业管理缺乏、居民改造意愿强烈、未经改造等特征的老旧住宅区。

随着大规模改造热潮的兴起,在实践过程中"城市更新""城中村""城市棚户区"等词语层出不穷,它们易与"老旧小区"的概念产生混淆,因此需要对这些名词进行概念辨析。城市更新的概念最早源于西方,是为了从经济、环境、社会和政治等各个方面来复兴已经衰败的城市区域的过程[109,124]。在我国,城市更新包括对城市旧区的更新和城中村的更新,其中城市旧区又包括城市棚户区和老旧小区[125-126],如图 2-1 所示。城市棚户区、老旧小区和城中村的具体区别在于城中村通常为集体用地,缺少相应的规划和设计,房屋结构也较为简易,仅有农村自建房房产证;城市棚户区和老旧小区均为国有土地性质,房屋结构保存相对完好,但是城市棚户区缺少相应的住房规划和设计且没有产权证,而老旧小区有基本的建筑规划和设计且有房屋所有权证[110]。区别于城中村和城市棚户区的大拆大建,老旧小区更侧重于微观层面的改造,以满足居民改造需求、提升社区整体居住环境、重塑和谐邻里关系为目标。

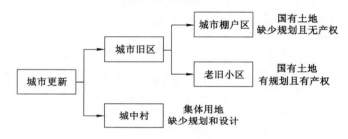

图 2-1　老旧小区改造相关概念辨析图

2.1.2　老旧小区海绵化改造的概念

我国老旧小区的改造是一项复杂而又巨大的工程,其改造内容从不同的维度可以分为不同的改造项目。例如,张晓东等[110]将老旧小区改造内容分为整体改造类(优先改造危房和存在安全隐患的地方,完善相关配套设施)、功能提升类(对于功能缺失的社区进行微改造,如修建停车库)和综合整治类(美化环境,增加公共绿地和提升社区服务等)。也有学者将老旧小区改造分为必备改造项目(加装电梯、垃圾分类和 LED 照明、修建停车库、修复房屋建筑、雨水回收、中水回用等)和拓展改造项目(加装遮阳窗、综合利用空旷场地、优化小区公共环境、营造和谐社区氛围等)[127]。

在实践的过程中,各省份因城施策,结合本地老旧小区情况确定相关的改造内容。例如,南京市 2017 年发布的《老旧小区整治操作手册》明确了拆除违建、整修房屋、设置门房、疏通管道、整治道路、安装路灯、景观绿化、方便停车、安防技防、线路序化、管线地下、节能改造、海绵城市(下沉式绿地、透水路面、雨水利用)、功能提升、适老改造、长效管理等 16 类 72 个子整治项目;上海市 2018 年发布的《上海市住宅小区建设"美丽家园"三年行动计划(2018—2020)》中提出老旧小区整治主要任务有提升社区建筑和居住环境安全、提升物业服务和管理能力、改善社区治理环境、健全体制机制等 4 大方面 25 项具体任务;宁波市 2018 年发布的《宁波市推进中心城区老旧住宅小区环境整治工作行动方案》提出"治五乱""促五修""查五违""建五制"等 4 大专项行动 20 项具体内容。尽管目前并没有通用的老旧小区改造内容清单,但常见的改造项目有建筑物本体修复、社区居住环境提升、公共设施配套完善、社区治理环境提升等。

近年来,越来越多的省(市)在进行老旧小区改造的同时开始重视老旧小区的海绵化改造,尽管政府未明确提出海绵化改造,但是部分会议和政策文件开始提倡"老旧小区＋海绵"的新型改造模式。例如,2015 年国务院常务会议上指出,老旧小区更新要与海绵城市建设相结合,加强排水等设施的建设,加快解决城市内涝、治理黑臭水体和收集利用雨水;中共中央、国务院于 2016 年 2 月发布的《中共中央 国务院关于进一步加强城市规划建设管理工作的若干意见》中提到要有序推进老旧小区综合整治工作,鼓励社区安装雨水收集设施,推广透水铺装、下沉式绿地和雨水花园等低影响开发设施;2017 年 12 月,住房和城乡建设部在老旧小区改造试点工作座谈会上,提出在老旧小区改造项目中增加海绵化改造这一拓展项,利用绿色屋顶、透水路面、下沉式绿地等技术来提升城市社区应对内涝的能力,将海绵城市建设理念融入老旧小区改造已经成为当下改造的热潮。学界在对海绵城市研究的过程中也不断加入老旧小区改造的相关内容,对老旧小区海绵化改造相关文献进行整理,见表 2-3。

表 2-3　不同学者对老旧小区海绵化改造的研究

改造尺度	具体内容	文献来源
宏观层面	许多市政府已经开始利用绿色基础设施来努力实现雨水管理目标,将灰色和绿色基础设施整合到雨水管理中的社区项目,通过与俄亥俄州克利夫兰市和威斯康星州密尔沃基市的实践者进行面谈,发现这些城市的绿色基础设施在极度财政紧缩的条件下得到利用,其使用提供了将雨水管理与城市振兴和经济复苏联系起来的机会	文献[128]
	以杭州市区古东社区排水防涝治理工程为例,通过对积水区域特征及排涝能力评估分析,开展旧小区排涝系统治理工程,以保护、改善水环境,提高区域排水防涝能力	文献[129]
	在全国各地城市改造中,应将海绵城市建设与棚户区、危房改造和老旧小区更新紧密地结合起来,在建设过程中加强对这些区域排水、调蓄等设施的建设,确保这些小区经过改造后焕发出具有海绵体功能的绿色生机活力	文献[130]
	海绵化改造是在高密度城区有意识地运用"柔性"改造方法,增强其对于雨水的蓄、滞、吸等方面的能力的过程,改造范围主要是中心城区	文献[131]
微观层面	既有居住小区量大、面广,是海绵城市建设的重要载体,从绿化改造流程设计、小区道路广场的绿化改造、小区停车位的绿化改造、小区屋面的雨水收集、小区景观水体的改造等方面提出了基于海绵城市理念的既有居住小区绿化改造方案和对策建议	文献[1]
	城市化过程中的老城区改造要注重单个项目建设中海绵城市理念的落实,由于老旧改造不是对整个城市的统一规划调整,所以只能建设局部城区的海绵体,这类改造可以通过加强制度管理来落实海绵城市建设	文献[132]
	海绵社区整体设计改造涉及的项目较多,如屋顶绿化加太阳能、对原有绿地通过不移除栽树木的情况下改造成下沉式的渗水绿地、对原有小区道路改造成透水路面和停车场加装渗水池收集雨水等,从而使地下水与地表水很好地沟通	文献[41]
	老旧小区内涝在防治的过程中,经历了从"排"到"蓄"、再到"渗"的发展过程,小区内涝的防治,不仅有助于方便人们的生产生活,对于提升小区自身的服务能力也是极为有利的	文献[133]

由表 2-3 可知,学者们在研究过程中对海绵化改造做出了相关定义,其差异性主要体现在改造尺度上。在宏观层面,学者普遍认为海绵化改造既包含大尺度空间整体格局改造,也包括小尺度区域工程措施改造。而在微观层面,多数学者认为海绵城市建设分大、中、小不同尺度的建设工程,海绵化改造则是典型的小区域源头减排改造。

本书研究的对象是老旧小区,在改造范围的界定方面与微观层面相关研究类似。因此,本书在相关研究的基础上,结合江苏、辽宁等地海绵城市文件中的表述,将老旧小区海绵化改造定义为以海绵城市理念为基础,在老旧小区中利用低影响开发技术促进雨水的自然渗蓄和净化,实现有效利用雨水资源和提高城市抗雨洪灾害能力目标的改造活动。从尺度上看,老旧小区海绵化改造是海绵城市建设的一部分,前者强调在特定区域利用低影响开发技术进行改造,而后者则是强调在整条流域、水系及周边城市范围内的水环境综合治理。

2.1.3 老旧小区海绵化改造的规划

与传统的排水系统相比,海绵城市建设创新地提出"回归自然的水文循环"理念,这一理念的落实离不开"规划引领"和"生态优先"。老旧小区海绵化改造作为城市低影响开发雨水系统构建中的重要内容,需要统筹协调城市开发建设的各个环节。根据《海绵城市建设技术指南——低影响开发雨水系统构建(试行)》,现行的海绵城市低影响开发雨水系统构建途径见图 2-2。由图可知,海绵城市低影响开发雨水系统的构建责任主体是城市人民政府,涉及规划、排水、道路、园林和交通等多个部门,在城市各层级和各部门的相关规划中均应遵循低影响开发理念,结合城市特征制定总体规划、专项规划和详细规划等,落实海绵城市建设的主要内容;在设计阶段,设计任务书中应当明确设计原则、技术要求和指标落实,对不同低影响开发技术及其组合进行技术经济分析和比较,选取适宜建筑与小区、道路、绿地与广场和水系等不同功能区的低影响开发技术组合;在建设实施阶段,则需要排水、园林、道路、交通和建筑等多专业协调与衔接;在运行维护阶段,应当明确维护管理责任单位,细化日常维护内容,确保低影响开发设施运行正常。老旧小区海绵化改造作为建筑与小区设计的一环,其系统构建同样遵循该途径。

在上述系统构建途径中,海绵城市专项规划是城市总体规划的重要组成部分,是城市层面落实生态文明建设并推进绿色发展的涉水顶层设计,是保护城市水生态、改善城市水环境、保障城市水安全、提高城市水资源承载力的系统方案,其为加强城市规划建设管理提供管控依据和支撑。在 2015 年 10 月发布的《国务院办公厅印发关于推进海绵城市建设的指导意见》和 2016 年 3 月发布的《住房和城乡建设部关于印发海绵城市专项规划编制暂行规定的通知》中均提出,各地须结合实际,抓紧编制海绵城市专项规划。截至 2017 年年底,30 个试点国家级海绵城市全部完成海绵城市建设专项规划的编制,见表 2-4 和表 2-5。目前,各地编制的海绵城市专项规划均包括综合评价海绵城市建设条件、确定海绵城市建设目标和具体指标、提出海绵城市建设的总体思路、提出海绵城市建设分区指引、落实海绵城市建设管控要求、提出规划措施和相关专项规划衔接的建议、明确近期建设重点、提出规划保障措施和实施建议 8 个方面的内容,并强调结合老旧小区有机更新有序推进海绵城市建设,对于内涝严重区域优先进行改造,将老旧小区海绵化改造列入近期建设规划。

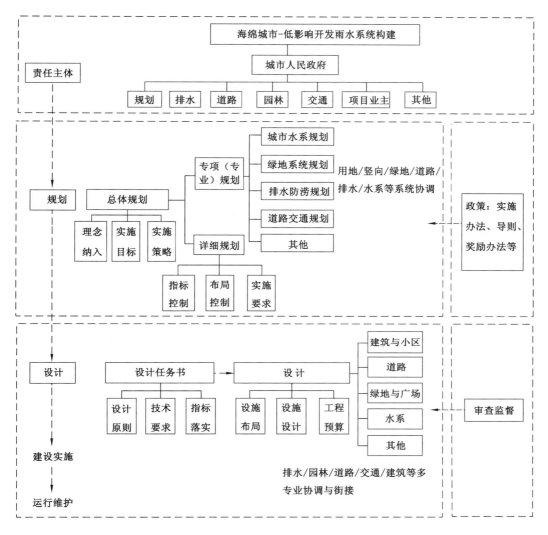

图 2-2 低影响开发雨水系统构建途径示意图[134]

表 2-4 第一批试点城市海绵城市专项规划详情

试点城市	规划名称	规划编制单位
迁安	迁安市海绵城市建设区专项规划(2015—2030)	北京清华同衡规划设计研究院有限公司
白城	白城市海绵城市规划管理规定(试行)	—
镇江	镇江市海绵城市建设项目	中国市政工程华北设计研究总院有限公司
嘉兴	嘉兴市区海绵城市专项规划	嘉兴市规划建设管理委员会
池州	池州市海绵城市建设和管理条例	池州市政府(办公室)
厦门	厦门市海绵城市专项规划	中国水利水电科学研究院、厦门市城市规划设计研究院
萍乡	萍乡市海绵城市建设专项规划	北京清控人居环境研究院有限公司、萍乡市规划勘察设计院

表 2-4(续)

试点城市	规划名称	规划编制单位
济南	济南市海绵城市专项规划(2016—2030)	济南市规划设计研究院
鹤壁	鹤壁市海绵城市专项规划(2016—2020)	中国城市规划设计研究院
武汉	武汉市海绵城市专项规划(2016—2030)	武汉市规划研究院
重庆	重庆市海绵城市规划与设计导则	重庆市市政设计研究院、重庆市规划设计研究院
南宁	南宁市海绵城市总体规划	中国城市规划设计研究院、南宁市城乡规划设计研究院、南宁市建筑设计院
贵安新区	贵安新区中心区海绵城市建设专项规划	贵安新区规划建设管理局
西咸新区	西咸新区海绵城市建设总体规划	深圳市城市规划设计研究院有限公司
常德	常德市海绵城市总体规划(2015—2030)	中交第四航务工程勘察设计有限公司
遂宁	遂宁海绵城市建设专项规划(2015—2030)	中国城市规划设计研究院

表 2-5 第二批试点城市海绵城市专项规划详情

试点城市	规划名称	规划编单位
北京	各区海绵城市专项规划	—
天津	天津市海绵城市建设专项规划(2016—2030)	天津市政工程设计研究总院有限公司
大连	大连市中心城区(金州新区、旅顺口区除外)海绵城市专项规划	大连市市政设计研究院有限责任公司
	大连市旅顺口区海绵城市专项规划	中国市政工程西北设计研究院有限公司(与大连市城市规划设计研究院联合体)
上海	上海市海绵城市专项规划	原上海市规划和国土资源管理局
宁波	宁波市中心城区海绵城市专项规划(2016—2020)	宁波市规划设计研究院
福州	福州市海绵城市专项规划	福州市规划勘测设计研究总院
青岛	青岛市海绵城市专项规划(2016—2030)	北京清控人居环境研究院有限公司、青岛市市政工程设计研究院有限公司
珠海	珠海市海绵城市专项规划(2015—2020)	中国城市科学研究会、珠海市规划设计研究院、上海市政工程设计研究总院(集团)有限公司
深圳	深圳市海绵城市专项规划	深圳市城市规划设计研究院有限公司
三亚	三亚市海绵城市建设总体规划(2015—2020)	中国城市规划设计研究院·城镇水务与工程专业研究院
玉溪	玉溪市海绵城市建设专项规划(2016—2030)	玉溪市规划设计研究院有限公司
庆阳	庆阳市中心城区海绵城市建设专项规划(2016—2030)	北京市市政设计研究总院
西宁	西宁市海绵城市建设专项规划	中国城市建设研究院有限公司、北京市政工程设计研究总院有限公司
固原	固原市海绵城市专项规划	中国城市规划设计研究院

2.1.4 老旧小区海绵化改造的常见技术

在实施老旧小区海绵化改造的过程中,规划设计阶段的低影响开发技术选用尤为重要。虽然《海绵城市建设技术指南——低影响开发雨水系统构建(试行)》列举了绿色屋顶、透水铺装、雨水花园等 22 种海绵城市建设技术,但并未指出它们在不同气候带和功能区下的具体选用准则,缺乏对老旧小区海绵化改造技术选用的系统梳理[135]。

2.1.4.1 美国常见的低影响开发技术

考虑到美国低影响开发技术的应用起步早、发展快、分布广、影响大,且其气候带分布与我国较为相似,其低影响开发技术的选用及组合经验对我国有一定的借鉴意义。首先利用网络爬虫的方式对美国最佳管理措施和低影响开发案例进行数据抓取,经过数据过滤共采集到 125 个相关案例,并按照不同气候带对其进行标注[135]。显然,美国低影响开发技术的应用涉及温带季风性气候、地中海气候、温带大陆性气候、亚热带气候和亚热带季风气候 5 个气候带,各气候带均有多个低影响开发案例。其次,根据建设功能区的分类,统计发现有 62 个建筑与小区案例、26 个城市道路案例、20 个绿地与广场案例和 17 个停车场改造案例,不同功能区案例中海绵技术选用频次见图 2-3。由图可知,使用最多的低影响开发技术为透水铺装(69 次)和渗管/渠(58 次),而使用最少的则是植被缓冲带(3 次)和真空分离(1 次)。具体而言,在建筑与小区中使用最多的两项技术分别为透水铺装和渗透塘,在停车场使用最多的则是透水铺装和渗管/渠,在城市道路和绿地广场建设中使用最多的均是渗管/渠和透水铺装。

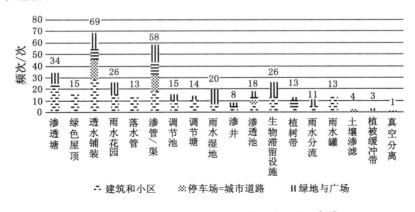

图 2-3 不同功能区低影响开发技术选用频次[135]

2.1.4.2 我国老旧小区海绵化改造常用技术

在我国老旧小区海绵化改造过程中,常见的海绵化改造技术有透水铺装、雨水桶、下沉式绿地、绿色屋顶、雨水花园、渗井、高位花坛和生态树池,这些技术的概念与作用见图 2-4 至图 2-6。其中,高位花坛、生态树池等又统称为生物滞留设施,这类设施通过在地势较低的区域建立植物、土壤和微生物系统,以实现雨水蓄渗和净化的目的。尽管生物滞留设施使用范围较广,但是在地下水位较高、地形较陡的地区,或是土壤渗透性能差时,需采取更多措施避免此类灾害,从而导致费用增加。

老旧小区海绵化改造一般受到地上和地下空间的制约,需要结合我国老旧小区实际情况统筹考虑排水管网现状排水能力及空间布局、场地竖向及其与周边场地衔接关系、建筑屋

透水铺装改造是指用透水材料代替普通沥青混凝土作为道路面层材料，并在基层设置相应排水设计，从而实现雨水的迅速下渗，减少地表径流，缓解市政雨水管道压力，同时具有一定的峰值流量削减和雨水净化作用。

(a) 透水铺装

雨水桶适用于单体建筑屋面雨水的收集利用，施工安装方便、实用。

(b) 雨水桶

下沉式绿地是指高度低于周边路面或地面100～200 mm，有调蓄和净化径流作用的绿地。下沉式绿地广泛应用于城市小区、街边道路、广场等区域，且一般会与溢流井（设置在下沉式绿地内部，用于暴雨时期排放雨水，通常高于绿地50 mm）搭配建设。

(c) 下沉式绿地

图 2-4　透水铺装、雨水桶和下沉式绿地示意图

绿色屋顶也称作屋顶绿化，指在建筑物屋顶、天台、露台等位置栽种植物的改造技术。根据建筑屋顶荷载要求情况可设置简单式或花园式绿色屋顶，绿色屋顶除了可以减少屋面径流和径流污染以外，还能起到保温层的作用，减少屋内空调使用，节约能源。

(a) 绿色屋顶

雨水花园是自然形成的或人工挖掘的浅凹绿地，被用于汇聚并吸收来自屋顶或地面的雨水，通过植物、沙土的综合作用使雨水得到净化，并使之逐渐渗入土壤，涵养地下水，或者使之补给景观用水等城市用水，适用空间较为拥挤的老城区的海绵化改造。

(b) 雨水花园

渗井指通过井壁和井底进行雨水下渗的设施，为增大渗透效果，可在渗井周围设置水平渗排管，并在渗排管周围铺设砾（碎）石。渗井占地面积小，建设和维护费用较低，但其水质和水量控制作用有限。

(c) 渗井

图 2-5　绿色屋顶、雨水花园和渗井示意图

面排水形式、建筑屋面类型等因素，此外还需要和城市有机更新等协同推进。因此，在老旧小区海绵化改造过程中，应当对地下车库的范围及覆土厚度、地下室的范围及防渗措施和地下人防工程范围等进行系统调研，其分析思路见图 2-7。对建筑屋面而言，可根据其屋面类型、屋面荷载以及防渗措施，结合当地降雨特征等因素，合理确定海绵化改造措施。对于不宜采用绿色屋顶且采用内排水的建筑，可考虑将内排水改造为外排水，利用生物滞留设施（下沉式绿地或高位花坛）对建筑屋面雨水进行滞留、消纳，合理确定生物滞留设施的构造[136]。

　　此外，老旧小区海绵化改造相关技术的选用还可通过方案经济比选的方式确定使用组合，见图 2-8。首先，明确老旧小区建筑和室外排水系统的构成及空间布局，结合下垫面情

在建筑周围设置高位花坛作为雨水净化装置来接纳、净化屋面雨水，屋面雨水流经高位花坛后，花坛内埋入渗透性能好、净化能力强的人工混合土，进行渗透净化，再通过低势绿地进行渗透。

（a）高位花坛

生态树池内设有种植土，种植土的下部依次设有过滤土层和砾石，砾石的下部设有渗水管，种植土的上部设有陶粒。这样的布置结构能使渗透管发挥巨大的作用，这样既能增大雨水渗水的面积，又能延缓雨水的流失速度，使土壤长时间保持湿润。

（b）生态树池

图 2-6　高位花坛和生态树池示意图

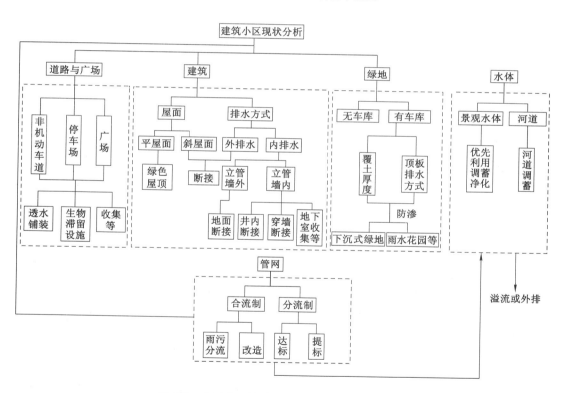

图 2-7　老旧小区海绵化改造现状分析思路[136]

况，合理确定透水铺装实施的区域，机动车道雨水径流优先考虑排入附近的生物滞留设施；其次，综合考虑防水做法、屋面荷载以及管理维护等问题，合理确定绿色屋顶的面积和构造形式，若老旧小区有雨水回用需求应优先采用雨水桶来收集屋顶雨水；再次，若老旧小区有地下车库，充分考虑车库的排水方式和覆土厚度，合理确定生物滞留设施和下沉式绿地的选用;此外,优先进行雨水的源头控制,采用雨水管断接的方式将屋面雨水引流到低影响开发设施;最后,优先利用雨水作为景观水体的补水水源,发挥景观水体在老旧小区中的雨水调蓄功能。

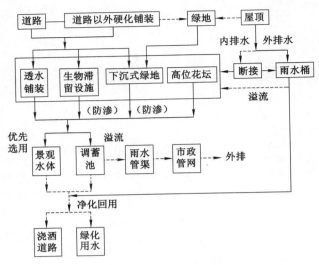

图 2-8　老旧小区海绵化改造技术路线[136]

2.2　居民参与治理的内涵

2.2.1　居民参与的概念

在政治学和行政学中公众参与都是一个非常重要的术语,公众参与在英文中主要为 political participation、public or citizen engagement、public involvement 等,公众参与包括居民参与的内涵。而外国学者对居民参与(resident participation、resident engagement、resident involvement)的研究主要集中在临床医学、生物学、公共卫生与预防、教育学、植物保护和化学等方面,在社区建设和治理上应用较少。相反,community engagement(社区参与)在社会学、公共管理和政治学等领域得到了广泛的研究。因此,本书所研究的居民参与和国外 community engagement 的核心内涵大致相同。在社区参与的定义方面,Flora[137]认为,社区参与越来越成为将可持续发展纳入基础设施项目的一种方式。Cousins[138]认为社区参与能够通过促进组织间和群体间的合作,在更可持续的途径中改变环境治理。而后,关于社区参与的研究和定义偏向于公众参与。

在我国,政治参与、公民参与和公众参与都是一个非常重要的术语。政治参与更加强调其参与内容与政治相关,公民参与更加强调从法律的角度来确定参与者的身份,公众参与的内涵和外延要更大一些。而从范畴上讲,居民参与是公众参与这个大系统中的一个重要组成部分,因此有必要对政治参与、公民参与和公众参与三者内涵进行辨析。学者们围绕"公民参与"的概念界定大致形成了广义和狭义两种认知取向。俞可平[139]认为,广义的"公民参与"是比"政治参与"内涵更为宽泛的概念,是指公民影响公共政策和公民生活的一切活动。蔡定剑[140]认为，狭义的"公民参与"是与"政治参与"不同的概念，主要是指公民参与政府决策制定和公共治理的制度性参与行为，不包括选举、街头行动和个人或组织的维权行动等，在判断某种非制度性参与行动是否属于公民参与时，更重要的是分析政府与公民是否产生了互动，如果产生了互动，就属于公民参与。郭小聪等[141]倾向于狭义取向的公民参与概念界定，特别强调参与行动的互动性，参与范围主要涉及政府决策或公共政策制定、社区治理等领域。李春梅[142]指出，公众参与所包含的人群和内容更为广泛，认为公众参与是依据了政治参与和公民参与在政治学与行为学的整个发展趋势而来。

在居民参与概念界定上，李雪萍等[143]认为，居民参与是指狭义上的社区参与，即社区居民通过一定的途径和形式参与社区事务的决策、管理和监督的过程，它表现为居民与各利益主体互动中所采取的制度化、合法化的参与方法和策略。彭惠青[144]认为，居民参与是指社区居民通过一定的途径和形式参与社区事务的决策、管理和监督的过程，它表现为居民与各利益主体互动中所采取的制度化、合法化的参与方法和策略。赵巧艳[145]认为，从逻辑上比较，社区参与和居民参与理应是公众参与中的两个不同层面，二者在参与方式、程度、结果等很多方面都存在差异，居民层面更强调的是社区的内部构成，不能简单地将二者等同。

2.2.2　参与式治理的概念

在国外学者对参与式治理的定义方面，Peris 等[146]将参与式治理定义为公民赋权、民主治理的过程，通过开放社会和公民参与的新空间来深化地方民主。Debrie等[147]认为，参与式治理是参与各方及各区域间的相互作用的结果。Corral 等[148]认为，当涉及社会的问题得到处理时，利益相关者的参与应该被允许，他们对于参与式治理的理解侧重于利益相关者参与决策的过程，这一方式可以通过对话让利益不同的集体之间达成一致，并且有利于建立更广泛的视角，以应对决策过程中的不确定性。

在国内学者对参与式治理概念相关研究方面，陈剩勇等[149]在总结国外学界主要观点的基础上，认为"参与式治理是指与政策有利害关系的公民个人、团体和政府一起参与公共决策、分配资源、合作治理的过程"，且具有如下特征：参与式治理是一个赋权的过程、参与式治理更加突出"参与"、参与式治理强调"利害相关人"的权利和责任、参与式治理是政府与公民的合作治理、参与式治理发挥人民社会的作用、参与式治理是网络治理。王锡锌[150]从行政决策的角度来界定参与式治理，侧重公民对政府公共政策的参与，认为参与式治理是一个"有序参与"的方案。张紧跟[151]则接受了"赋权参与式治理"的提出者冯和赖特的观点，认为"参与式治理是指由地方政府培育的旨在通过向普通公民开放公共政策过程以解决实际公共管理问题的制度和过程的总和"。绕义军[152]认为，政治参与理论与当代地方治理理论的合流，是将政治参与、地方治理、社会管理相结合的一种理论构想。

2.2.3　居民参与治理的概念

虽然国内外学者对居民参与和参与式治理概念的说法不尽相同，但是主体、方法、客体的核心逻辑却是一致的，即居民在被赋权的情况下通过一定的途径和形式对社区公共事务产生某种影响，从而实现与政府的合作治理。因此，本书定义居民参与治理是指社区居民本着个体需要和公共精神，通过一定的参与治理模式参与社区事务决策、实施和运营维护中，从而影响政府部门的公共政策决策和执行，实现与政府的合作治理，表现为居民与各利益主体互动所采取的制度化、合法化的方法与策略。

2.2.4 居民参与治理的方式

一直以来,居民参与治理都有多种不同的方式,如参与听证会、宣传、投诉和协商等,这些参与治理方式的发展对促进居民参与社区治理和社区可持续发展做出重要贡献。随着信息和科学技术的发展,新的居民参与治理方式不断出现。例如,杭州市民主促民生战略强调"问情于民""问需于民""问计于民""问绩于民",公民通过开放式决策和重大事项投票等方式参与公共政策的决策。其中,开放式决策又分为会前充分征集民意、会中邀请市民参与决策讨论和会后给予市民反馈 3 个方面[30]。武汉市武昌区某老旧小区居委会充分利用已有资源,从社区居民需求入手不断完善社区资源配置,在这一良性互动的过程中,居民通过意见箱、向居委会反馈和协商等方式参与社区事务管理过程,不断扩展居民参与的空间与内容[153]。此外,北京市某社区通过服务热线平台向市民提供咨询和投诉服务,同时居民也可通过微博或者网上信访等方式进行咨询与投诉,并且吸引了外来人口的参与,实现参与人群和参与方式的多样化[154]。

综上所述,居民参与治理方式越来越呈现出多样化的状态。

首先,根据居民参与的组织化渠道来看,居民通过参与社区民间组织来表达对社区公共事务的意见和态度,利用集体智慧的力量可使其参与效果最大化,意见的代表性也会更广。与此同时,基层政府部门也非常鼓励社区培育民间组织,让更多居民通过组织的方式来参与:一方面,提升了基层管理的效率;另一方面,还可以提升居民的整体参与度。

其次,根据居民参与的程度、权力分配和作用方式等可以将参与方式分为直接参与和间接参与。直接参与的方式主要有通过召开社区居民会议开展社区文体公益活动以及维护社区环境等方面的内容,让居民通过会议的形式加深对社区事务的理解;间接参与的方式有选举居民代表、社区决策人员、评议社区干部等方面的内容。

最后,参与的具体方式也逐渐丰富,如主题论坛、意见征集会议、意见箱、电话、互联网等给居民参与提供了重要的物质条件。

因此,参与方式的多样性不仅有利于减少居民与政府的冲突,还能让居民参与热情逐渐高涨,从而形成良好的社区参与治理氛围。

2.3 老旧小区海绵化改造的居民参与治理内涵

2.3.1 老旧小区海绵化改造的居民参与治理概念

通过对老旧小区海绵化改造和居民参与治理内涵的梳理,结合研究对象,本书定义老旧小区海绵化改造的居民参与治理为:社区居民本着个体需要和公共精神,通过一定的参与治理模式参与到老旧小区海绵化改造全过程,包括老旧小区海绵化改造的决策、实施和运营维护中,从而影响政府部门在老旧小区海绵化改造上的决策和执行,实现政府与居民对老旧小区海绵化改造的合作治理。其中,老旧小区海绵化改造是指以海绵城市理念为基础,在老旧小区中利用低影响开发技术促进雨水的自然蓄渗和净化,实现有效利用雨水资源和提高城市抗雨洪灾害能力目标的改造活动。

2.3.2 老旧小区海绵化改造的居民参与治理基本要素

老旧小区海绵化改造的居民参与治理包含参与治理主体、参与治理客体和参与治理过程,三者不可或缺。参与治理主体问题主要是"谁"参与治理的问题,参与治理客体是"参与治理什么"的问题,参与治理过程则是"如何开展参与治理"的问题[155]。

参与治理主体是对客体有认识和实践能力的人,是客体存在意义的决定者。老旧小区海绵化改造中参与治理主体的"认识和实践能力"指的是参与个体拥有在老旧小区海绵化改造中的参与需求且依法具有参与权利的老旧小区居民,既包括作为个体的社区居民,又包括由个体居民组成的各类社会组织团体。随着民间组织逐渐受到各国政府的重视,以社会组织团体形式代表居民参与社区公共事务也会越加常见。

参与治理客体是指参与治理的领域,即具体的社区公共事务,参与治理的结果是供给社区公共产品和社区公共服务。当前,我国居民可参与的领域主要限于宪法所规定的基本政治事务,如游行集会、选举和被选举等,较少涉及广泛的社区公共事务。但是,随着政府治理理念的转变,参与治理客体范围不断扩大,从单一政治参与向多方面社区参与扩展。老旧小区海绵化改造中参与治理客体则是指具体老旧小区海绵化改造项目,目的是实现老旧小区海绵化改造项目产出效益最大化和社区治理水平的提升。

参与治理过程亦是参与治理主体与客体的逻辑连接,即参与治理主体通过多种参与治理平台参与社区公共事务并产生一定影响的过程。为了满足生活在社区地域范围内的居民对社区公共服务的需求,社区要解决公共产品供需失衡问题,居民与其他利益相关者在满足居民社区公共需求的过程中因利益相关而相互连接,只有为居民提供完善的参与平台才能保障参与治理的实现。老旧小区海绵化改造中参与治理过程则是指老旧小区居民通过居民参与治理平台参与到老旧小区海绵化改造项目中且产生一定结果的过程。在实践的过程中,为了促进居民参与治理的开展,不少地方政府制定一系列管理办法,为居民提供参与老旧小区海绵化改造的平台。例如,镇江市在进行老旧小区海绵化改造的过程中,邀请居民参与老旧小区海绵化改造的全过程,居民通过意见箱、议事会、宣传栏等平台参与其中。

按照分管人员的不同,通常可将居民参与治理平台分为社区治理平台、代建单位平台和业主代表平台 3 种,居民的参与治理渠道及使用方式在各平台略有不同。其中,社区治理平台指的是居民通过社区提供的各种参与治理渠道参与到老旧小区海绵化改造过程中的平台,通常包括向居民提供问卷调查表(主要在改造前期收集居民对改造的意见和建议)、意见箱(在改造过程中放在施工现场回收居民意见和建议)、满意度评价表(在改造完成后对居民满意度进行评价)、微信公众号(收集居民在微信上提出的各种建议)等参与治理渠道;代建单位平台指的是通过政府雇佣的代建单位协商渠道参与治理,通常包括民意征询点(代建单位在老旧小区中搭建意见咨询台并安排专人进行政策宣讲、民意咨询和矛盾协调等工作)、民意登记表(详细记录居民的建议信息,并且注明接待人、处理人与处理的措施)和议事会(代建单位召开居民议事会协调解决居民反馈的复杂问题);业主代表平台指的是由社区指定或居民选拔的业主代表集中反映民意,与社区层面管理人员和代建单位协商,通常包括社区制定的监督员和居民推选的意见领袖两类。

在老旧小区海绵化改造的过程中,居民参与治理涉及参与治理主体(个体和群体)、参与治理客体和参与治理平台,见图 2-9。由图可知,影响老旧小区海绵化改造项目的路径有两种:一是居民直接影响老旧小区海绵化改造项目,二是居民通过参与治理平台产生影响。对于第一种情况而言,居民受到海绵化改造项目的直接影响,认为平台无法解决问题或平台反馈后居民需求仍未满足,因而居民通过个体或者群体的形式直接与海绵化改造施工单位接触或者介入工程施工。对于第二种情况而言,无论海绵化改造项目是否影响到居民,只要其对改造有需求或意见均向参与治理平台反映,由平台对这些问题进行处理并反馈给居民,居民在这一循环的过程中可以随时选择改变策略进行直接参与。特别注意的是,居民参与治理主体包括个体和群体两类,在实践中居民个体往往与其他居民讨论达成公示后,由若干个体形成参与治理群体来影响海绵化改造项目,同时这一群体又会在问题解决后消解,转变为单独参与个体。

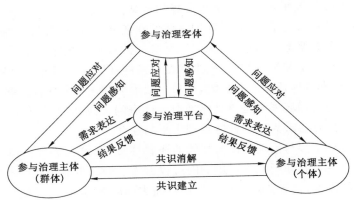

图 2-9　老旧小区海绵化改造的居民参与治理过程[156]

2.3.3　老旧小区海绵化改造的居民参与治理实践

2.3.3.1　国外老旧小区海绵化改造的居民参与治理实践

　　国外老旧小区海绵化改造多是指配合城市更新开展的雨洪管理项目,受到多种因素影响,国外较早地将居民参与融入相关项目实施中,经历了政府主导→市场主导→政府-社会-居民共建合作关系的转变。目前,发达国家和地区在雨洪管理和城市更新中均强调居民参与,并形成相应的居民参与导则,如澳大利亚昆士兰地区发布的 *Engaging Queenslanders：A guide to community engagement methods and techniques*,包括居民参与规划、参与技术选择、信息分享技术、居民咨询技术、积极参与技术、反馈与追踪制度、评估居民参与活动等多项居民参与内容[157]。在经过资料检索后,依据资料的可获取性最终选取美国、澳大利亚、韩国作为研究对象,对其在雨洪管理和城市更新中居民参与治理上的实践进行了整理。

　　(1)美国雨洪管理中居民参与治理的实践

　　美国雨洪管理包括建设绿色基础设施、最佳管理措施和低影响开发技术的使用,并在项目开展的过程中采取多项居民参与治理措施,包括"居民全过程决策参与""居民需求态度调研""知识传播和技能培训""学生教育和参与""非政府组织的专业引导"等[158]。

　　在"居民全过程决策参与"上,从确定项目愿景、设计准则选择、制订备选方案、选择方案、制订实施计划、审批实施到后评估各个环节都强调居民参与,通常通过圆桌会议、公共咨询委员会、公众听证会和社区论坛等方式。例如,美国亚特兰大地区普罗克特溪(Proctor Creek)流域进行绿色基础设施建造时,当地政府在愿景展望阶段、居民能力提升阶段和规划设计阶段多次召开项目指导会议,并且邀请政府指导委员会的委员、社会精英和非政府组织参与。

在"居民需求态度调研"上,不同学科的专家组织成团队前往雨洪管理地区对居民进行访谈,了解居民对雨洪管理工作的需求及已完成项目的满意度,并且利用小型绿色基础设施的实施向居民提供直观管理效果,增加他们的认可度。

在"知识传播和技能培训"上,美国政府采取多项措施宣传雨洪管理相关知识,例如在Proctor Creek 流域进行绿色基础设施建造的过程中,社区管理人员通过设置宣传摊位向过往居民发放宣传手册的方式进行知识传播,项目管理人员通过电子邮件形式与居民进行定期的圆桌会议。此外,当地政府会向有意参与工程实施培训项目的居民发布招募令,居民在经过培训之后通常会学习到一定技能,而后他们根据自身意愿决定是否参与,政府部门也会优先考虑参与过项目培训的居民。

在"学生教育和参与"上,美国政府部门通过邀请一些高校的师生来完成雨洪管理项目决策设计的辅助工作,尝试由社区、非政府组织和高校为核心组建新型管理模式。例如,在Proctor Creek 流域进行绿色基础设施建造的过程中,政府邀请到 Park Pride(普莱德公园——非营利组织)和 Atlanta University Center(亚特兰大大学中心——高等院校)与居民一起进行方案设计。

在"非政府组织的专业引导"上,美国有地方性组织和独立第三方 2 类非政府组织。对于地方性组织而言,其通常对当地的社会环境较为了解,并且负责把控居民参与的各个环节。而第二类组织具备管理技能和专业知识,可以开展项目居民教育课程,也可作为专家为居民答疑解惑,甚至作为监督方参与整个项目的实施,如民间规划师协会。

(2)澳大利亚水敏性城市建设中居民参与治理的实践

澳大利亚为解决城市中日益严峻的水问题,缓解市民的用水压力,先后提出了"弹性河流倡议"和综合水管理战略(包含雨洪管理、水体治理、海水淡化等内容),并且鼓励居民参与其中。与美国相类似,澳大利亚采取的居民参与治理措施也包括"居民全过程决策参与""居民需求调研""知识传播和技能培训""学生教育和参与""非政府组织的专业引导"等[159]。

在"居民全过程决策参与"上,澳大利亚昆士兰东南部地区相关文件中系统规定了综合水管理战略中居民参与的工作与相应的主管机构。Queensland Water Commission(昆士兰州水利委员会,QWC)负责在愿景计划阶段咨询社区居民对水管理的需求和意见,制订相关项目愿景计划。而后,QWC 与 Urban Water Security Research Alliance(城市水安全研究联盟,UWSRA)合作对社区居民的参与态度和参与行为情况进行收集;同时,QWC 与分销供货商完成对居民中长期需求分析的管理计划。此外,QWC 还通过网站、面对面调查等方式向社区居民咨询对潜在的水管理设施的意见,由 QWC 和 UWSRA 共同进行面向社区居民的回访工作,并制定若干提升对策。

在"居民需求调研"上,澳大利亚通常采用电子邮件和调查问卷的方式来大范围获取居民需求状况。例如,QWC 在澳大利亚昆士兰地区开展了一项涉及 2 600 人的调研,调研的目的一方面为了完善水管理战略草案,另一方面为了加深居民对水管理的认知,最终获取了1 500 名居民的反馈数据。在项目完成之后,QWC 又对社区居民进行了回访,通过分析居民对水管理措施的态度总结经验,为后续项目提供借鉴。

在"知识传播和技能培训"上,澳大利亚政府为了鼓励居民参与到水敏性城市的建设,采取邮件、报纸、宣传册等多种方式向居民宣传知识。例如,昆士兰地区政府在雨洪管理项目中通过电子邮件的方式共向所在辖区 110 万居民发放了雨洪管理手册,并且还在社区设置雨洪管理宣传信息。

在"学生教育和参与"上,澳大利亚政府一方面重视对学生的教育,另一方面邀请高校师生参与雨洪管理设计工作。例如,在众多学校开设了诸如"greening Australia""water watch""water intelligence"等课程,同时面向中小学生举办各类雨洪管理知识竞赛。此外,Southern Cross University(南十字星大学)同地方政府密切配合,组织学生参与水敏性城市具体技术的设计,以促进当地参与水平。

在"非政府组织的专业引导"上,澳大利亚采用的是政府主导-社区自治的方式,因此雨洪管理相关项目的实施更多的是依赖社区组织。通常社区组织包括基层管理机构(居民顾问团、社区委员会等)和非政府组织(各类联盟、基金会、专项服务协会和志愿者协会等),由于基层管理机构数量较少,社区层面管理人员无法确保居民有效地参与到水敏性城市的建设,因此澳大利亚政府人员通过聘请专业的非政府组织介入水敏性城市的建设中,辅助居民参与整个项目建设过程。

(3)韩国城市更新中居民参与治理的实践

韩国城市更新项目通常包括了社区水环境改善,其将雨洪管理的内容融入到城市更新中,通过鼓励居民参与取得了一定的效果,形成了政府主导型(administration led)、专家主导型(expert led)、居民主导型(resident led)和混合型(complex led)4种居民参与方法。城市更新的管理以政府的政策和财政为基础,而专家或居民则为社区或个人的利益而工作[160]。

在政府主导型下,通常采用公开听证会(public hearing/public viewing)、讨论会(discussion meeting)、宣传单(leaflet/pamphlet)、与机构负责人对话(dialogue with head of institution)、展出(exhibition)和新闻通讯(newsletter)等具体方式让居民参与。

在专家主导型下,通常有特别委员会(special committee)、环境教育(environmental education)、报告(reports)、与居民的定期接触(regular contact with residents)、咨询小组(advisory group)、参与性培训(participatory training)、公民论坛(briefing session/forum)等具体方式让居民参与。

在居民主导型下,常见的居民参与方式有公民参与组织(participation of civil organizations)、街头投票(street voting)、居民提案(resident proposal)、实地考察居民活动(field visit resident movement)、居民评估会议(resident evaluation meeting)、问卷调查(questionnaire)等。

在混合型下,常见的居民参与方式有邮件(mail)、研讨会(workshop/actual planning)、问卷调查(questionnaire)、大众媒体/视听资料(mass media/audiovisual materials)等。

2.3.3.2 国内老旧小区海绵化改造的居民参与治理实践

2015年至今,我国部分国家级海绵城市试点在老旧小区海绵化改造居民参与治理上进行了有益的探索,对于推动当地海绵城市整体建设起到一定的作用,同时加深了居民对海绵城市的认知。本小节通过实地调研和资料查询的方式,选取长三角地区海绵城市试点中比较有代表性的城市——上海市、嘉兴市和镇江市作为研究对象,对其在居民参与治理上的实践进行整理。

(1)上海市老旧小区海绵化改造的居民参与治理实践

上海市于2016年入选第二批海绵城市建设试点城市名单,将临港作为试点区域(面积为 79 km²，是全国最大的海绵试点地区）。在开展老旧小区海绵化改造过程中，该地区采用"海绵总控＋弹性设计＋精细施工＋预制材料＋成熟苗木＋专业监理＋效果验收＋公众参与"的模式，实施低影响开发技术，形成了一套可以推广的模式，也成为上海市知名度较高的老旧小区海绵化改造示范区。

在海绵总控上，上海市临港新片区管理委员会成立了专门的领导小组，对临港试点区域的海绵城市建设进行部署、协调和督促，领导小组的"海绵办"设在"建设环保办"下，同时下设规划管控组、审批服务组和建设管理组 3 个工作小组，管委会先后出台了一项实施意见、一项管理办法和多个配套文件，覆盖老旧小区海绵化改造的全过程。

在弹性设计上，上海市借鉴第一批海绵城市建设试点城市经验，上海市政工程设计研究总院接受邀请担任临港试点区海绵化改造技术咨询单位，建立了由 16 位专家组成的技术委员会，为海绵城市建设提供技术支持。

在精细施工上，制订明确的总体施工方案和分区方案，对社区内的雨污混接点进行了彻底的改造。

在公众参与上，采用多种方式宣传海绵城市建设相关理念。例如，通过"上海临港"等公众微信号发布海绵城市专题文章，同时召开多场专题讲座和宣讲会吸引管委会相关部门、建设单位、设计单位、施工单位、监理单位和社区居民等多方参与。经过改造，这些老旧小区住宅屋顶漏水和停车难的问题得到解决，景观也得到提升，社区环境进一步优化。

（2）嘉兴市老旧小区海绵化改造的居民参与治理实践

作为最早一批引进海绵城市理念的城市之一，嘉兴市吸取早先老旧小区改造的相关经验，强调在老旧小区海绵化改造过程中充分听取民意，采取的措施包括"海绵城市社区知识讲座""海绵城市进社区宣传活动""发放居民调查问卷""改造工程专项业主大会"等。

在"海绵城市社区知识讲座"的落实上，嘉兴市规划设计研究院有限公司海绵城市研究中心的专家在有关政府部门的安排下前往老旧小区海绵化改造现场，在海绵化改造项目实施之前开展专题讲座，除向社区居民介绍海绵城市的相关知识以外，针对居民对海绵化改造的疑惑进行解答，完整记录居民反馈意见并形成文字资料，为后续的设计工作提供思路。

在"海绵城市进社区宣传活动"上，嘉兴市海绵城市建设工程指挥部为了更好地向居民宣传老旧小区海绵化改造的知识，安排规划设计的专家、园林市政部门负责人、海绵建材供应商等专门向老旧小区居民展示海绵建材和设施，让居民通过现场实验的方式零距离感受海绵设施的作用，从而提升其对海绵技术的认知，同时为后续海绵设施的维护打下一定的基础。

在"发放居民调查问卷"上，嘉兴市南湖区注重收集老旧小区海绵化改造前居民对改造的需求，嘉兴市南湖街道的工作人员利用《海绵城市建设需求调查问卷》汇总居民的意见，将该意见反馈给有关部门。

在"改造工程专项业主大会"上，湖滨花园小区通过在海绵化改造项目实施之前召开业主大会，邀请工程师、居民、施工队等多方参与，降低其海绵化改造实施的风险，如提前告知居民配合污水管道的排查工作。然而，嘉兴相关市民论坛上仍有关于海绵化改造实施效果和实施过程的负面新闻，当前的居民参与治理实践仍存在一定的问题。

（3）镇江市老旧小区海绵化改造的居民参与治理实践

同嘉兴市一样，镇江市也是第一批海绵城市建设试点城市之一，其重点关注城市中内涝最为严峻的老城区,在老旧小区海绵化改造上积累了较多宝贵的经验。为了提升居民对海绵化改造工程的满意度,镇江市在老旧小区海绵化改造的过程中采取了"建立海绵科普基地""135民主议事制度""设计阶段意见交换会""建立海绵化改造投诉受理机制""改造项目回访"等措施。

在"建立海绵科普基地"上,镇江市利用海绵科普基地向居民全方位展示海绵城市相关知识,同时向居民展示海绵化改造前后的变化,让居民切实感受到海绵城市的作用。

在"135民主议事制度"建立方面,大市口街道华润新村最先提出"135民主议事制度"这一创新管理制度,"1"代表坚持社区党组织的领导,"3"代表从3方面提升议事质量(认同、组织、议事),"5"代表运用5种议事形式解决问题(共建议事会、党群议事会、环境圆桌会议、矛盾协调会议、社区-业主-物业三方协调会议),华润新村利用该制度有效地处理了本社区海绵化改造中遇到的难题。

"设计阶段意见交换会"被运用在镇江市同德里和大市口的老旧小区改造中,通过在老旧小区开展意见交换会,让有关设计规划人员充分听取民意,将满足居民需求作为目标之一制订改造方案。

在"建立海绵化改造投诉受理机制"上,镇江市设立投诉受理机制并通过海绵城市建设指挥部实施:一方面,在社区内公告各种工程效果图、指挥部电话、甲方单位电话和社区负责人电话等;另一方面,安排专人接待和受理居民的反映并建立档案。

在"改造项目回访"上,针对已完工和基本完工的老旧小区海绵化改造项目,镇江市海绵城市建设指挥部对社区居民进行回访,重点关注社区居民的意见和诉求。例如,项目计划与项目实施之间是否存在差异、海绵设施维护是否合理、施工是否规范、施工方是否针对居民的诉求进行改进等。

2.3.3.3 国内外居民参与治理对比

通过对国内外老旧小区海绵化改造的居民参与治理实践的梳理,发现居民参与状况在参与改造途径、居民参与地位和社会力量介入方面存在差异。

在参与改造途径方面,国外雨洪管理或城市更新项目中居民有多种渠道参与其中,且有专门的规章制度保障居民参与权利,地方层面负责落实相关政策。例如,在项目前期,居民可以参加居民听证会、研发会、咨询会和方案设计大会,甚至可以对方案行使否决权;在项目实施的过程中,居民一方面配合社区对项目进行监督,另一方面可以选择参与到社区教育中了解更多项目实施的知识;在项目运维阶段,可以在回访环节对项目实施进行反馈并提出改进意见。相比较而言,国内居民参与多为象征性参与,仅在告知和咨询阶段让居民参与其中,参与方式局限于网络论坛、意见箱、居民听证会、热线电话、意见调查等。例如,在项目实施过程中,施工方较少与居民进行沟通,导致冲突产生时居民大多数选择投诉和抗议,这种由政府主导的"自上而下"式参与无法实现居民参与效益最大化。

在居民参与地位上,国外雨洪管理或城市更新项目中将居民放在核心位置,居民在发现社区生活中存在的隐患后向政府相关部门提出改进意见和需求,政府相关部门针对居民的信息反馈与其共同制订实施方案,居民可以在实施环节对项目进行监督,从而形成"问题察觉—信息反馈—共同决策—持续反馈"的循环体系。国内老旧小区海绵化改造中多为政府主导的居民参与,形成了"政府发现问题→提出解决方案→告知居民→居民意见反馈→具体实施→实施评价"的单向参与过程。尽管居民在改造过程中发表了自己的意见或者进行过投诉,但是反馈结果无从查询,使得居民参与热情不断降低。

政府通常有大量的资源但其分配资源的精力有限,而居民由于缺少必要的协助往往"无路参与",在这一情况下社会力量成为连接政府与居民的有利媒介。国外雨洪管理或城市更新项目中经常邀请具备改造经验的咨询单位、从事相关领域工作的专家学者和非营利组织等社会力量参与到具体改造项目中,一方面协助政府部门制订计划,另一方面为居民参与具体项目实施过程提供支持,双方在参与资源和参与精力上达到了一定的平衡。然而,国内老旧小区海绵化改造中社会组织介入较少,相关政府部门为了减少由于居民参与带来的不必要的麻烦,往往选择"一刀切"的方式弱化居民的参与。此外,居民在改造过程中接触到的社会组织有限,更多的是与社区层面管理人员或者施工人员进行沟通,而这些机构或组织中的人忙于本职工作也无法深入为居民解决参与问题,导致居民参与的深度、广度和效度都较低。

2.3.4　老旧小区海绵化改造的居民参与治理特征

从上述老旧小区海绵化改造的居民参与治理概念界定和对国内外居民参与治理实践的梳理可以看出,居民参与治理的过程具有高度复杂性,且呈现出赋权、参与、协作、网络和效度等 5 个方面的特征。

（1）赋权

居民参与老旧小区海绵化改造的前提条件就是要向居民赋予相应的权利,使他们的诉求可以被各阶层的决策者听到,并且有针对性地回复。对于居民而言,缺少了政府的支持则削弱了对老旧小区海绵化改造相关决策的影响,无法实现公共利益的目标。因此,在现行的治理框架下,赋权给居民意味着居民参与治理的行为得到相关政府部门的认可和支持,有正式的规范、制度或法律框架来实现权力的转移,提供居民参与老旧小区海绵化改造的物质条件和精神条件。

（2）参与

参与是指在老旧小区海绵化改造相关决策制定和实施的过程中,社区居民直接地、积极地参与到具体事务中,实现资源、权利和责任的共享。老旧小区海绵化改造的居民参与治理数量和参与的阶段决定了基层社区治理的民主规模和民主深度,没有居民的参与治理,就不可能实现民主政治。作为参与式治理核心概念的居民参与,与公民参与的区别在于参与式治理中的参与主体是长期被排除在公共决策之外的老旧小区中的居民,考虑到老旧小区海绵化改造属于对政策可接受度要求高的项目,对社区居民参与治理的需求程度也较高。

（3）协作

参与式治理可以被看作协商民主的实践和发展,必须协调政府、居民及其他社会主体之间的行动,增强政府与其他社会主体,其他社会主体之间、居民与其他社会主体的协商和合作[30]。在老旧小区海绵化改造过程中,各利益相关者的诉求在居民参与治理过程中经过冲突、平等对话、表达诉求、协商和妥协,最终达到平衡,从而建立政府与居民、社会组织与居民、施工方与居民等两两之间良性互动的关系。协商的作用是为了居民与其他利益相关方之间进行合作,共同推进老旧小区海绵化改造的实施。

（4）网络

在老旧小区海绵化改造过程中,网络是由老旧小区中居民、政府部门、施工方等多个组织一起工作以实现改造目标从而建立的结构,这种网络结构通常以契约或者授权的形式建立起来。在这种网络中各利益相关者关系平等,依靠正式和非正式的制度进行连接,强调利益相关者的共同参与和公共价值,是一个相互依赖和持续互动的过程。为了实现老旧小区海绵化改造的目标,通过构建政府、其他社会主体、居民等的伙伴关系,形成一种建立在信任和规则基础上的互动合作的治理网络。

(5)效度

有效的社区参与往往可以实现创造性的决策和较高的公众接收度,从而减少项目延迟,实现有效执行,社会资本也会相应地增加。然而,以个人行为或态度为目标的参与活动也可能无意中恶化社区参与结果,导致项目失败或爆发群体性事件。在老旧小区海绵化改造中,居民参与治理或多或少对所在社会环境带来短期、中期和长期的变化:参与者对参与过程中获得知识的认知(短期);新建立伙伴关系的数量(中期);政策变化的数量(中期);参与者对社区和政府关系变化的认知(长期);它是否可能对社区能力和其他社会成果的建设做出重大贡献。

2.4　本章小结

本章通过文献分析和实地走访的方法,深入探讨了老旧小区海绵化改造的居民参与治理基础理论,全面剖析了老旧小区海绵化改造的居民参与治理内涵。其主要内容如下:首先,界定老旧小区与老旧小区海绵化改造的概念,分析老旧小区海绵化改造的规划流程与30个试点海绵城市的海绵城市专项规划;其次,分析居民参与和参与式治理的概念,明确居民参与治理的概念,梳理居民参与治理的方式;最后,界定老旧小区海绵化改造的居民参与治理概念,分析老旧小区海绵化改造的居民参与治理主体、客体和过程等基本要素,总结居民参与治理在国内外老旧小区海绵化改造中的应用,从赋权、参与、协作、网络和效度5个方面出发,分析了老旧小区海绵化改造的居民参与治理特征,为后续研究提供了清晰的研究框架。

第 3 章
老旧小区海绵化改造的居民参与治理模式分类

　　老旧小区海绵化改造作为一个新兴的概念，国内外鲜有学者对其实施过程中居民参与治理的现状进行梳理，需要对居民参与治理行为及其参与治理模式进行分析。因此，本章在确定研究目标及思路的基础上，首先基于扎根理论对老旧小区海绵化改造的居民参与治理行为进行识别，并利用顺序结构评估方法（PROMETHEE Ⅱ）对其进行度量；其次构建老旧小区海绵化改造的居民参与治理模式概念框架，对长三角地区 5 个试点海绵城市中居民参与治理认知、参与治理情感和参与治理行为进行度量，利用聚类分析划分居民参与治理模式，进一步明确老旧小区海绵化改造的居民参与治理现状。

3.1　老旧小区海绵化改造的居民参与治理行为识别

3.1.1　行为参与相关研究

　　为了让居民参与到城市雨洪治理中，各国积极推广居民参与项目[161-162]。例如，提倡社区居民参与水资源规划的设计和实施，使得社会资本不断增加[163]。此外，由于公众的积极参与，雨洪管理相关的规划也得到了更好的实施[164]。在这一过程中，有关参与概念框架的研究越来越多，并且被广泛应用于社会学、心理学、教育心理学和组织行为学等学科[165]。表 3-1 归纳了不同学科中行为参与的概念及其对应的具体行为。

表 3-1　不同学科中行为参与的概念及其所包含的具体行为

学科/概念	行为参与定义	所包含的具体行为	参考文献
社会学/公民参与	公众决策和集体行动是通过讨论、推理和公众参与产生的，而不仅仅是行使权力	① 与其他社区居民合作保护水资源；② 参与有关水治理的社区讨论、会议或公众听证会；③ 申请成为净水项目的志愿者	文献[166]
心理学/社会参与	参加社会、社区或团体的活动	① 个人社会行为参与；② 采取行动帮助他人；③ 团体性的社会参与	文献[165]

表 3-1(续)

学科/概念	行为参与定义	所包含的具体行为	参考文献
教育心理学/学生参与	参与和水有关的问题,并且被认为是实现可持续水管理的关键	① 使用节水设备;② 参与到家庭节水中;③ 参与节能减排	文献[167]
组织行为学/员工参与	员工愿意做出自己的努力,并与领导和同事建立有意义的联系。认知参与和情感参与相对重要,行为参与的重要性较弱	① 在工作中消耗额外的时间和精力;② 专注于工作;③ 积极处理工作相关的问题	文献[168-170]

通过对比研究发现,行为参与作为海绵化改造的一个重要部分,在不同的研究中,其概念不尽相同。例如,在社会学中,行为参与被定义为通过讨论、推理和公民参与的方式参与项目,而不仅是行使权力,其主要包括与其他社区居民合作保护水资源、参与有关水治理的社区讨论、会议或公众听证会、申请成为净水项目的志愿者等具体行为。而在教育心理学中,行为参与被定义为参与水有关的问题,通常包括使用节水设备、参与家庭节水和参与节能减排等行为。这些概念框架也被运用到水资源管理的一些领域,如公民参与保护水环境、公民参与雨洪管理和公众参与节约用水[171-172]。特别是教育心理学中的学生参与被部分学者应用到水敏感城市的研究中,取得了一定的研究成果,促进了水敏感城市中的居民参与。然而,前人的研究也存在一定的不足:

第一,居民在老旧小区海绵化改造中的行为参与没有被清晰地定义和研究。由于老旧小区海绵化改造在近 5 年才开始研究,因此相关研究大多集中在技术层面(研究如何利用不同的海绵化技术来应对老旧小区的内涝灾害),很少有人从管理学的视角对老旧小区海绵化改造进行研究[173]。

第二,很少有人对老旧小区海绵化改造的居民参与治理行为分类进行研究。与家庭节能行为分类问题相似,现有研究无法说明老旧小区海绵化改造是否包含所有的居民参与治理行为,以及这些居民参与治理行为出现的频次[174]。

第三,由于缺少对居民参与老旧小区海绵化改造行为的分类,无法针对特定行为人群设计有效的行为改变方案。

因此,本节系统地梳理老旧小区海绵化改造过程中居民参与治理行为,并对其进行统计分析,不仅有利于制定鼓励性政策来提高居民参与的积极性,而且也为居民参与治理模式分类提供了必要的理论基础。

3.1.2 居民参与治理行为识别框架

结合上述行为参与的概念,考虑我国老旧小区海绵化改造的特点,本研究认为教育心理学中的行为参与更适用于老旧小区海绵化改造的居民参与治理行为的研究。因此,老旧小区海绵化改造居民参与治理行为可以定义为居民在改造过程中所采取的努力、坚持、积极和无破坏性的行为。然而,现阶段对于老旧小区海绵化改造中居民参与治理行为并没有统一的识别方法。

为了理解和解释社会现象,扎根理论于 1967 年被提出[175]。它通过收集现实生活中有关特定问题的原始数据,并将这些数据重新进行汇总,从而建立新的理论。扎根理论包括开放性编码、主轴编码和选择性编码 3 个编码过程。通常在新理论被构建之后,对资料的编码过程就会停止。证明该理论可以成功解决水治理相关的参与问题,尤其是对居民参与行为进行分析[175-176]。因此,本书利用扎根理论对居民参与治理行为进行识别,其概念框架构建的过程见图 3-1,并且使用 NVivo 软件进行定性分析。

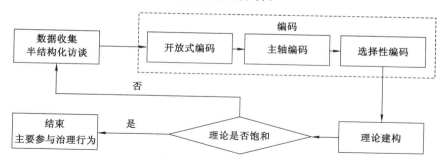

图 3-1　基于扎根理论的概念框架构建流程图

3.1.3　居民参与治理行为资料搜集

长三角地区是我国人口最密集的沿海地区之一,然而经济发展引起了一系列的水危机问题,成为制约该地区城市可持续发展的巨大瓶颈。本书选取长三角地区的上海、宁波、嘉兴、镇江、池州等城市作为调查地点,主要基于以下考虑:第一,这 5 个城市经济较为发达,有实力为老旧小区海绵化改造提供资金支持;第二,它们具有快速城镇化、淡水短缺及内涝严重这些长三角地区的典型特征,老旧小区海绵化改造对这些城市而言十分重要;第三,这 5 个城市积极响应国家号召,通过老旧小区海绵化改造、疏通河道、建立大尺度生态基础设施等方式落实海绵城市政策,取得了一定的成效[177-178]。此外,它们都是我国海绵城市建设试点城市,这为居民的认知提供了良好的知识基础。

本书为了找出长三角地区居民在老旧小区海绵化改造中参与治理行为的关键类别,对该区域内老旧小区中的居民进行两轮半结构化访谈。访谈的主要问题是受访者在老旧小区海绵化改造的规划、实施和运维阶段的参与治理行为。在第一轮访谈中,不断对受访者的回答及收集的数据进行分析,并在第二轮的访谈提纲中加入新的问题。在第二轮的访谈中,如果没有发现新的问题,则访谈结束。在扎根理论中,当进一步的访谈不能提供新的有效信息,即达到理论性饱和时,访谈可以停止[175]。根据此原则,选取 5 个城市的 84 位老旧小区居民作为受访者,随机选取 2/3 的访谈数据进行编码分析和理论构建,其余 1/3 的访谈数据进行理论性饱和检验。

3.1.4　居民参与治理行为识别结果

基于居民参与治理行为识别框架,对收集到的 56 份居民数据分别进行开放性编码、主轴编码和选择性编码,而后利用剩余的 28 份居民数据进行验证获得最终居民参与治理行为集。

3.1.4.1　开放式编码

开放式编码作为扎根理论中的一个操作过程,具体步骤如下:分配概念标签、对概念进行深入分析并挖掘具有代表性的类别、准确地命名类别、寻找类别的维度[179]。为了避免个人观点的片面性,由 3 名本书领域的博士生和作者共同编辑访谈数据,当意见达成一致时,模棱两可的数据才会被编码成标签。将不相关的文本进行删除后,对 56 个样本进行编码,得到43个抽象自由节点和1 128个参考点。表3-2中列举了部分原始资料和居民参与治理行为类别。

表 3-2　部分访谈材料的开放式编码

原始资料	概念标签	自由节点
A01:我从老旧小区海绵化改造的管理方得到信息; A11:我们小区有一个公告栏,在那里可以得到老旧小区海绵化改造的消息; A13:我通常从居委会委员那里获取老旧小区海绵化改造的消息,其他渠道的消息并不可信; A26:我在使用微信的过程中获取老旧小区海绵化改造的信息; A33:在施工过程中,我会询问施工人员获取信息; A42:我们的社区会在老旧小区海绵化改造之前召开社区会议,我会向居委会询问相关信息	① 从管理方获取信息;② 在公告栏处获取信息;③ 从意见领袖处获取信息;④ 从社交软件上获取信息;⑤ 从施工人员处获取信息;⑥ 在社区会议上获取信息	获取老旧小区海绵化改造的相关信息
A05:我通常向对老旧小区海绵化改造负责的管理者投诉; A33:我向施工人员反映,透水路面的施工使我的出行十分困难	① 向管理者投诉;② 向施工人员投诉;③ 向其他人投诉	投诉老旧小区海绵化改造项目的实施问题
A42:我告诉邻居老旧小区海绵化改造的效果很差,邀请他们一起到居委会投诉这个问题	投诉老旧小区海绵化改造效果的问题	投诉老旧小区改造效果的问题
A11:居委会有意见箱,我曾经向意见箱中投过和老旧小区海绵化改造相关的意见信; A18:我告诉居委会委员我的意见; A34:我告诉老旧小区海绵化改造管理者关于我的意见; A47:我写了一些意见并发送到社区微信号中	① 向意见箱头投递意见信;② 向意见领袖提出意见;③ 向老旧小区海绵化改造的管理者提出意见;④ 将意见发送至社区的微信号中	对老旧小区海绵化改造的管理方提出建议
A02:我曾经填写过老旧小区海绵化改造的效果反馈表	填写效果反馈表	对老旧小区海绵化改造的效果提出建议
A14:我参加了老旧小区海绵化改造会议的投票; A27:在我们社区进行任何改造项目之前,我们会组织社区规划会议; A33:我通过公民论坛表达我对老旧小区海绵化改造的观点; A46:我是咨询委员会的成员,咨询委员会由15名代表不同利益和意见的公民组成	① 在会议中投票;② 参加社区规划会议;③ 参加公民论坛;④ 成为咨询委员会的成员	参加有关老旧小区海绵化改造规划的会议
A07:我非常熟悉老旧小区海绵化改造,因此我向居委会委员提出了一些改造规划; A49:我曾经告诉正在施工的工人他们应该用其他方法进行老旧小区海绵化改造; A52:我们社区建立了一个微信号,我曾经发送过一些建议	① 向意见领袖提出一些改造规划;② 向施工工人提出改造规划;③ 向社区微信号提出改造规划	提出老旧小区海绵化改造的规划设计

表 3-2(续)

原始资料	概念标签	自由节点
A08:在社区会议上,我曾谈到过老旧小区海绵化改造; A35:工人在施工前征求我的建议,我曾告诉过他们如何改造; A41:居委会委员在老旧小区海绵化改造中很重要,因此我经常告诉他我的建议; A47:我曾通过我们的社区微信号给出一些建议; A51:我曾填写过一些建议在社区发给我们的意见反馈表上; A53:我经常向项目的管理者提出我的建议	① 在社区会议上提出建议; ② 向施工工人提出建议; ③ 向意见领袖提出建议; ④ 向社区微信号发送建议; ⑤ 填写意见反馈表;⑥ 向管理者提出建议	对老旧小区海绵化改造的规划提出建议
A12:我把车停在别的地方以便于停车场进行透水路面的改造 A25:我同意施工工人到我家建造绿色屋顶 A49:我积极配合施工人员拆除违章建筑	① 协助现场施工;② 为老旧小区海绵化改造提供便利的条件	帮助建造老旧小区海绵化设施
A09:我经常打扫透水的停车场 A36:我经常去雨水花园清理杂物 A42:我是一名维护设施的志愿者,我的任务是定期检查海绵化设施保证其正常运行 A49:我曾经向社区居委会反映过海绵设施被毁坏的情况	① 帮助打扫透水停车场; ② 帮助打扫雨水花园;③ 反映海绵化设施被毁坏	帮助维护老旧小区海绵化设施
A46:我们的社区是一个改造示范社区,我曾向参观者介绍过一些老旧小区海绵化改造的知识; A50:我有时会告诉邻居如何维护海绵化设施	① 自愿告诉其他人老旧小区海绵化改造的知识;② 自愿维护海绵化设施	帮助宣传老旧小区海绵化改造
A14:当我参加老旧小区海绵化改造的前期规划会议时,我会邀请亲朋好友参加; A27:我经常和亲朋好友谈论老旧小区海绵化改造的效果; A42:我鼓励其他人向居委会提出老旧小区海绵化改造的建议	① 邀请其他人参加老旧小区海绵化改造的规划会议; ② 和其他人谈论老旧小区海绵化改造;③ 鼓励其他人对老旧小区海绵化改造提出意见	鼓励他人参与老旧小区海绵化改造
A37:提意见是没用的,我不允许他们重建我的雨水管道	阻碍实施海绵化设施	阻碍老旧小区海绵化改造

3.1.4.2　主轴编码

通过开放式编码,确定了自由节点的数量,如图 3-2 所示。由图可知,参考点较多的自由节点如下:获取老旧小区海绵化改造的相关信息(18%),投诉老旧小区海绵化改造项目的实施效果问题(15%),对老旧小区海绵化改造的结果提出建议(14%),投诉老旧小区海绵化改造项目的实施过程(12%),对老旧小区海绵化改造的实施过程提出建议(10%),参加有关老旧小区海绵化改造规划的会议(8%),其他节点共占比为 17%,包括协助施工(7%)、协助维护相关设施(5%)、鼓励他人参与(2%)、协助宣传(2%)、阻碍宣传(1%)。从各类行为的占比可以看出,居民更有可能通过获取信息、投诉、提出建议的方式参与老旧小区海绵化改造,而不是通过阻碍改造的实施、鼓励他人参与、帮助宣传和提出规划的方式。考虑到这 13

个自由节点之间的逻辑关系,归纳出了 8 个树节点,主轴编码的结果如表 3-3 所列。

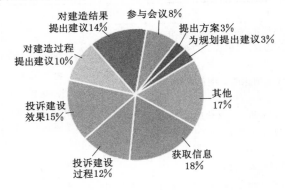

图 3-2　各自由节点的比例

表 3-3　主轴编码的结果

树节点(主要类别)	自由节点(概括分类)	参考点数量
获取信息	获取老旧小区海绵化改造的相关信息	206
协同规划	参加有关老旧小区海绵化改造规划的会议	86
	对老旧小区海绵化改造的规划提出建议	38
自我决策	提出老旧小区海绵化改造的规划	30
投诉	投诉老旧小区海绵化改造项目的实施问题	135
	投诉老旧小区改造效果的问题	173
提出建议	向老旧小区海绵化改造的管理方提出建议	114
	对老旧小区海绵化改造的效果提出建议	155
提供帮助	帮助建造老旧小区海绵化设施	76
	帮助维护老旧小区海绵化设施	53
	帮助宣传老旧小区海绵化改造	28
鼓励他人	鼓励他人参与老旧小区海绵化改造	18
阻碍	阻碍老旧小区海绵化改造	15

3.1.4.3　选择性编码

选择性编码是分析树节点之间的相关路径并构建理论模型的过程。首先通过主轴编码找到了 8 个树节点;然后进行选择性编码,进一步分析 8 个树节点之间的关系。一般来说,老旧小区海绵化改造可以分为决策阶段、实施阶段和运维阶段[173]。由于老旧小区海绵化改造的实施阶段不同,将居民的参与行为按照所发生的阶段进行划分,见表 3-4。由表可知,"B1:获取信息""B6:提供帮助""B7:鼓励他人"等内容发生在老旧小区海绵化改造的实施阶段;"B2:协同规划"和"B3:自我决策"发生在决策阶段;"B8:阻碍"发生在实施阶段;"B4:投诉"和"B5:提出建议"发生在实施阶段和运维阶段。在此基础上,本书构建了老旧小区海绵化改造的居民参与治理行为框架。

表 3-4 选择性编码的结果

树节点（主要类别）	决策阶段	实施阶段	运维阶段
B1:获取信息	√	√	√
B2:协同规划	√		
B3:自我决策	√		
B4:投诉		√	√
B5:提出建议		√	√
B6:提供帮助	√	√	√
B7:鼓励他人	√	√	√
B8:阻碍		√	

3.1.4.4 理论性饱和

在扎根理论中，当数据达到理论性饱和时，可以停止收集数据。对剩下的 28 份访谈材料进行饱和度测试，找不出新的居民参与治理行为分类，现有 8 类行为可以代表居民参与治理的全部行为，则停止抽样，表明该社区居民行为参与的概念框架是饱和完整的。

3.2 老旧小区海绵化改造的居民参与治理行为度量

3.2.1 居民参与治理行为度量方法

前文对老旧小区海绵化改造过程中的居民参与治理行为进行了系统梳理，识别了 8 类主要参与治理行为。由于上述行为的参与水平有高有低，现阶段缺少一套系统的行为参与度量标准，因此需要通过系统的方法对居民参与治理行为进行排序，从而为下阶段居民参与治理模式识别打下基础。

通过对现有文献的分析发现，偏好 PROMETHEE Ⅱ 属于多准则决策分析方法中的一种，已经被成功应用到环境管理、能源管理、水资源管理等多个领域[180]，在对项目、行为、区域等研究内容排序上具有较好的适用性。因此，本小节选用 PROMETHEE Ⅱ 对居民参与治理行为进行排序。

（1）研究问题的定义为：

$$\max\{g_1(a_1), g_2(a_2), \cdots, g_n(a_m) \mid a \in A\} \tag{3-1}$$

式中，A 是居民参与治理行为 $\{a_1, a_2, \cdots, a_m\}$，$(m = 1, 2, \cdots, 8)$ 的有限集合，$\{g_1(\cdot), g_2(\cdot), \cdots, g_n(\cdot)\}$ 是 n 位专家的评分。PROMETHEE Ⅱ 中的偏好程度是由专家确定的某种行为优于另一种行为的程度。

（2）为了求解式（3-1），定义偏好函数为式（3-2），且偏好度在（0,1）内。

$$P_j(a, b) = F_j[d_j(a, b)], \forall a, b \in A \tag{3-2}$$

式中，$d_j(a, b)$ 为两组居民参与治理行为评价之间的差异（两两比较）。

$$d_j(a, b) = g_j(a) - g_j(b) \tag{3-3}$$

$\{g_j(\cdot), P_j(a, b)\}$ 是一个广义的评价，通常选择高斯准则作为偏好函数，将其定义为：

$$P(d) = \begin{cases} 0, & d \leqslant 0 \\ 1 - e^{-\frac{d^2}{2s^2}}, & d > 0 \end{cases} \tag{3-4}$$

式中，$P(d)$是偏好函数，是需要专家确定的参数。

将汇总的偏好指数确定如下：

$$\begin{cases} \pi(a,b) = \sum_{j=1}^{n} P_j(a,b) w_j \\ \pi(b,a) = \sum_{j=1}^{n} P_j(b,a) w_j \end{cases} \tag{3-5}$$

式中，$(a,d) \in A$和$\pi(a,b)$表示居民的参与行为基于准则优于的程度，而$\pi(b,a)$代表居民的参与治理行为b基于准则优于a的程度。

汇总后的偏好指数如下：

$$\begin{cases} \pi(a,b) = 0 \\ 0 \leqslant \pi(a,b) \leqslant 1 \\ 0 \leqslant \pi(b,a) \leqslant 1 \\ 0 \leqslant \pi(a,b) + \pi(b,a) \leqslant 1 \end{cases} \tag{3-6}$$

（3）计算各行为正向流量、负向流量和净流量。正向流量是可以表明该居民的参与行为比其他行为更优的一个指标，这个值越高表明这种行为更可取，定义为：

$$\phi^+(a) = \frac{1}{m-1} \sum_{x \in A} \pi(a,x) \tag{3-7}$$

负向流量是表示其他所有行为都优于该行为程度的指标，定义为：

$$\phi^-(a) = \frac{1}{m-1} \sum_{x \in A} \pi(x,a) \tag{3-8}$$

根据式（3-7）和式（3-8），可以得出净流量的定义为：

$$\phi(a) = \phi^+(a) - \phi^-(a) = \frac{1}{m-1} \sum_{j=1}^{n} \sum_{x \in A} [P_j(a,x) - P_j(x,a)] w_j \tag{3-9}$$

（4）根据各行为的净流量值对其参与水平进行排序，从而获得老旧小区海绵化改造居民参与治理行为的高低排名。

3.2.2 居民参与治理行为相关度量数据收集

基于老旧小区海绵化改造的居民参与治理行为识别结果，可通过调查问卷来测量居民参与治理行为的水平（附录1）。问卷主要包括：第一部分，关于受访者的基本信息，包括性别、从事年限、来源、职称和学历等；第二部分，调查专家/学者对8类居民参与治理行为水平的看法，这8类居民参与治理行为（树节点）分别是"B1：获取信息""B2：协同规划""B3：自我决策""B4：投诉""B5：提出建议""B6：提供帮助""B7：鼓励他人""B8：阻碍"。问卷采用李克特五级量表（1分最低，5分最高）的方式进行打分，问卷对每一类居民参与治理行为都进行了简要介绍。

本次问卷调查在2019年3—4月进行，发放对象为"海绵城市实施""老旧小区改造""城市治理"等领域的专家/学者。通过在网络上进行检索获取相关专家学者邮箱，将问卷逐一发送给22名该研究领域的学者和24名从事该领域工作的专家。最终收回23份问卷，其中17份符合要求，有效率为36.96%，受访专家的基本信息见表3-5。从表中可以看出，被调研的专家/学者在该领域的工作年限较长,有 50% 以上在该领域工作 3 年以上。此外,有 10 位受访者来自学界(58.82%),有 7 位受访者来自业界(41.18%)。从被调查对象的职称和学历上来看,多数专家/学者的学历较高,在该领域具有一定的代表性。

表 3-5　专家/学者的基本信息统计

基本特征		比例/%	基本特征		比例/%
性别	男	47.06	职称	正高级	17.65
	女	52.94		副高级	29.41
从事年限	5 年以上	29.41		中级	17.65
	3～5 年	23.53		初级	23.53
	1～3 年	35.29		其他	11.76
	1 年以内	11.76	学历	博士	58.82
来源	学界	58.82		硕士	29.41
	业界	41.18		其他	11.76

3.2.3　居民参与治理行为度量结果

通过对专家/学者调研结果分析,发现 8 类行为的平均参与度得分在 2.588～3.353 分,表明大多数的参与治理行为水平较低。具体表现为:"B1:获取信息"的均值为 2.588 分、"B4:投诉"的均值为 2.824 分、"B5:提出建议"的均值为 2.882 分、"B7:鼓励他人"的均值为 2.941 分、"B8:阻碍"的均值为 2.706 分。此外,所有的专家/学者都同意将阈值参数 s 定为 3。

按照统计模型步骤,首先根据 17 位专家/学者的评分数据确定决策矩阵和参数值;然后逐步计算偏好函数、居民参与治理行为之间的评价差异、正向流量和负向流量;最后得到专家/学者评分的居民参与治理行为净流量,业界人员评分的居民参与治理行为净流量以及总体净流量(表 3-6)。专家/学者评分的净流量(表 3-6 第 2 列)中,"B3:自我决策"的得分最高(0.064 0 分),"B8:阻碍"的得分最低(−0.052 9 分)。但业界人员评分的净流量(表 3-6 第 3 列)中,"B6:提供帮助"的得分最高(0.052 2 分),"B1:获取信息"的得分最低(−0.0450 分)。通过汇总表 3-6 中的学者评分净流量和业界人员评分净流量得到第 4 列总体净流量。例如,"B3:自我决策"的得分为[0.064 0×10+(−0.006 6)×7]/17=0.035 0。然后,根据 PROMETHEE Ⅱ 得分对这些行为进行排序,可以得出排名从高到低依次为:"B3:自我决策""B2:协同规划""B6:提供帮助""B4:投诉""B5:提出建议""B7:鼓励他人""B1:获取信息""B8:阻碍"。

表 3-6　居民参与治理行为的净流量

居民参与治理行为	Φ(专家/学者)	Φ(业界人员)	Φ(总体)	排名
B3:自我决策	0.064 0	−0.006 6	0.035 0	1
B2:协同规划	0.042 8	0.011 9	0.030 1	2
B6:提供帮助	0.005 8	0.052 2	0.024 9	3

表 3-6(续)

居民参与治理行为	Φ(专家/学者)	Φ(业界人员)	Φ(总体)	排名
B4:投诉	0.006 3	0.010 8	0.008 2	4
B5:提出建议	−0.004 5	0.016 6	0.004 2	5
B7:鼓励他人	−0.028 7	0.005 1	−0.014 8	6
B1:获取信息	−0.032 9	−0.045 0	−0.037 9	7
B8:阻碍	−0.052 9	−0.044 9	−0.049 6	8

利用本书提出的居民参与治理行为度量方法,确定老旧小区海绵化改造的居民参与治理行为的排名,验证现有度量模型的准确性和适用性。研究发现,"B3:自我决策"的总体净流量最高,"B8:阻碍"的总体净流量最低。值得注意的是,除"B4:投诉"和"B6:提供帮助"外,其余行为的总排名和专家/学者评分排名相同。对于业界人员而言,只有"B4:投诉"的业界人员评分排名和总排名相同。专家/学者和业界人员对居民参与治理行为水平的评分不一致,学者认为"B3:自我决策"的参与程度最高,业界人员认为"B6:提供帮助"的参与程度最高。对于这一发现的可能解释是,专家/学者们非常重视将公民权利(自我决策是公民权利的一种表现)作为提高治理质量的一种方式[181]。而业界人员通常从过程或结果的角度考虑居民的行为参与,他们认为居民提供帮助可以使项目得到更好的实施[182]。在此基础之上,按照决策、实施和运维 3 个阶段对 8 类居民参与行为进行排序,见表 3-7。决策阶段各类行为排名从高到低依次为"B3:自我决策""B2:协同规划""B6:提供帮助""B7:鼓励他人"和"B1:获取信息";实施阶段各类行为排名从高到低依次为:"B6:提供帮助""B4:投诉""B5:提出建议""B7:鼓励他人""B1:获取信息"和"B8:阻碍";运维阶段各类行为排名从高到低依次为:"B6:提供帮助""B4:投诉""B5:提出建议""B7:鼓励他人"和"B1:获取信息"。

表 3-7　分阶段居民参与治理行为排名

排名	决策阶段	实施阶段	运维阶段
1	B3:自我决策	B6:提供帮助	B6:提供帮助
2	B2:协同规划	B4:投诉	B4:投诉
3	B6:提供帮助	B5:提出建议	B5:提出建议
4	B7:鼓励他人	B7:鼓励他人	B7:鼓励他人
5	B1:获取信息	B1:获取信息	B1:获取信息
6	—	B8:阻碍	—

3.3　老旧小区海绵化改造居民参与治理模式分类模型构建

3.3.1　居民参与治理模式研究框架

"模式"是指某种事务的方法体系、范式体系或结构体系。多数学者认为,社区参与模式是在既定的时空范围内,各利益相关者通过民主协商来增进双方的信任并整合资源,采取单独或者合作的行为共同治理社区事务的状态或者形式[183]。而在居民参与治理模式的研究上,仅有学者提出 5 种居民参与居住环境建设的模式,而鲜有对其定义的报道[184]。考虑参与的主体、客体、动机和目标,本书认为居民参与治理模式是指在老旧小区海绵化改造的过程中,社区居民本着个体需要和公共精神参与老旧小区海绵化改造全过程的范式体系,以达到自我发展和推动社区公共治理系统完善的目的。

居民参与治理模式是参与的一种,厘清参与框架是研究居民参与治理模式的必要条件。基于对行为参与相关研究的梳理,可以发现参与的概念框架被广泛应用于社会学、心理学、教育心理学和组织行为学等学科中[165],且形成了公民参与、社会参与、学生参与、员工参与等认可度较高的框架,见表 3-8。由表可知,不同学科关于参与定义的侧重点有所不同,但是不同参与框架包含的维度呈现出三维的特征,即同时包括认知参与、情感参与和行为参与。例如,社会学中公民参与包括的媒体吸引力可以被视为一种认知参与,信任则是被认为情感参与,政治性参与则可被认为是行为参与的一种。而教育心理学中居民参与则直接包括认知、情感、行为参与 3 个维度。进一步地分析各维度内涵,发现行为参与包括努力的行为、关注的行为、坚持的行为、积极和没有破坏性的行为;情感参与包括积极和消极的反应、个人的归属感和对主体的认同;认知参与包括自我调节式的学习和为了理解复杂的思想而必要努力的意愿,这 3 个维度共同构成了参与的内涵。

表 3-8　不同学科中参与框架内涵

学科	概念框架	定义	包含维度	文献来源
社会学	公民参与	与政治进程或政治机构有关的行为和态度	涵盖多维度:媒体吸引力;信任;政治性参与	文献[166,185]
心理学	社会参与	对社会刺激保持一种高度地主动性,及时参与和反馈社会活动,与他人互动	涵盖多维度:容易与他人交流;容易执行计划好的或者结构性的活动;容易自己发起项目;建立自身目标;追求参与;接受团体活动的邀请	文献[165,186]
教育心理学	学生参与	学生在学术活动和日常活动上的投入,感知的心理连接以及对学校的归属感	涵盖多维度:认知参与,即愿意掌握某些技能;情感参与,老师正面或者负面的回应;行为参与,亦即参与学术类或者课外活动	文献[167,187]
组织行为学	职业参与	它涉及对职业表现的预期和理解,并作为一种持续的、周期性的保持自我幸福感的方式	涵盖多维度:每日规律的活动或者其他事项;社会环境;社会相互作用;解释;有意义的职业内容;日常工作	文献[188]
组织行为学	员工参与	在和工作相关的活动中,保持积极和充实的精神状态	涵盖多维度:吸收;奉献精神;活力	文献[168,170]

综上所述,发现存在几种不同的参与形式,包括一维的参与框架(侧重于认知参与或者情感参与或行为参与中的一种)和多维参与视角(同时分析认知、情感和行为参与中的 2 种或 3 种参与),见表 3-9。对于单一维度参与而言,情感参与通常指的是个体对水管理相关策略的态度;认知参与是指感知的集体效能感和对政府的信任;行为参与包括个体所采取的与水管理相关的具体行动。对于多维度参与而言,认知参与包含对水相关的知识的了解、与水管理相关策略重要性感知、知觉行为控制;情感参与包括个体对待水管理相关策略的态度及

参与的意愿;行为参与包括采取具体水管理相关的措施。

表3-9 水资源管理研究相关的参与框架

参与维度	结构要素	文献来源
单一维度		
情感参与	态度:对5种水基础设施管理备选方案表达支持或反对的想法; 态度:他们需要(支持)或不需要(不支持)新的资本密集型水资源基础设施; 态度:同意或不同意具体管理方案的实施。	文献[189]
认知参与	感知的集体效能感:人们对团队完成集体任务能力的共同信念; 对政府的信任影响对政府节水政策的配合。	文献[190]
行为参与	行为:使用或者不使用最佳管理措施相关的技术; 行为:采取与环境保护相关的行为	文献[191]
多维度		
认知参与、行为参与	认知参与:对特定对象重要性的感知及知觉行为控制; 行为参与:采取节约用水的行为	文献[192]
认知参与、情感参与	认知参与:意识到城市在收缩和水基础设施的重要性;感知及知识:对城市雨洪和海绵城市建设的感知和了解程度; 情感参与-观点:公众对于水基础设施关停和提高维护成本的观点(支持或者反对);情感参与-意愿:是否愿意支持海绵城市的实施	文献[20,193]
情感参与、行为参与	情感参与:对节约用水、节约能源、减少浪费行为的态度; 行为参与:采取节约用水、节约能源和减少浪费的行为	文献[194]
认知、情感、行为参与	认知参与:包括知觉行为控制和与水相关的知识; 情感参与:社区归属感和对环境的关心;对可替代水资源的态度及对环境的认同; 行为参与:居民在雨洪管理中所采取的措施,采用节水设备、采取节水策略和减少污染的行为,支持使用可替代水资源、支持雨水花园的建设	文献[162]

受教育心理学领域学生参与和水资源管理中参与维度的启发,结合3.2节海绵化改造过程中居民参与治理行为,本书认为老旧小区海绵化改造居民参与治理模式不仅仅包括居民的参与治理行为,同时也包括参与治理情感和参与治理认知,并提出一个包含3个维度的居民参与治理模式概念框架,见图3-3。其中,居民参与治理认知是指居民对老旧小区海绵化改造相关知识的了解及应用这种知识的能力,如对社区海绵化改造目标、项目和技术的了解;参与治理情感则是指居民对老旧小区海绵化改造的态度以及参与老旧小区海绵化改造的意愿,如支持所在社区进行海绵化改造;参与治理行为是指居民在老旧小区海绵化改造的过程中为实现治理所采取的行动,如在决策阶段参与社区开展的海绵化改造宣传动员大会。

3.3.2 居民参与治理模式指标梳理

尽管目前学界对居民参与治理认知、情感和行为测量的研究比较缺乏,但是国内外学者对公众参与的认知、情感和行为均进行了相关的探索,且取得了一定的研究成果,为老旧小区海绵化改造的居民参与治理模式指标体系的构建提供了借鉴。因此,可考虑目前认可度较高的参与量表,结合老旧小区海绵化改造的情况,通过专家访谈,设计科学有效地测量居

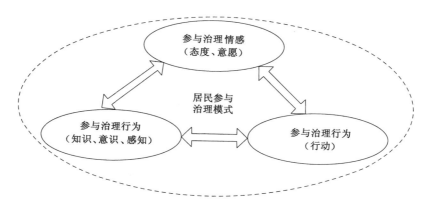

图 3-3　老旧小区海绵化改造的居民参与治理模式概念框架图

民参与治理模式的问卷。

（1）认知参与相关指标分析

对于认知参与的衡量,不同学者有不同的看法,目前认可度较高的量表有迪恩(Dean)团队提出的居民参与水敏感城市量表、苏琳(Suh)团队和李春梅团队提出的公众参与量表等。Dean 等[22]认为,居民在水敏感城市建设中的认知参与应当包括对水相关知识了解的测度,他们根据前人的研究和澳大利亚相关专家的建议确定了 15 项与城市水循环使用、水管理、家庭活动对水的影响相关的题目;李春梅[142]基于萧扬基团队的公众参与量表,结合内地国情,设计公众参与认知问卷,包括公民对个人权利和义务的了解,见表 3-10。由表可知,公众参与的认知可以概括为声明性知识、程序性知识、有效性知识和社会学知识,这些知识涵盖了知识、参与意识和参与感知 3 个方面。

表 3-10　相关研究中使用的认知参与量表

研究内容	题项	打分原则	文献来源
水敏感城市建设中的公民认知参与,主要度量水相关的知识	① 户主采取的节水行动可大大减少城市地区的用水量;② 居民个人在家里和花园里所做的一切都会对水道和海岸海湾的健康产生影响;③ 雨水会损坏雨水管道;④ 每个家庭在花园里使用的肥料可能对水道的健康产生负面影响;⑤ 沿着河岸种植本地植物可以改善水道的健康状况;⑥ 城市地区的土壤侵蚀并不影响水道的健康;⑦ 个别住户在花园中使用的农药对水道的健康没有负面影响;⑧ 我知道我家的饮用水来自哪里(如水坝、地下水、脱盐水等);⑨ 水道很容易处理大量的泥沙(即悬在水中的侵蚀土壤);⑩ 集水区是排入特定水道的总陆地面积;⑪ 可用的水量是有限的;⑫ 我知道我家在什么流域;⑬ 屋顶和道路上的雨水经过处理,可以在进入水道之前清除污染物;⑭ 生活污水和雨水通过相同的管道输送;⑮ 以下哪个选项最能代表您对流域的理解?(a. 保留水的区域,如湿地或沼泽;b. 所有排入特定河流或水道的土地面积;c. 作为水源的水库;d. 储水的小建筑物;e. 以上都不是;f. 不清楚。)	前十四道题为 1～5 打分(1 分为非常不同意,5 分为非常同意);第 15 道题目为多选题(b 项为正确答案)	文献[162, 195]

表 3-10(续)

研究内容	题项	打分原则	文献来源
公众对水资源短缺感知的测量	① 你觉得对于美国而言,以下哪些环境问题是最严重的?(空气污染/化学品和杀虫剂/水资源短缺/水污染/核废料/生活垃圾处理/气候变化/转基因食品/自然资源耗尽/以上都不是);② 考虑到不同的环境问题,你认为哪一个问题对整个美国来说是最重要的?请把第一个想到的问题写下来	第 1 道为多选题,第 2 道为开放式题目	文献[196]
城市居民对循环用水认知参与的测量	① 我非常清楚再生水的重要性;② 我非常熟悉循环水处理的流程;③ 我非常清楚再生水的质量;④ 我非常了解循环水的来源	采用 1～7 打分,1 分为完全不同意,7 分为完全同意	文献[197]
为什么要采取环保行动?环保行为的障碍是什么?	① 声明性知识:对世界事实信息的认识和理解;② 程序性知识:当人们做出某种行为时,他们需要知道如何去做;③ 有效性知识:关于目标行为的产出知识,比如在采取某类行为之后可以节约多少能源或者获利多少? ④ 社会性知识:一方面,为了避免被他人利用,了解他人的所作所为和不做的事是有帮助的。另一方面,如果一个人希望避免感到内疚或希望避免社会制裁,那么他(她)自己和他人的期望也很重要	使用 1～5 打分,1 分为完全不了解,5 分为完全了解	文献[198,199]
采取行动保护水质的意愿	农业污染源意识指标包括 4 个项目,旨在了解农民对农业生产影响水质的了解程度:① 农田土壤侵蚀相关知识;② 用于作物生产的肥料相关知识;③ 家畜粪便相关知识;④ 用于农作物生产的杀虫剂或除草剂	使用 1～5 打分,1 分为完全不重要,5 分为完全重要	文献[200]
探究农民节水的意图和行为	知觉行为控制:① 对我来说,参与节水活动是很容易的;② 如果我想,我可以很容易地参与节水活动;③ 你对自己是否从事节水行为有多大的控制权? ④ 我是否参加节水活动主要取决于我自己;⑤ 从事节水活动对你来说有多难? ⑥ 我没有足够的时间和技能来开展节水活动;⑦ 使用节水工具对我来说是很昂贵的;⑧ 你认为在你的农场里有可能节约用水吗? ⑨ 根据我的判断,我的农场不可能节水。	使用 0～4 打分,0 分为没有控制能力/非常困难,非常不同意,4 分为完全控制/非常容易/完全同意	文献[201]
城镇居民公众参与认知研究	① 我知道如何维护我的权益当我权益受到损害时;② 我知道应该找哪个政府部门参与相关事务;③ 我知道在权益受损时向哪个政府部门提起诉讼;④ 我了解宪法规定的公民基本权利;⑤ 我了解作为社区业主应该享有的权利;⑥ 我了解选举权如何保障;⑦ 我知道如何用法律保护我的权利;⑧ 我知道公民基本义务;⑨ 我知道作为业主的义务;⑩ 政府部门为我提供了合理的途径表达意愿;⑪ 政府为我们提供了公共事务参与的场地;⑫ 我有能力参与相关事务	使用 1～7 打分,1 分为完全不清楚,7 分为完全清楚	文献[142]

（2）情感参与相关指标分析

对于情感参与,不同学者从态度和参与意愿 2 个方面进行衡量。例如,Dean 等[195]通过设计 6 项问题对公民使用循环用水、淡化水、处理过的饮用水和非饮用水的态度进行测量,此外又通过 6 项题目来衡量家庭环境身份的认同感;Shi 等[202]利用 7 项题目来衡量公众对低影响开发中景观的态度;Gao 等[19]通过衡量居民参与意愿来测度居民循环用水的情感;Floress 等[200]通过衡量态度和意愿两个方面来测度公民保护水质的情感;此外,李春梅[142]在借鉴萧扬基公众参与态度问卷的基础上,设计了 21 道问题来度量公众参与的态度,见表 3-11。

表 3-11　相关研究中使用的情感参与量表

研究内容	题项	打分原则	文献来源
水敏感城市建设中的公民情感参与,主要度量对可替代水资源的态度和家庭环境身份认同	① 通过 6 项题目对循环使用水、淡化水、经处理的饮用水和非饮用水的支持态度进行测量;② 通过 6 项题目来衡量家庭环境身份认同,如"我认为我家秉承环境可持续发展的理念""家庭成员一致认为,采取行动使住宅环境可持续是一件重要的事情"	按照李克特量表 5 分制量表打分(1 分为"完全不支持/不愿意/同意"到 5 分为"完全支持/非常愿意/同意")	文献[162,195]
低影响开发中对景观的公众态度测量	① 听说过低影响开发理念;② 担心城市内涝;③ 低影响开发可以影响雨洪管理;④ 了解植物在低影响开发系统中的作用;⑤ 了解雨洪管理的效果;⑥ 愿意支付额外产生的费用;⑦ 每月观赏绿色植物的频率	第 1 到第 3 道题目按照 0～1 打分;第 1 和第 5 道题目按照 0～5 打分;第 6 道题目按照 0～3 打分;第 7 道题目按照 0～30 打分。	文献[202]
循环用水居民参与行为意向的测量	① 我愿意用可循环水浇花;② 我愿意用可循环水来打扫卫生;③ 我非常开心使用可循环水	采用 1～7 打分,1 分为完全不同意,7 分为完全同意	文献[197]
采取行动保护水质的意愿	① 态度:我个人有责任帮助保护水质;即使保护水质降低了经济发展速度,保护水质也很重要;我的行为对水质有影响;我的生活质量取决于当地河流、溪流和湖泊的良好水质。② 采取行动意愿:我愿意支付更多的税收或费用来改善水质;我同意通过改变参与方式以改善水质	使用 1～5 打分,1 分为完全不同意,5 分为完全同意	文献[200]
探究澳大利亚家庭对环境可持续的态度和行为	① 态度:对节水或节能行动的态度;对能源削减或效率行动的态度;对减少废物行动的态度。② 意愿:采取节水或节能行动的意图;采取能源削减或效率行动的意愿;参与减少废物行动的意向	采用 1～7 打分,1 分为强烈反对,7 分为强烈支持	文献[194]
居民参与社区治理行为的影响因素	① 参与态度:我觉得居民参与社区治理意义重大;我觉得居民参与社区治理是理智的;我觉得应该提供渠道让居民参与治理。② 意愿:我愿意参与社区治理;我会积极参与社区治理	采用 1～7 打分,1 分为完全不同意,7 分为完全同意	文献[80]

表 3-11（续）

研究内容	题项	打分原则	文献来源
城镇居民公众参与态度研究	① 每个人都应该参与社区相关事务；② 社区人员必须珍惜公共资源；③ 公民应该好好使用自己的选举权参与选举等活动；④ 我们不仅可以使用社区公共设施，还可以提出建议；⑤ 公共事务不是个人的事情，而是一个社区的事情；⑥ 每个人都应该积极参与相关活动；⑦ 政府机关应当在弱势群体上付出更多关注；⑧ 我愿意在空余时间帮助他人；⑨ 现代公民的责任之一是关心他人；⑩ 我们应当保护环境；⑪ 付出比索取更让人开心；⑫ 我们应当考虑社会整体的利益；⑬ 社区好坏人人有责；⑭ 每个人都应当履行自己的义务；⑮ 承担社会责任之一就是遵守交规；⑯ 对于社区决定的事情即便自己不喜欢也会执行；⑰ 社交媒体的发展，提升了我对社区事务的关系；⑱ 我对社区事务的关心可以促进社会的民主程度；⑲ 我会主动关心政府的重大举措；⑳ 作为普通公民的我也应该关注经济的增长；㉑ 作为成都的公民，应该了解天府新区建设的进展	使用 1～7 打分，1 分为完全不同意，7 分为完全同意	文献[142]

（3）行为参与相关指标分析

对参与行为量表进行整理，发现不同参与事项背景下个体所采取的行动是有所区别的。例如，在研究水敏感城市建设中的公民行为参与，主要度量公民采用节水装置、采取节水策略和减排行为的程度；在美国公众环保行为测量中，询问的是关于个体节水常见措施；在居民循环用水参与行为测量上，主要考察居民使用循环水的行为；在环保行为研究时，分析了74 种具体的环保行为；在家庭环境可持续行为研究时，分析的是以家庭为单位在过去所采取的环保行为；此外，城镇居民公众参与行为研究集中在参与具体社区事务的行动，见表 3-12。在本章前两节中，通过扎根理论已经识别出老旧小区海绵化改造过程中常见的居民参与治理行为及不同行为的参与程度高低，因而可以从老旧小区海绵化改造的决策、实施和运维 3 个阶段构建行为参与维度关键变量及题项。

表 3-12　相关研究中使用的行为参与量表

研究内容	题项	打分原则	文献来源
水敏感城市建设中的公民行为参与，主要度量公民采用节水装置、采取节水策略和减排行为的程度	① 9 个问题评估受访者是否安装了不同的家庭节水装置（如节水龙头、双冲水马桶、雨水储罐）；② 12 个项目评估了家庭节水策略（如修复漏水、缩短淋浴时间）是否影响了居民的生活；③ 7 个项目评估受访者是否有减少污染的行为（如将垃圾放入垃圾桶、报告污染事件）	① 回答选项有：是/不是/已经在房子里了；② 采用 5 分制评分（1 分为"从不"到 5 分为"总是"）；③ 采用 5 分制评分（1 分为"从不"到"总是"）	文献[22]
美国公众环保行为测量	在过去两年内，你在自己所在社区采取了哪些节约用水的措施？ a. 限制草坪和花园的浇水；b. 在洗碗或刷牙时关掉水龙头；c. 限制淋浴的时间；d. 减少厕所的用水量	在过去两年内采取 3—4 项节约用水措施的人被认为节约用水人士。那些采取两项或两项以下措施的人被归为非环保者	文献[196]

表 3-12(续)

研究内容	题项	打分原则	文献来源
对环保行为的认知	将环保行为分为 74 种行为,并对每一类行为在 21 个属性上进行打分	采用 1~9 打分,1 分为最低/最少,7 分为最高/多	文献[191]
公民参与雨水管理	① 与其他社区居民一起保护水资源;② 参加有关水的社区讨论、会议或公众听证会;③ 自愿参加清洁水项目	变量以 5 分制测量,范围从非常不可能(-2 分)到非常可能(2 分)	文献[203]
探究澳大利亚家庭对环境可持续的态度和行为	① 过去减少水使用的行为;② 过去的能源削减行为;③ 过去减少废物产生的行为	采用 1~5 打分,1 分为几乎没有,5 分为经常	文献[194]
居民参与社区治理行为的影响因素	① 我常通过不同渠道参与社区治理;② 我常参与社区组织的各类活动;③ 我为了社区的利益向居委会提建议;④ 我常鼓励身边的人参与社区治理	采用 1~7 打分,1 分为完全不同意,7 分为完全同意	文献[80]
城镇居民公众参与行为研究	① 我会积极阅读政府的相关宣传资料;② 我从多种渠道了解国家社会的发展情况;③ 我愿意与我身边的人讨论国家社会最近发生的事情;④ 我乐意在空闲的时候参加社区举办的活动;⑤ 我会积极参加选举投票事项;⑥ 我鼓励亲友参与政府部门举办的听证会;⑦ 人大代表选举期间,我与家人或朋友讨论候选人的选举情况;⑧ 我经常参加听证会等社区居民的活动来表达自己的建议	使用 1~7 打分,1 分为完全不符合,7 分为完全符合	文献[142]

在梳理居民参与认知、情感和行为测量指标的基础上,可以基本确定 3 个维度的内涵。通常来说,居民参与认知内含居民参与治理意识和感知,具体包括声明性知识、程序性知识、有效性知识和社会学知识;居民参与情感包括参与态度和参与意愿两个方面;居民参与行为依据研究对象的不同而不同。

3.3.3　居民参与治理模式问卷设计

结合老旧小区海绵化改造居民参与治理的特征和居民参与治理行为,可以确定初步的问卷题项,见表 3-13。由表可知,居民参与治理认知包括 11 项具体测量题项,居民参与治理情感包括 7 项具体测量题项,居民参与治理行为包括 3 项具体测量题项。

为了明确专家对老旧小区海绵化改造居民参与治理度量的期望,本书对"海绵城市实施""老旧小区改造""城市治理"等领域专家进行深入访谈,并进一步优化问卷。问卷调研邀请了 17 位在该领域有丰富经验的专家进行访谈(详见 3.2.2 小节),访谈的内容主要围绕老旧小区海绵化改造居民参与治理模式量表进行评判,见附录 2。通过对访谈大纲的整理,本书对老旧小区海绵化改造的居民参与治理模式量表分析如下:

表 3-13　老旧小区海绵化改造的居民参与治理模式量表

变量	编号	题项	度量	题项来源
居民参与治理认知	ce1	声明性知识:暴雨造成的内涝问题影响人们的日常生活	采用 1～5 打分,1 分为非常不同意,5 分为非常同意	文献[191]
	ce2	声明性知识:对社区进行海绵化改造非常有必要		文献[162,195]
	ce3	声明性知识:我了解老旧小区海绵化改造常用的低影响开发技术		文献[204]
	ce4	声明性知识:对社区进行海绵化改造有很多益处,如可以改变小区的景观面貌,提升居住舒适度		文献[195,202]
	ce5	程序性知识:社区或政府等部门会提供相关渠道让我参与老旧小区海绵化改造		文献[199]
	ce6	程序性知识:我清楚在老旧小区海绵化改造过程中如何参与治理		文献[142]
	ce7	程序性知识:对我而言,在老旧小区海绵化改造过程中参与治理比较容易		文献[201]
	ce8	有效性知识:我的参与对小区海绵化改造有一些帮助,例如施工过程减少冲突		文献[198,199]
	ce9	有效性知识:如果我参与小区改造的决策、实施、维护工作,那么可以学习很多技术和管理知识		文献[142]
	ce10	社会性知识:(家人、朋友和邻居等)对我而言,重要的人会参与老旧小区海绵化改造		文献[199]
	ce11	社会性知识:(家人、朋友和邻居等)对我而言,重要的人希望我参与老旧小区海绵化改造		文献[198]
居民参与治理情感	ee1	我支持在社区进行老旧小区海绵化改造	采用 1～5 打分,1 分为非常不同意,5 分为非常同意	文献[162,196]
	ee2	我觉得在社区进行老旧小区海绵化改造意义重大		文献[80]
	ee3	我关心我们社区海绵化改造的进展		文献[201]
	ee4	如果政府部门和社区提供机会,我愿意参与小区海绵化改造的全过程。例如,参加前期的意见咨询会		文献[197]
	ee5	我愿意向他人宣传老旧小区海绵化改造的益处并鼓励他人参与		文献[142]
	ee6	我觉得应当提供渠道让周围居民积极参加到小区改造的决策、实施、维护工作中		文献[80,201]
	ee7	为了减少社区内涝问题,我愿意支付额外的费用来进行社区海绵化改造		文献[200,202]
居民参与治理行为	be1	我在老旧小区海绵化改造决策阶段的参与行为有	多选题,按照选项中排名最高的行为作为最终得分	
	be2	我在老旧小区海绵化改造实施阶段的参与行为有		
	be3	我在老旧小区海绵化改造运维阶段的参与行为有		

（1）老旧小区海绵化改造的居民参与治理模式维度设置问题

各位专家在阅读老旧小区海绵化改造的居民参与治理模式划分维度之后,基本上赞同情感参与、认知参与和行为参与 3 个维度的划分和相关维度内涵的界定。考虑到情感参与和认知参与最终导致行为参与,少数专家认为居民参与治理模式应当只包含行为参与,然而大多数专家认为这样的维度划分存在较大偏差。因此,本研究仍采用三维度划分方法。

（2）量表中居民参与治理认知维度题项设置问题

针对量表中老旧小区海绵化改造的居民参与治理认知维度的 11 项测量题目,不同的专家给出的建议略有差异。有 11 位专家认为声明性知识中的第一项题目 ce1 没有必要设置,因为这属于常识性的知识,多数居民可能会选择 4 或 5,从而导致该项题目无法显示出差异性。有专家表示,如果一定要询问与水相关的问题,可以考虑换一种说法,如"暴雨通常会造成社区内涝"。有 8 位专家认为声明性知识中的 ce2 题项和 ce4 题项重复,可以保留 ce4 题项。有 9 位专家表示程序性知识中的 ce6 题项与 ce7 题项重复,可以考虑删除其中一项。多数专家比较认可有效性知识和社会性知识的设置。结合专家的建议,本书对居民参与治理认知维度题项进行优化,删除 ce1 题项、ce2 题项和 ce7 题项,保留 ce4 题项和 ce6 题项。

（3）量表中居民参与治理情感维度题项设置问题

在居民参与治理情感维度问题设计上,专家给出了不同的建议。超过半数的专家认为 ee2 题项的设计有问题,该题项与居民参与治理认知中的 ce2 题项重复,应当删除。有 13 位专家认为 ee4 题项的设置太过宽泛,有的居民参与前期决策而对实施过程毫不关心,应当分阶段询问居民的参与意愿,且 ee5 题项是在各个阶段都涉及的一种参与意愿,可以考虑将 ee5 题项融合到各个阶段的询问中。有 12 位专家认为 ee7 题项存在歧义:一方面,现阶段几乎不需要居民支付额外的费用;另一方面,更多的是需要居民付出时间和精力参与整个治理过程,所以应当对题项进行修改。此外,超过半数的专家提出应当增加与居民参与态度相关题项的设置,比如是否支持社区居民参与治理老旧小区海绵化改造项目。在此基础上,对原有的居民参与治理情感量表进行修改,将 ee2 题项和 ee5 题项删除,将 ee4 题项按照老旧小区海绵化改造的决策、实施和运维三阶段进行测量,修改 ee7 题项的问法,改为"我愿意付出更多的时间和精力参与社区海绵化改造的相关事项"。

（4）量表中居民参与治理行为维度题项设置问题

多数专家对居民参与治理行为量表较为认可,认为按照老旧小区海绵化改造的决策、实施和运维划分比较合理。同时,专家提出居民参与治理行为中的选项"阻碍项目实施"和"不参与"应当赋值为1,其余项目按照参与治理行为在各阶段的排名进行打分。

根据以上专家访谈的结果,对老旧小区海绵化改造的居民参与治理模式量表进行优化,具体见表 3-14。最终确定的问卷包括 4 个部分:第一部分是关于受访者的基本信息,包括性别、年龄、学历、居住时长、独居与否、租房与否、车辆拥有状况、工作状况和月可支配收入等;第二部分是关于居民参与治理认知的衡量,调查受访者对 8 项居民参与治理认知的看法,这部分采用李克特五级量表(1 分为非常不同意,5 分为非常同意);第三部分关于居民参与治理情感的衡量,调查受访者对 8 项居民参与治理情感的看法,同样采用李克特五级量表;第四部分调查受访者在老旧小区海绵化改造 3 个阶段所采取的行为,3 类问题均为多选题,按照选项中排名最高的行为作为最终得分(居民参与治理行为的排名见 3.2.3 小节,其中"阻碍实施"和"不参与"均取值为 1 分,"获取信息"与"鼓励他人"由于净流量为负均取值为 2 分,其余按照排名分别取 3 分、4 分或 5 分),见附录 3。

表 3-14 老旧小区海绵化改造的居民参与治理模式最终量表

变量	编号	题项内容	度量
居民参与治理认知	ce1	我了解老旧小区海绵化改造常用的低影响开发技术	采用1～5打分,1分为非常不同意,5分为非常同意
	ce2	对社区进行海绵化改造有很多益处,如可以改变小区的景观面貌、提升居住舒适度	
	ce3	社区或政府等部门会提供相关渠道让我参与老旧小区海绵化改造	
	ce4	我清楚在老旧小区海绵化改造过程中如何参与治理	
	ce5	我的参与对小区海绵化改造有一些帮助,例如施工过程减少冲突	
	ce6	如果我参与到小区改造的决策、实施、维护工作中可以学习到很多技术和管理知识	
	ce7	(家人、朋友和邻居等)对我而言,重要的人会参与老旧小区海绵化改造	
	ce8	(家人、朋友和邻居等)对我而言,重要的人希望我参与老旧小区海绵化改造	
居民参与治理情感	ee1	我支持在社区进行老旧小区海绵化改造	采用1～5打分,1分为非常不同意,5分为非常同意
	ee2	我关心我们社区海绵化改造的进展	
	ee3	我觉得应当鼓励社区居民积极参与到老旧小区海绵化改造中	
	ee4	我觉得应当提供渠道让周围居民积极参与到老旧小区海绵化改造中	
	ee5	如果政府部门和社区提供机会,我愿意参与小区海绵化改造的决策过程,如参加前期的意见咨询会	
	ee6	如果政府部门和社区提供机会,我愿意参与小区海绵化改造的实施过程,如向施工人员提供帮助	
	ee7	如果政府部门和社区提供机会,我愿意参与小区海绵化改造的维护过程,如对后续维护不当进行投诉	
	ee8	为了减少社区内涝问题,我愿意付出更多的时间和精力参与社区海绵化改造的事项	
居民参与治理行为	be1	我在老旧小区海绵化改造决策阶段的参与行为有	多选题,按照选项中排名最高的行为作为最终得分,采用1～5打分
	be2	我在老旧小区海绵化改造实施阶段的参与行为有	
	be3	我在老旧小区海绵化改造运维阶段的参与行为有	

3.3.4 基于聚类分析的居民参与治理模式分类计算模型

聚类分析是指将物理或抽象的对象分成多个类别的分析过程,同一个类别的对象较为相似,而不同类别差距较大[205]。通常聚类分析的算法可以分为 5 类,即划分方法、分层算法、基于密度的算法、基于网格的算法和基于模型的算法[206]。在这些算法中,对个体类别的划分最常见的是划分方法中的 K 均值算法和分层算法中的层次聚类算法[192],如 Warner 等[192]结合 K 均值算法和层次聚类算法将佛罗里达地区使用景观灌溉的居民分为三类人群,并分析每类人群的主观规范、个人规范、知觉行为控制和态度特征;Dean 等[22]采用层次聚类分析算法(选择 Ward's 方法和平方欧氏距离)识别水敏感城市建设中居民参与模式,他们按照认知参与、情感参与和行为参与属性将居民参与模式分为不参与模式、意识到重要性但不积极模式、积极但是不参与模式、参与但是很谨慎模式和高度参与模式等五类居民参与模式;赵呈领等[207]使用层次聚类分析确定在线学习者学习行为模式的最佳聚类数量,之后再利用 K 均值聚类法将学习者行为模式聚为 3 类;瞿瑶等[208]采用 K 均值聚类算法以城市居民低碳能源使用行为和使用心理特征对居民使用低碳能源群体进行细分。

层次聚类分析的原理是优先聚类距离较近的对象,而后再聚类距离较远的对象,直到满足某个条件后终止分裂或合并。其缺点也比较明显,由于聚类的过程不具有可逆性使得聚类的结果往往无法改变,此时聚类的效果也会较差,因此系统聚类不适用于大样本的聚类,仅对于样本量小于 100 的样本处理能力较好[209]。而 K 均值聚类克服了聚类过程不可逆的缺点,通过反复迭代类中的对象使得不同类之间的距离变大而同一个类之内的距离变小,尽管其使得聚类计算速度变快和精度提高,但由于初始聚类中心的不同,其聚类结果存在较大误差,聚类个数的不确定性也会加大这种误差[206]。考虑层次聚类分析和 K 均值聚类分析的优缺点,本书将二者进行结合来对老旧小区海绵化改造的居民参与治理模式进行分类。首先,采用"Ward's method"和"Squared Euclidean distance"作为相似性测度进行层次聚类分析,确定合适的类别数目。然后,采用 K 均值聚类方法对确定的类别个数进行迭代,确定最终的居民参与治理模式聚类结果,其计算步骤见图 3-4。

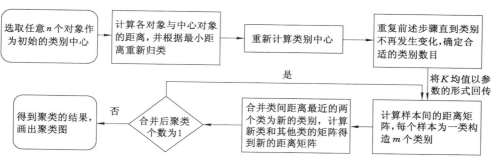

图 3-4　老旧小区海绵化改造的居民参与治理模式聚类计算流程

根据聚类计算思路,进一步确定数据处理的步骤如下:

第一步,统计老旧小区海绵化改造中的居民参与治理认知、情感和行为等 19 个变量得分,通过探索性因子分析确定 m 个主成分并计算各成分均值,利用 Z-score 方法对 m 个主成分变量的得分进行标准化,将标准化后的得分加权平均作为该维度指标的指标值(x_{ij})。

$$变量指标值 = (变量初始得分 - 平均值)/ 标准差 \tag{3-10}$$

处理后的居民参与治理认知、情感和行为 m 个主成分变量得分为:

$$x_{ij} = \begin{bmatrix} x_{11} & x_{12} & \cdots & x_{1m} \\ x_{21} & x_{22} & \cdots & x_{2m} \\ \vdots & \vdots & & \vdots \\ x_{n1} & x_{n2} & \cdots & x_{nm} \end{bmatrix} \tag{3-11}$$

其中,i 代表 n 个居民样本中的第 i 个样本;j 代表 m 个变量中的第 j 个数,本书中 m 个变量指老旧小区海绵化改造居民参与治理模式涉及的主要变量。

第二步,将以上 n 个居民的样本构造 n 个类,每个类别中仅有一个居民的样本。之后,

计算这 n 个居民样本两两之间的平方欧式距离（squared euclidean distance）d_{ij}，计作 $D=\{d_{ij}\}$，d_{ij} 较小的两类可以合并为一类，其中 d_{ij} 的计算公式为：

$$d_{ik} = \sqrt{\left(\frac{x_{i1}-x_{k1}}{\sqrt{s_{11}}}\right)^2 + \left(\frac{x_{i2}-x_{k2}}{\sqrt{s_{22}}}\right)^2 + \cdots + \left(\frac{x_{im}-x_{km}}{\sqrt{s_{mm}}}\right)^2} \tag{3-12}$$

第三步，计算 n 个居民样本的离差平方和 S_n，其计算公式为：

$$S_n = \sum_{i=1}^{n}\left[x_{i1}-\frac{\sum_{i=1}^{n}x_{i1}}{n}\right] + \sum_{i=1}^{n}\left[x_{i2}-\frac{\sum_{i=1}^{n}x_{i2}}{n}\right]^2 + \cdots + \sum_{i=1}^{n}\left[x_{im}-\frac{\sum_{i=1}^{n}x_{im}}{n}\right]^2 \tag{3-13}$$

同时，设类别 p 和类别 q 分别包括了 n_p 和 n_q 个样本，对应的离差平方和均记为 S_p 和 S_q。若将类别 p 和类别 q 合并得到类别 l，则新的类别 l 的离差平方和为：

$$S_l = S_p + S_q + \frac{n_p n_q}{n_p + n_q}d^2_{x_p x_q} \tag{3-14}$$

把增加的离差平方和记为 ΔS_{pq}，类别 p 和类别 q 的距离变为：

$$d^2_{pq} = \Delta S_{pq} = \frac{n_p n_q}{n_p + n_q}d^2_{x_p x_q} \tag{3-15}$$

新的类别与任意一个类别的距离为：

$$d^2_{lr} = \frac{n_p + n_r}{n_l + n_r}d^2_{pr} + \frac{n_q + n_r}{n_l + n_r}d^2_{qr} - \frac{n_r}{n_l + n_r}d^2_{pr} \tag{3-16}$$

第四步，重复步骤三和步骤四，将最近的两类合并，直到所有类合并为几个，并生成聚类图谱。此外，检查团聚系数和聚类数目的关系，确定最佳聚类数目 k。

第五步，按照最佳聚类数目选取 k 个聚类中心为 $c_j(I)$，$I=1,2,\cdots,n;j=1,2,\cdots,k$，计算每个样本到各聚类中心的距离 $D(x_i,c_j(I))$，其中 $I=1,2,\cdots,n;j=1,2,\cdots,k$。如果满足 $D(x_i,c_j(I))=\min\{D(x_i,c_m(I))\}$，$m=1,2,\cdots,k$，则样本 $x_i\in C_j$，即该样本属于第 j 个类别。在该步中，采用欧式距离确定距离，其计算公式为：

$$d_{ij} = \sqrt{\sum_{k=1}^{m}(x_{ik}-x_{jk})^2} \tag{3-17}$$

式中，x_{ik} 表示第 i 个样本的第 k 个指标的观测值；x_{jk} 表示第 j 个样本的第 k 个指标的观测值，$k=1,2,3$；d_{ij} 表示第 i 个样本与第 j 个样本之间的欧氏距离，该值越小，代表第 i 个样本和第 j 个样本性质越相近。

通过计算距离系数 $d_{ij}(i,j=1,2,\cdots,n)$，形成距离矩阵为：

$$D = \begin{bmatrix} d_{11} & d_{12} & \cdots & d_{1n} \\ d_{21} & d_{22} & \cdots & d_{2n} \\ \vdots & \vdots & & \vdots \\ d_{n1} & d_{n2} & \cdots & d_{m} \end{bmatrix} \tag{3-18}$$

第六步，结合新的样本划分情况，计算 k 个新的聚类中心 $C_j(I+1)=\frac{1}{n}\sum_{x\in C_j}x'$，其中 n_j 是类别 C_j 中样本个数，x' 是被归为 C_j 的样本。判断 $C_j(I+1)\overset{?}{=}C_j(I)$ 的状况或误差平方 SSE 的变化情况：如果等式不成立或 SSE 发生变化，则 $I\to I+1$，返回到第六步；如果等式成立或者 SSE 不发生变化，则数据处理结束。

3.4　老旧小区海绵化改造居民参与治理模式实证分析

3.4.1　居民参与治理模式数据收集

随着经济的发展,长三角地区水资源、水环境、水生态和水安全面临着严峻的危机考验,成为制约该地区城市可持续发展的巨大瓶颈。本书选取长三角地区的上海、宁波、嘉兴、镇江、池州等城市作为调查地点,主要原因在于:第一,这 5 个城市经济较为发达,有实力为老旧小区海绵化改造提供资金支持;第二,它们具有快速城镇化、淡水短缺及内涝严重这些长三角地区的典型特征,老旧小区海绵化改造对这些城市而言十分重要;第三,这 5 个城市积极响应国家号召,通过老旧小区海绵化改造、疏通河道、建立大尺度生态基础设施等方式落实海绵城市政策,取得了一定的成效[177-178];第四,它们都是我国海绵城市实施试点,这为居民的参与提供了良好的知识基础和行动环境,便于开展研究工作。

3.4.1.1　上海市老旧小区海绵化改造情况

上海市于 2016 年入选我国第二批海绵城市建设试点城市。在建设过程中,上海市结合本地"三高一低"区域特征(高地下水位、高土地利用率、高不透水面积、低土壤入渗率),由上海市住房和城乡建设管理委员会牵头,联合上海市相关部门或单位,制定上海市海绵城市建设系列政策文件,一定程度上推进了海绵化改造的进程。然而,在老旧小区海绵化改造实践的过程中,也暴露出雨污混接、改造空间受限、居民改造需求与改造目标不一致,海绵设施维护困难等问题。因此,上海市进行老旧小区海绵化改造的过程中,在设计上比较注重以下几点:第一,重视排水设施的梳理,优先对可以进行改造的雨污设施进行改造;第二,不建议进行绿色屋顶改造,通过设计雨水桶、高位花园、植草沟或绿地等对雨水进行削污处理;第三,在社区内破损的道路、广场和停车场等地方优先进行透水铺装,引导雨水进入下沉式绿地或生物滞留池;第四,在社区绿地内建设雨水花园、植草沟和下沉式绿地,提升整体的绿化效果。

上海市在入选我国海绵城市建设试点城市后,将临港作为示范区域(面积为 79 km²,是全国最大的海绵试点城市),并按照新建城区海绵化建设、围垦区生态保护与利用、老城区积水改造及水体综合治理等 7 个不同类型片区实施试点项目,见图 3-4。其中,老旧小区海绵化改造 200 多公顷,主要实施了雨水花园、调蓄净化设施、高位花坛和透水铺装等海绵化改造项目,见图 3-5。目前,临港试点区域已经对 26 个老旧小区进行了海绵化改造,建设任务基本已经完成,包括宜浩佳园、滴水湖馨苑、海事小区、海洋小区、东岸涟城、新芦苑 A 区、F 区等,涉及人口 60 余万人。依据 95% 置信水平和 5% 置信区间,在上海市至少发放 384 份问卷,考虑到误差等因素,最终确定向居民发放 400 份问卷。本研究选取位于上海市浦东新区南汇新城镇的新芦苑 A 区、新芦苑 F 区、海尚明月苑、海芦汇鸣苑和海芦月华苑作为问卷发放地点(图 3-6),共回收问卷 395 份,有效问卷 391 份,有效回收率达 97.75%。

3.4.1.2　宁波市老旧小区海绵化改造情况

宁波市是典型的滨海临江平原河网城市,河流众多,夏季多台风暴雨,且降雨多集中于汛期,使得中心城区面临着雨水径流污染加重、较高的内涝风险、水系结构破坏、水生态功能退化等问题。2016 年 4 月,宁波市入选我国第二批海绵城市建设试点城市,借此契机选择

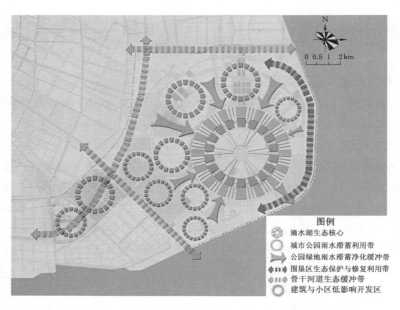

图 3-4　上海市临港地区试点区域海绵城市建设总体布局图

（a）雨花花园　　　　　　　　　（b）调蓄净化设施

（c）商位花坛　　　　　　　　　（d）透水铺装

图 3-5　上海市临港地区老旧小区海绵化改造常见技术

慈城—姚江片区（30.95 km²）作为建设试点区来处理日益严重的水问题，试点区域包括：慈城新区（正在开发地块）、慈城古县城（古城区）、前洋立交东北侧地块（农田和村庄）、姚江新区（农田和村庄）、姚江新区启动区（农田和村庄）、天水家园以北地段（已开发地块）、谢家地块（已开发地块）和湾头地块（正在开发地块）等 8 个地块，见图 3-7。同年，宁波市规划设计研究院承担编制的《宁波市中心城区海绵城市专项规划 2016—2020》通过专家评审，规划中提到开展 168 项（8 大类）海绵城市建设相关工程，强调建设老城区内涝防治综合示范区。

图 3-6　上海市临港地区被调研老旧小区

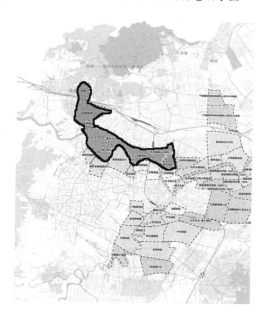

图 3-7　宁波市海绵城市建设试点区域(黑色框线内)

截至 2019 年 5 月,试点区域共完工了 123 个项目,完工面积达到 23 km²(占试点区域总面积的 74%),总投资 22.92 亿元,仍在建设的项目有 45 个。其中,试点区域的天水家园以北地段和谢家片区共 6 km²,涉及老旧小区 19 个,通过开展老旧小区海绵化改造,结合环境整治提升、雨污分流和停车位改造等,累计改造生态停车位 2 520 个,新增生态停车位 430 余个,改造后抗暴雨内涝成效显著,近 5 万居民受益。依据 95% 置信水平和 5% 置信区间,在宁波市至少发放 382 份问卷,考虑到误差等因素,最终确定向居民发放 400 份问卷。

在老旧小区海绵化改造的项目中,宁波市江北区的姚江花园和三和嘉园属于海绵化改造较为成功的小区。姚江花园为 2003 年建成的安置小区,小区内多为 6 层高的建筑,总建筑面积 30 万 m²,共 7 000 多位居民(2 332 户),存在停车位紧张、景观较差、雨水管混接和堵塞等问题。在实践的过程中,通过使用雨水花园、绿色屋顶、渗井和生态停车位等低影响开发技术对社区进行改造(图 3-8),改造后实现了雨污分流,新增 1 000 个生态停车位,使得社区内年径流总量控制率达到 87%,提升了社区居民居住的舒适感[210]。三和嘉园小区同样在海绵城市建设试点区域内,该小区于 2004 年建成,改造前雨污管堵塞严重,部分地面破损严重,雨天容易出现积水,导致河道受到初期雨水的污染。而通过建设雨水花园、溢流设施、雨污分流等海绵设施,极大地改变了原有的内涝和水体污染情况,使得该小区能够应对 50 年一遇的内涝风险,居民满意度也较高。因此,本书选取位于宁波市江北区的姚江花园和三和嘉园作为问卷发放地点(图 3-9),共回收问卷 310 份,有效问卷 309 份,有效回收率达 77.25%。

(a) 雨水花园　　　(b) 绿色屋顶　　　(c) 渗井　　　(d) 生态停车位

图 3-8　宁波市江北区老旧小区海绵化改造常见技术

图 3-9　宁波市江北区被调研老旧小区

3.4.1.3 嘉兴市老旧小区海绵化改造情况

2015 年,嘉兴市入选全国第一批海绵城市建设试点城市,也是当时浙江省入选的唯一试点城市。同年,嘉兴市编制了《嘉兴市海绵城市示范区建设规划》,设计以南湖为中心,选择城市中心的老城区、新建区和未建设区域作为试点区域,具体范围为北至环城河,南至槜李路,西至长水塘、西板桥港,东至菜花泾、纺工路、富润路。嘉兴市海绵城市试点区域规划面积达到 18.44 km²,旧城改造示范区域达到 3.89 km²(密集老旧城区),南湖重点保护示范区域达到 5.58 km²(水敏感保护区),已建新城改造示范区域 6.02 km²(绿色空间多且建筑密度低),未建新城改造示范区域 2.95 km²(特点:探索完善的海绵城市建设模式)。建设项目包括住宅小区、市政道路和公共建筑等 488 个项目(10 大类),并将"一廊""一线""一校""一路""一区""一馆""一府""一场""一湖"和"一厂"作为十大重点工程,其中"一区"指的是典型老旧小区——烟雨小区。依照我国住房和城乡建设部下发的海绵城市规划相关文件,嘉兴市城乡规划管理委员会于 2017 年编制了《嘉兴市区海绵城市专项规划》,提出中心城区形成"一城五区构田园,八廊三湖映嘉禾"的海绵城市空间结构,其中"一城"指的是海绵城市建设中心区,主要任务即是老城区的内涝防治。截至 2019 年 3 月,试点区域已完成工程项目 115 个,年径流总量控制率达到 80.17%,8 个汇水区的水生态、水安全、水环境和水资源等指标均达到要求,对 75 个老旧小区进行了海绵化改造,约 2.5 万户社区居民获益。依据95% 置信水平和 5% 置信区间,在嘉兴市至少发放问卷 379 份,考虑到误差等因素,最终确定向居民发放问卷 400 份。

在所有的改造项目中,嘉兴市老旧小区海绵化改造可以说是海绵城市建设的重中之重,涉及雨水混接点修复、透水铺装、雨水花园建设、下沉式绿地建设、生态停车位建设等多项工程技术的实施(图 3-10),其中烟雨社区,菱香坊社区和真合社区属于典型的海绵化改造老旧小区,

<table>
<tr><td>(a)透水铺装</td><td>(b)雨水花园</td></tr>
<tr><td>(c)下沉式绿式</td><td>(d)生态停车位</td></tr>
</table>

图 3-10 　嘉兴市老旧小区海绵化改造常见技术

其地理位置见图 3-11。烟雨社区地处嘉兴市的南湖区,于 2000 年左右建成,共有 66 幢多层建筑,小区总面积 15.13 ha,包含烟雨苑、烟波苑和烟湖苑 3 个小区[211]。改造前,烟雨社区存在排水管网设计标准低、排水设施养护管理落后、雨污混接、面源污染严重、基础设施较差等问题,因而在改造的过程中通过建设下沉式绿地、雨水花园和透水铺装来实现雨水下渗,取得了较好的经济、生态和社会效益。菱香坊社区和真合社区均建于 20 世纪末,社区中同样存在烟雨社区类似水问题,因而在老旧小区改造的过程中融入海绵城市建设理念,建设下沉式绿地、透水铺装、雨水花园和植草浅沟等海绵设施,使得社区节水效果明显、景观得到显著改善,居民满意度也得到提升。因此,本研究选取位于嘉兴市烟雨社区、菱香坊社区和真合社区作为问卷发放地点,共回收问卷 306 份,有效问卷 306 份,有效回收率达 76.50%。

图 3-11　嘉兴市典型海绵化改造老旧小区所在位置

3.4.1.4　镇江市老旧小区海绵化改造情况

2015 年,镇江市入选我国第一批海绵城市建设试点城市,并以金山湖为中心的 22 km² 老城区作为试点区域开展 273 个试点项目,见图 3-12。经过几年的建设,镇江市海绵城市已经初具雏形,建立了以老城区海绵化改造为核心的建设模式,基本完成了老旧小区海绵化改造工作(改造项目主要集中在润州区和京口区)。在镇江老旧小区海绵化改造过程中,常见

图 3-12　镇江市海绵城市建设试点区域

技术包括透水铺装、雨水花园、下沉式绿地、绿色屋顶和雨水罐等(图 3-13),居民在改造的过程中通过民主议事制度、设计阶段改造意见交换会、建立海绵化改造投诉受理机制和改造项目回访等方式参与改造过程,在"老旧小区海绵化改造"和"居民参与改造"方面具有一定典型性。镇江市老旧小区海绵化改造涉及总人口约 27.6 万人,依据 95% 置信水平和 5% 置信区间,理论上应发放问卷 384 份。考虑到发放误差等因素,共向镇江市老旧小区居民发放问卷 400 份。

(a)透水路面　　　(b)溢流井　　　(e)雨水桶

(c)生态停车场　　　(d)高位花坛

图 3-13　镇江市老旧小区海绵化改造常用技术

目前,镇江市的多数老旧小区已完成老旧小区海绵化改造,如润州区的三茅宫小区、金西花园、金山水城、天元一品等,京口区的花山湾新村、桃花坞新村、置业新村、茶山小区和松盛花园等老旧小区。其中,润州区的三茅宫片区是海绵化改造示范区源头削减的重点工程,该社区建于 20 世纪 90 年代,分为三茅宫一区、二区和三区,改造前存在雨污管混接、暴雨后内涝频繁、绿化破坏等情况。考虑到片区存在的上述问题,在改造的过程中采取雨污分流、建设低影响开发设施和美化环境等措施,改善了社区整体居住环境。此外,该社区通过邀请社区部分党员、居民和社区干部参与社区圆桌会议,加强老旧小区海绵化改造宣传,邀请居民、党员代表等每月召开居民议事会,在镇江梦溪网站论坛发表对海绵化改造看法等方式,不断提升居民参与的水平,一定程度上拓宽了参与的广度和深度。另外 2 个具有代表性的老旧小区则是镇江市京口区的江滨新村第二社区和华润新村社区。江滨新村第二社区始建于 20 世纪 80 年代,社区内常住人口约 1 500 人,通过现场调研综合利用海绵化改造多种技术实现了暴雨径流的控制,成为镇江第一个技术集成海绵化改造示范区。华润新村建于1996 年,社区内停车位问题突出,对社区进行老旧小区海绵化改造不仅解决了雨污分流困难的问题,还通过生态停车场的建设使得社区环境越来越美。因此,本研究选取位于镇江市三茅宫社区、江滨新村第二社区和华润新村社区作为问卷发放地点(图 3-14),共回收问卷320 份,有效问卷 312 份,有效回收率达 78.00%。

3.4.1.5　池州市老旧小区海绵化改造情况

2015 年,池州市入选全国第一批海绵城市建设试点城市,并将总面积大约为 18.50 km² 的 498 个地块作为试点区域,该区域包括老城区和天堂湖新区,北至昭沿江路—清风路,南

图 3-14　镇江市被调研老旧小区

至永明路,东到九华大道—石城大道—长江南路,西到白洋路—黄公路,见图 3-15。其中,老城区面积达到 10.68 km²,占比高达 57%,天堂湖新区为典型的新城区,面积为 7.82 km²,整个试点区域大约覆盖 17.60 万人。池州市高度重视老旧小区海绵化改造工作,专门组建试点工作领导小组,由市委书记、市长任组长,针对内涝积水、雨污混接和停车位短缺等主要问题进行综合整治。截至 2018 年 11 月,池州市在海绵城市建设上累计投资 52.38 亿元,完成了 117 个项目,基本完成试点区域项目,共改造 45 个老旧小区。池州市老旧小区海绵化改造涉及总人口约 17.60 万人,依据 95% 置信水平和 5% 置信区间,理论上应发放问卷 384 份。考虑到发放误差等因素,共向池州市老旧小区居民发放问卷 400 份。

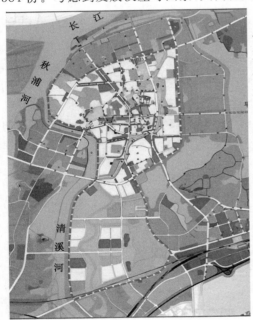

图 3-15　池州市海绵城市建设试点区域

作为池州市海绵城市建设的重中之重,老旧小区改造被纳入池州市环境综合整治项目,目前完工的老旧小区有怡景园小区、星河湾小区、清心佳园及啤酒厂宿舍、汇景小区等,比较典型的改造项目分别是怡景园小区、清心佳园及啤酒厂宿舍和汇景小区。怡景园小区建于 20 世纪 90 年代末,从 2017 年 4 月开始海绵化改造,重点解决雨污混接和停车场短缺问题,主要是通过建设下沉式绿地、调蓄沟、雨水花园和渗井等(图 3-16),改造过程中不断听取居民意见,与居民和物业尽可能地沟通。清心佳园及啤酒厂宿舍项目占地总面积近 5 万 m²,涉及 684 户居民,改造技术主要是透水铺装(透水砖用于人行道,透水混凝土用于生态停车位)、雨水花园、雨水溢流井、生态停车位等,居民普遍对增加的生态停车位较为满意。汇景小区海绵化改造是池州市首批试点项目之一,一方面对合流制管网进行改造,另一方面新设置下沉式绿地、雨水花园和植草沟等海绵设施,取得

较好的效果。因此,本书选取位于池州市怡景园小区、清心佳园及啤酒厂宿舍和汇景小区作

为问卷发放地点(图 3-17),共回收问卷 344 份,有效问卷 339 份,有效回收率达 84.75%。

(a) 下沉式绿地　　　　　　　　　　(b) 调蓄沟

(c) 雨水花园　　　　　　　　　　　(d) 渗井

图 3-16　池州市贵池区老旧小区海绵化改造常用技术

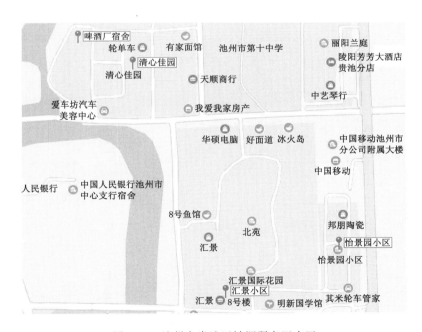

图 3-17　池州市贵池区被调研老旧小区

3.4.2　居民参与治理模式问卷分析

3.4.2.1　样本特征

经过大规模调研之后,共收集问卷 1 657 份。其中,上海市收集的问卷最多,共收集

391 份,宁波市、嘉兴市、镇江市和池州市分别收集了 309 份、306 份、312 份和 339 份,见表 3-15。由表可知,在这些受访的老旧小区居民中,男性为 785 人,女性为 872 人,占比分别为47.37%和 52.63%;年龄结构上,44.42%的受访者年龄在 20～34 岁,35～49 岁的受访者占 25.29%,而小于 20 岁(7.97%)和 65 岁及以上(6.22%)的受访者占比均小于 8%;在学历(文化资本)方面,初中学历的受访者有 495 人(占比 29.87%),中专及高中毕业的受访者占比为 27.76%,多数受访者文化资本处于中等水平;在居住时长上,43.21%的受访者在所在小区居住时长为 2～5 年,31.93%的受访者在本社区居住时长小于等于 1 年,仅有 4.1%的受访者居住时长在 10 年以上;在独居与否上,58.06%的受访者与家人或者朋友等一起居住,41.94%的受访者处于独居的状态;在租房与否上,71.27%的受访者并非租房状态;在工作状况上,80.99%的受访者有工作,仅有 6.64%的受访者退休,无工作或者在找工作的受访者占 12.37%;在月可支配收入(经济资本)方面,约 50%的受访者月可支配收入在 4 000～7 999 元,大约 10.26%的受访者月可支配收入在 2 000 元以下,月可支配收入在 8 000 元及以上的受访者占比 18.83%,多数受访者经济资本处于中低水平。因此,调研样本的性别、年龄、学历、居住时长、独居与否、租房与否、工作状况、月可支配收入和所在城市分布等比较符合客观实际情况,可以据此开展进一步分析。

表 3-15　受访者基本特征信息

变量	选项	频数	占比/%	变量	选项	频数	占比/%
性别	男	785	47.37	独居与否	否	962	58.06
	女	872	52.63		是	695	41.94
年龄	20 岁以下	132	7.97	租房与否	否	1 181	71.27
	20～34 岁	736	44.42		是	476	28.73
	35～49 岁	419	25.29	工作状况	无工作或者在找工作	205	12.37
	50～64 岁	267	16.11		有工作	1 342	80.99
	65 岁及以上	103	6.22		退休	110	6.64
文化程度	小学	84	5.07	月可支配收入	2 000 元以下	170	10.26
	初中	495	29.87		2 000～3 999 元	338	20.40
	中职或高中	460	27.76		4 000～5 999 元	415	25.05
	高职	326	19.67		6 000～7 999 元	422	25.47
	本科及以上	292	17.62		8 000 元及以上	312	18.83
居住时长	1 年及以上	529	31.93	所在城市	上海	391	23.60
	2～5 年	716	43.21		宁波	309	18.65
	6～10 年	344	20.76		嘉兴	306	18.47
	10 年以上	68	4.10		镇江	312	18.83
					池州	339	20.46

3.4.2.2　量表的信度与效度

信度分析(reliability analysis)又称为可靠性分析,通常使用 Cronbach's Alpha 系数反

映调查问卷研究变量在各个测量题项上的一致性,一般认为 Cronbach's Alpha 大于 0.8 较好,若处于 0.7~0.8 也可以接受[212]。在前述收集数据并开展描述性统计的基础上,本节利用 SPSS 25.0 执行信度分析,可知 1 657 份问卷测量项部分总体 Cronbach's Alpha 为 0.879 (>0.80),说明调查问卷变量整体一致性较好。若要提高问卷信度,可根据变量删减条件对调查问卷中的题项进行检查。当变量的(corrected item-total correlation,CITC)小于 0.5 或删除该项题目后变量的 Cronbach's Alpha 变大,则可以考虑删除该测量题项。由表 3-16 可知,本书研究的变量 CE、AE、BIE、BE 的 Cronbach's Alpha 系数分别为 0.894、0.857、0.858、0.839(均>0.7 的标准),变量的内部一致性也较好。此外,各题项的 CITC 均大于 0.5,说明各题项符合要求,删除任意题项并不会带来 Cronbach's Alpha 系数的增加,从另一侧面表明量表的信度较好。

表 3-16　老旧小区海绵化改造居民参与治理模式测量题项信度分析结果

变量	题项	CITC	删除项后的 Cronbach's Alpha	Cronbach's Alpha 系数
CE	CE1	0.705	0.878	0.894
	CE2	0.570	0.890	
	CE3	0.558	0.891	
	CE4	0.712	0.877	
	CE5	0.720	0.876	
	CE6	0.683	0.880	
	CE7	0.734	0.875	
	CE8	0.695	0.879	
EE	EE1	0.644	0.841	0.857
	EE2	0.708	0.815	
	EE3	0.711	0.813	
	EE4	0.740	0.801	
	EE5	0.685	0.827	0.858
	EE6	0.707	0.818	
	EE7	0.713	0.816	
	EE8	0.709	0.817	
BE	BE1	0.718	0.760	0.839
	BE2	0.686	0.790	
	BE3	0.700	0.777	

注:CE 代表居民参与治理认知;EE 代表居民参与治理情感;BE 代表居民参与治理行为。

效度分析主要考察问卷结果的可靠性,通常包括内容效度和结构效度两个方面的测量。内容效度主要考察研究主题与量表的适配性,而结构效度考察的是测量题项反映所测变量的能力。本书设计的问卷题项主要来源于文献分析,并根据专家访谈结果对题项进行了删改,可以认为其内容效度符合要求。在结构效度方面,本书利用探索性因素分析(exploratory factor analysis,EFA)检验该量表的结构有效性,通过 SPSS 25.0 计算 KMO 和 Bartlett's 球形检验,见

表 3-17。由表可知,KMO 为 0.910($>$0.700),Bartlett's 球形检验值显著($p<$0.001),说明量表数据符合因子分析的前提要求。应用主成分分析法提取因子,采用方差最大正交旋转进行因素分析,总解释能力达到了 65.907%(表 3-18),说明筛选出来的 4 个维度的因素具有较高的代表性。CE 和 BE 变量测量题项的标准因子载荷均大于 0.5,每个题项均落到对应的因素中,CE 和 BE 变量具有良好的结构效度。然而,EE 变量测量题项在旋转后出现两个主要成分,结合这两个成分题项含义,将 EE1~EE4 组成的维度命名为居民参与治理态度(AE),EE5~EE8 组成的维度命名为居民参与治理行为意愿(BIE),见表 3-19。

表 3-17　KMO 及 Bartlett's 球状检验结果

KMO 值		0.910
Bartlett's 球形检验	近似卡方	15 037.637
	自由度	171
	显著性	0

表 3-18　老旧小区海绵化改造居民参与治理模式测量题项提取成分与方差累计统计

成分	初始特征值			旋转载荷平方和		
	总计	方差百分比/%	累积/%	总计	方差百分比/%	累积/%
1	6.023	31.698	31.698	4.616	24.293	24.293
2	3.483	18.331	50.029	2.842	14.957	39.249
3	1.552	8.168	58.197	2.805	14.761	54.010
4	1.465	7.710	65.907	2.260	11.897	65.907
5	0.695	3.658	69.565			
6	0.624	3.287	72.852			
7	0.512	2.696	75.548			
8	0.476	2.503	78.051			
9	0.449	2.365	80.416			
10	0.426	2.244	82.660			
11	0.419	2.203	84.863			
12	0.409	2.154	87.017			
13	0.390	2.052	89.069			
14	0.378	1.988	91.057			
15	0.362	1.903	92.960			
16	0.361	1.900	94.860			
17	0.339	1.783	96.643			
18	0.331	1.743	98.386			
19	0.307	1.614	100.000			

表 3-19 旋转成分矩阵

变量	题项	成分			
		1	2	3	4
CE	CE1	0.766			
	CE2	0.668			
	CE3	0.650			
	CE4	0.786			
	CE5	0.788			
	CE6	0.772			
	CE7	0.789			
	CE8	0.754			
AE	EE1			0.761	
	EE2			0.807	
	EE3			0.784	
	EE4			0.841	
BIE	EE5		0.774		
	EE6		0.819		
	EE7		0.818		
	EE8		0.811		
BE	BE1				0.836
	BE2				0.816
	BE3				0.825

注:CE 代表居民参与治理认知;AE 代表居民参与治理态度;BIE 代表居民参与治理意愿;BE 代表居民参与治理行为。

3.4.2.3 居民参与治理模式总体特征

在对老旧小区海绵化改造的居民参与治理模式量表题项进行信度和效度分析之后,确定居民参与治理模式可以分为居民参与治理认知(CE)、居民参与治理态度(AE)、居民参与治理行为意愿(BIE)和居民参与治理行为(BE)这 4 个变量。由表 3-20 可知,CE、AE、BIE 和 BE 的均值分别为 3.780 3、3.458 2、3.557 8 和 3.790 0,均略高于平均水平,说明在 5 个城市中居民参与治理模式 4 个变量整体得分较高。

表 3-20 居民参与治理模式总体特征描述性统计

变量	N	最小值	最大值	均值	标准偏差
CE	1 657	1.00	5.00	3.780 3	0.800 94
AE	1 657	1.00	5.00	3.458 2	0.975 64
BIE	1 657	1.00	5.00	3.557 8	0.961 29
BE	1 657	1.00	5.00	3.790 0	1.015 39

3.4.3 居民参与治理模式数据分析

首先,本节将 1 657 份问卷进行编码,编码从 1～1 657,各问卷问题与变量对应起来,得到每份问卷中 CE、AE、BIE 和 BE 四个变量的均值。基于聚类分析的居民参与治理模式分类计算模型,首先利用 SPSS 25.0 选择"Ward's method"和"Squared euclidean distance"方法对变量进行层次聚类分析,可以得到不同聚类解的团聚系数,见表 3-21。由表可知,当居民参与治理模式聚为 1 类时,团聚系数为 5 876.251,当居民参与治理模式聚为 2 类时,团聚系数为 3 904.500,系数变化为 1 971.751,变化百分比为 33.55%,变化较为明显,表明聚类数目的增加效果较好;当居民参与治理模式聚为 3 类、4 类、5 类、6 类和 7 类时,团聚系数变化百分比分别为 22.87%、13.88%、12.41%、13.21% 和 11.73%(>10.00%),而当聚类数目变为 8 类时,团聚系数变化百分比仅为 9.24%,表明在 7 个集群之后,附加集群的优势开始趋于稳定。此外,通过将团聚系数可视化(图 3-22)也可以看出,当聚类数目在 7 类之后,团聚系数的变化逐渐平缓,因此确定合适的聚类数目为 7 类。

表 3-21　不同聚类解的团聚系数

阶段	类别数量	团聚系数	系数变化	系数变化百分比/%
1 656	1	5 876.251	—	—
1 655	2	3 904.500	1 971.751	33.55
1 654	3	3 011.491	893.009	22.87
1 653	4	2 593.580	417.911	13.88
1 652	5	2 271.772	321.808	12.41
1 651	6	1 971.696	300.076	13.21
1 650	7	1 740.322	231.374	11.73
1 649	8	1 579.445	160.877	9.24
1 648	9	1 478.014	101.430	6.42
1 647	10	1 383.492	94.522	6.40
1 646	11	1 316.477	67.015	4.84
1 645	12	1 256.051	60.426	4.59
1 644	13	1 197.109	58.942	4.69
1 643	14	1 138.396	58.713	4.90
1 642	15	1 088.519	49.878	4.38
1 641	16	1 044.828	43.691	4.01
1 640	17	1 005.523	39.305	3.76
1 639	18	976.956	28.568	2.84
1 638	19	949.103	27.853	2.85
1 637	20	922.020	27.083	2.85

其次,利用 K 均值聚类方法对居民参与治理模式进行聚类分析,选择聚类数为 7。在经过 10 次迭代之后,各类中心的变化趋向于 0,此时迭代终止,可以得到最终聚类中心,见

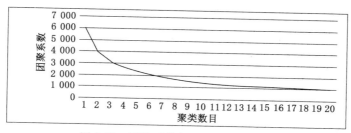

图 3-18 团聚系数与聚类数目的关系

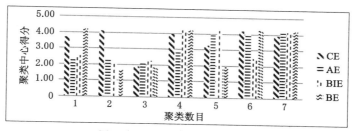

图 3-19 不同聚类中心得分图

表 3-18。由表可知,各类居民参与治理模式中的参与治理认知、态度、行为意向和行为聚类中心得分都有所区别。为了使各类居民参与治理模式特点更加可视化,以类别为横坐标,聚类中心得分为纵坐标作图,见图 3-19。由图可知,类别 1 在 CE 和 BE 上的得分高于平均得分,然而 AE 和 BIE 得分均低于平均得分;类别 2 中除了 CE 得分高平均得分,其余变量的得分均低于平均水平;类别 3 各变量得分均低于平均水平;类别 4、类别 5 和类别 6 除了某一变量之外的其他变量得分均高于平均得分;类别 7 中各变量得分均高于平均水平。

表 3-22 最终聚类中心

变量	1	2	3	4	5	6	7
CE	3.69	4.12	1.90	3.97	3.25	4.19	3.90
AE	2.25	2.27	2.08	2.83	3.95	4.08	4.21
BIE	2.53	2.03	2.25	4.19	4.19	2.48	4.16
BE	4.19	1.63	1.87	4.18	1.92	4.29	4.19

再次,由表 3-23 可知,各变量显著性均为 CE、AE、BIE 和 BE 对聚类具有显著的贡献,且根据 F 值大小可初步判断变量重要程度排序为:BIE>BE>AE>CE。

表 3-23 聚类分析 ANOVA

变量	聚类		误差		F	显著性
	均方根	自由度	均方根	自由度		
CE	75.048	6	0.371	1 650	202.325	0.000
AE	203.467	6	0.215	1 650	944.390	0.000
BIE	203.957	6	0.186	1 650	1 097.842	0.000
BE	224.976	6	0.217	1 650	1 038.348	0.000

最后,利用 SPSS 25.0 中的"描述-交叉表"功能,以地区为行,个案聚类编号为列对 5 个城市中居民参与治理模式类别数量进行分析,见表 3-24。由表可知,在此次调研数据中,上海市居民参与治理模式类别 1 到类别 7 的数量分别为 40、20、6、69、13、47 和 196 个,宁波市类别 1 到类别 7 的数量分别为 39、14、7、49、19、34 和 147,依此类推。通过对各城市个案聚类数量表的分析,可以发现各城市中不同聚类类别的数量略有区别。

表 3-24　各城市中居民参与治理模式类别数量

地区	1	2	3	4	5	6	7	总计
上海	40	20	6	69	13	47	196	391
宁波	39	14	7	49	19	34	147	309
嘉兴	38	22	9	68	13	28	128	306
镇江	39	26	20	54	21	37	115	312
池州	29	20	61	68	10	29	122	339
总计	185	102	103	308	76	175	708	1 657

3.4.4　居民参与治理模式类型

为了将实践分析结果与理论进行结合,本小节在量化分析的基础上,进一步对 7 类居民参与治理模式进行讨论。

由国内外研究现状分析可知,居民参与内容的多样性和复杂性决定了居民参与模式的划分体系众多,而其中最经典的参与模式划分理论就是 Arnstein[17] 提出的"公民参与梯度理论"。Arnstein 将公民参与程度分为 8 个等级,包括操纵、治疗、告知、咨询、安抚、合作伙伴、授权权力和公民控制,见图 3-20。国内外学者基于公民参与梯度理论,对公民参与模式进行了不同的划分,例如 Dean 等[22] 依据知识、环境归属感、对可替代水资源态度、节水设施使用、节水行为和减少污染行为等对公民参与水敏感城市建设模式进行聚类,分为不参与、有意识但不参与、积极但不参与、参与但谨慎和高度参与者 5 类人群;汪锦军[17] 按照公共服务的决策和提供两个阶段出发将公民参与模式分为决策型参与(公民制定或影响决策规则)、有限吸纳型参与(选择性听取公民意见)、告知型参与(通过听证会等形式向公民告知)、校正型参与(通过公民参与修正原有的服务供给)、改善型参与(通过公民参与改善服务质量)和合

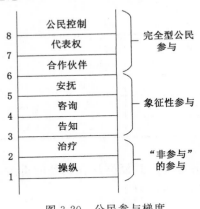

图 3-20　公民参与梯度
理论中的 8 个阶梯[17]

作型参与(让公民参与服务提供)等 6 种;徐林等[213] 从微观层面居民的"参与能力"和"参与意愿"出发,将社区参与分为 4 种类型:积极主导型、消极应对型、自我发展型与权益诉求型。因此,基于公民参与梯度理论及相关划分文献,最终确定 7 类老旧小区海绵化改造的居民参与治理模式。各类居民参与治理模式具体命名及含义如下:

(1)类别 1:控制型参与治理模式

由表 3-22 可知,第一类居民参与治理认知(CE＝3.69)和参与治理行为(BE＝4.19)均

高于平均水平,而其参与治理态度(AE＝2.25)和参与治理行为意愿(BIE＝2.53)低于平均水平,即居民参与治理认知和行为水平较高,而其参与治理情感得分较低(表 3-25),说明该类居民对老旧小区海绵化改造常用技术、改造意义和参与渠道等认识非常充分,且采取一定的行为参与老旧小区海绵化改造的全过程。但是,他们对海绵化改造支持度较低且情感上不愿意参与老旧小区海绵化改造,因而可以命名为控制型参与治理模式。由表 3-24 可知,上海、宁波、嘉兴、镇江和池州这 5 个城市受访者中控制型参与治理模式人群分别占各城市受访者总数的 10.23％、12.62％、12.42％、12.50％和 8.55％,池州市该类人群占比相对较少。

表 3-25　控制型参与治理模式各题项得分

题项	CE1	CE2	CE3	CE4	CE5	CE6	CE7	CE8	BE1	BE2	BE3
平均分	3.72	3.59	3.57	3.79	3.62	3.84	3.68	3.72	4.23	4.09	4.26
题项	EE1	EE2	EE3	EE4	EE5	EE6	EE7	EE8			
平均分	2.17	2.29	2.31	2.24	2.51	2.70	2.58	2.35			

（2）类别 2:告知型参与治理模式

同样地,由表 3-22 可知,第二类居民参与治理认知(CE＝4.12)高于平均水平,而其参与治理态度(AE＝2.27)、参与治理行为意愿(BIE＝2.03)和参与治理行为(BE＝1.63)低于平均水平,即居民参与治理认知水平较高,而其参与治理情感得分较低,参与治理行为尤其低(表 3-26),说明该类居民对老旧小区海绵化改造常用技术、改造意义和参与渠道等认识非常充分。但是,其对老旧小区改造海绵化改造持悲观态度,参与改造的意愿较低,使得参与治理行为更少,因此可以命名为告知型参与治理模式。由表 3-24 可知,上海、宁波、嘉兴、镇江和池州这 5 个城市受访者中告知型参与治理模式人群分别占各城市受访者总数的 5.12％、4.53％、7.19％、8.33％和 5.90％,上海市、宁波市和池州市该类人群占比相对较少,而镇江市该类人群占比较高。

表 3-26　告知型参与治理模式各题项得分

题项	CE1	CE2	CE3	CE4	CE5	CE6	CE7	CE8	BE1	BE2	BE3
平均分	4.14	4.14	3.91	4.24	3.95	4.42	4.10	4.03	1.60	1.47	1.83
题项	EE1	EE2	EE3	EE4	EE5	EE6	EE7	EE8			
平均分	2.39	2.21	2.16	2.32	2.10	1.86	2.02	2.15			

（3）类别 3:非参与型参与治理模式

由表 3-22 可知,第三类居民参与治理认知(CE＝1.90)和参与治理行为(BE＝1.87)得分均值非常低,其参与治理态度(AE＝2.08)和参与治理行为意愿(BIE＝2.25)也低于平均水平,即居民参与治理认知、情感和行为水平都较低(表 3-27),说明该类居民对老旧小区海绵化改造了解较为片面(如不了解雨水花园、下沉式绿地、植草沟等功能),并且他们对海绵化改造支持度较低且情感上不愿意参与老旧小区海绵化改造,更不愿意采取行动参与海绵化改造全过程,处于事不关己观望的状态,因而可以命名为非参与型参与治理模式。由

表3-24可知,上海、宁波、嘉兴、镇江和池州这5个城市受访者中非参与型参与治理模式人群分别占各城市受访者总数的1.53%、2.27%、2.94%、6.41%和17.99%,上海市、宁波市和嘉兴市该类人群占比相对较少,而池州市该类人群占比较高。

表3-27　非参与型参与治理模式各题项得分

题项	CE1	CE2	CE3	CE4	CE5	CE6	CE7	CE8	BE1	BE2	BE3
平均分	1.67	2.06	2.19	2.05	1.74	1.84	1.83	1.81	1.88	1.73	1.99
题项	EE1	EE2	EE3	EE4	EE5	EE6	EE7	EE8			
平均分	1.92	2.19	2.07	2.14	2.12	2.38	2.22	2.27			

(4) 类别4:态度消极型参与治理模式

由表3-22可知,第四类居民参与治理认知(CE=3.97)、参与治理行为意愿(BIE=4.19)和参与治理行为(BE=4.18)均高于平均水平,而其参与治理态度(AE=2.83)低于平均水平,即居民参与治理认知、行为意愿和行为水平较高,而其参与治理态度得分较低(表3-28),说明该类居民对老旧小区海绵化改造常用技术、改造意义和参与渠道等认识非常充分,愿意参与且采取一定的行为参与老旧小区海绵化改造的全过程。但是,海绵化改造存在部分遗留问题和投诉"有门无效"使得其对海绵化改造持悲观态度,因而可以命名为态度消极型参与治理模式。由表3-24可知,上海、宁波、嘉兴、镇江和池州这5个城市受访者中态度消极型参与治理模式人群分别占各城市受访者总数的17.65%、15.86%、22.22%、17.31%和20.06%,宁波市和镇江市该类人群占比相对较少,嘉兴市该类人群占比相对较高。

表3-28　态度消极型参与治理模式各题项得分

题项	CE1	CE2	CE3	CE4	CE5	CE6	CE7	CE8	BE1	BE2	BE3
平均分	4.00	3.79	3.77	4.13	3.96	3.99	4.01	4.14	4.21	4.06	4.26
题项	EE1	EE2	EE3	EE4	EE5	EE6	EE7	EE8			
平均分	2.70	2.89	2.87	2.85	4.06	4.15	4.27	4.28			

(5) 类别5:配合型参与治理模式

由表3-22可知,第5类居民参与治理认知(CE=3.35)、参与治理态度(AE=3.95)和参与治理行为意愿(BIE=4.19)均高于平均水平,而其参与治理行为(BE=1.92)远低于平均水平,即居民参与治理认知、态度和行为意愿水平较高,但其参与治理行为得分较低(表3-29),说明该类居民对老旧小区海绵化改造常用技术、改造意义和参与渠道等认识充分,对老旧小区海绵化改造持积极态度,愿意参与老旧小区海绵化改造的全过程。但是,外在环境因素可导致其最终没有实施参与治理行为,因此可以命名为配合型参与治理模式。由表3-24可知,上海、宁波、嘉兴、镇江和池州这5个城市受访者中配合型参与治理模式人群分别占各城市受访者总数的3.32%、6.15%、4.25%、6.73%和2.95%,采取该类参与治理模式的受访者占总体受访者比例较小,说明有较高参与治理认知和情感而不采取参与治理行为的人仅为少数人群。

表 3-29　配合型参与治理模式各题项得分

题项	CE1	CE2	CE3	CE4	CE5	CE6	CE7	CE8	BE1	BE2	BE3
平均分	3.18	3.41	3.22	3.36	3.03	3.49	2.97	3.32	2.01	1.91	1.84
题项	EE1	EE2	EE3	EE4	EE5	EE6	EE7	EE8			
平均分	3.91	3.82	3.92	4.14	3.99	4.17	4.29	4.32			

（6）类别 6：意愿微弱型参与治理模式

由表 3-22 可知，第六类居民参与治理认知（CE=4.19）、参与治理态度（AE=4.08）和参与治理行为（BE=4.29）均高于平均水平，而其参与治理行为意愿（BIE=2.48）低于平均水平，即居民参与治理认知、态度和行为水平较高，而其参与治理行为意愿得分较低（表 3-30），说明该类居民了解老旧小区海绵化改造常用技术、改造意义和参与渠道等信息。另外，这类居民因老旧小区海绵化改造可以解决困扰他们的内涝问题而持积极态度，且采取一定的行为参与老旧小区海绵化改造的全过程，但是可能由于外在强制性政策措施使得其参与意愿反而没有那么强烈，因而可以命名为意愿微弱型参与治理模式。由表 3-24 可知，上海、宁波、嘉兴、镇江和池州这 5 个城市受访者中意愿微弱型参与治理模式人群分别占各城市受访者总数的 12.02%、11.00%、9.15%、11.86% 和 8.55%，上海市该类人群占比相对较高，池州市该类人群占比相对较低。

表 3-30　意愿微弱型参与治理模式各题项得分

题项	CE1	CE2	CE3	CE4	CE5	CE6	CE7	CE8	BE1	BE2	BE3
平均分	4.35	4.11	3.86	4.29	4.10	4.11	4.34	4.32	4.41	4.18	4.27
题项	EE1	EE2	EE3	EE4	EE5	EE6	EE7	EE8			
平均分	3.65	4.31	3.92	4.44	2.42	2.40	2.55	2.54			

（7）类别 7：完全型参与治理模式

由表 3-22 可知，第七类居民参与治理认知（CE=3.90）、参与治理态度（AE=4.21）、参与治理行为意愿（BIE=4.16）和参与治理行为（BE=4.19）均高于平均水平，即居民参与治理认知、情感和行为水平较高（表 3-31），说明该类居民不仅了解老旧小区海绵化改造常用技术、改造意义和参与渠道等知识。另外，对老旧小区海绵化改造持积极态度，愿意参与且采取一定的行为参与老旧小区海绵化改造的全过程，因而可以命名为完全型参与治理模式。由表 3-24 可知，上海、宁波、嘉兴、镇江和池州这 5 个城市受访者中完全型参与治理模式人群分别占各城市受访者总数的 50.13%、47.57%、41.83%、36.86% 和 35.99%，上海市受访者中超过半数的人完全参与治理老旧小区海绵化改造，而池州市仅有 35.99% 的人属于完全参与，占比相对较低。

表 3-31　完全型参与治理模式各题项得分

题项	CE1	CE2	CE3	CE4	CE5	CE6	CE7	CE8	BE1	BE2	BE3
平均分	3.98	3.68	3.74	4.02	3.82	3.94	3.96	4.07	4.21	4.04	4.31
题项	EE1	EE2	EE3	EE4	EE5	EE6	EE7	EE8			
平均分	3.95	4.28	4.29	4.34	4.11	4.10	4.21	4.22			

3.5 本章小结

本章首先基于扎根理论识别了老旧小区海绵化改造过程中居民常采取8类主要参与治理行为,包括获取信息、协同规划、自我决策、投诉、提出建议、提供帮助、鼓励他人和阻碍行为。其次,利用PROMETHEE Ⅱ方法对这8类行为进行排序,发现自我决策和协同规划的参与程度较高,而获取信息和阻碍的参与程度较低。再次,通过文献综述构建居民参与治理模式概念框架,明确居民参与治理模式涵盖居民参与治理认知、情感和行为3个维度,在梳理居民参与认知、情感和行为测量指标的基础上进行问卷设计,结合专家访谈意见对问卷进行修正,建立基于聚类分析的居民参与治理模式分类计算模型。最后,选取长三角地区中上海市、宁波市、嘉兴市、镇江市和池州市的典型老旧小区进行问卷发放,并按照建立的计算模型对收集到的问卷数据进行分析,得到控制型参与治理模式、告知型参与治理模式、非参与型参与治理模式、态度消极型参与治理模式、配合型参与治理模式、意愿微弱型参与治理模式和完全型参与治理模式7类居民参与治理模式,从而明确了现阶段居民参与治理现状,为后续居民参与治理模式内在逻辑分析提供数据基础。

第 4 章

老旧小区海绵化改造的居民参与治理水平定量评价

目前,居民参与治理水平的评价体制极其不完善,鲜有学者对老旧小区海绵化改造的居民参与治理水平进行定量评价。为了量化海绵城市建设试点的实施状况,判断老旧小区海绵化改造的居民参与治理绩效,协助地方政府及时调整和完善海绵城市建设试点的规划,进而以试点示范带动全国海绵城市建设,本章通过厘清老旧小区海绵化改造的居民参与治理水平评价模型构建思路,提出了老旧小区海绵化改造的居民参与治理水平评价指标体系,结合 ANP 和 PROMETHEE Ⅱ 构建了老旧小区海绵化改造的居民参与治理水平评价模型,并对长三角地区 5 个试点海绵城市进行了实证分析。

4.1 老旧小区海绵化改造的居民参与治理水平评价内涵

4.1.1 老旧小区海绵化改造评价

国外对海绵城市建设评价的相关研究起步较早,不同海绵城市建设模式的评估指标体系又有所区别。例如,美国最先提出的最佳管理措施(BMPs)致力于解决城市非点源污染的问题,以年径流总量作为水文控制指标,在 BMPs 的基础上,低影响开发(LID)理念被提出,对 LID 的评价指标包括入渗指标、面源污染控制指标、河道侵蚀指标、小量级洪水控制指标、极端洪水控制指标和预警预报指标等[214-215]。此外,绿色基础设施(GI)模式将城市雨水管理与城市水文、生态、土地利用等结合起来,评价体系由生态系统、生态服务功能和效益与绩效评价 3 部分构成。其中效益与绩效评价部分,一方面对使用者行为和感知进行评价,另一方面对物质环境效益进行评价[216]。英国提出的可持续城市排水系统(SUDS)侧重于项目层面的决策指标,包含了水质改善、雨水总量控制、雨水资源利用等与水相关的微观维度指标以及公众参与、教育、公共卫生、城市舒适度等宏观维度指标,具体有技术效果、环境效应、社会和社区效益、经济成本 4 个维度,共 18 项指标[217];澳大利亚提出的水敏感城市设计(WSUD)不仅包括与水相关的微观维度的指标,还包含了社会参与、法律和管理效率等宏观内容,指标体系包括渗透性能、环境质量、水资源量、洪水管理、管理效率、利益相关者参与度、立法和水治理 7 个维度,共 29 项指标[218]。

相较于国外,我国在海绵城市理论研究和实践方面起步都比较晚。国内学者通常认为,海绵城市是生态城市、城市可持续发展、绿色基础设施和低影响开发等内容的延续,相关研究集中在海绵城市内涵界定[219]、国内外案例借鉴[220]、建设路径探索[221]、建设问题分析[222]等方面,而对海绵城市建设现状评估的研究较少,仅有部分学者从技术的角度对海绵城市的建设效果进行了探讨[223-224]。例如,顾韬辉等[225]利用物元可拓-层次分析的数学模型对已建居住社区海绵城市建设效果进行分析,为海绵城市的比选提供依据。

由国内外相关研究成果可知,随着各种雨水管理模式的陆续提出,国外海绵城市建设评估指标内涵也不断丰富,从最初的水文控制扩展到包含城市水文、生态、法律、社会参与等多方面的内容,逐步形成了较为完整的指标体系,为城市雨水管理提供了有效指导。我国虽然也取得了一定的成果,但鲜见考虑海绵城市建设社会效益且针对老旧小区海绵化改造的居民参与治理水平评价指标体系研究报道,使得"重建设、轻管理"的弊端凸显。

(1)海绵城市建设中居民参与相关理论研究基础薄弱

海绵城市的概念出现不过几年时间,对海绵城市建设中的居民参与等问题未达成一致,大大增加了相关研究中的不确定性与模糊性,使得提高评估过程的客观性与科学性成为当前研究亟待解决的问题。

(2)海绵城市建设试点评估体系不全面

学术界对指标的研究主要集中在年径流总量控制率、生态岸线恢复、地下水位、城市热岛效应等技术指标的分解上,对海绵城市建设试点的社会效益考虑较少,尤其对公众在海绵城市建设中的参与度考查较少,尚未对完整的评估指标体系进行研究,且部分指标难以量化。

(3)老旧小区海绵化改造试点实施成效不明

在建设海绵城市的过程中,为更好地保障工作实效,需要及时评估建设进度和效果,总结经验教训再反馈至建设过程。尽管住房和城乡建设部发布了《海绵城市建设绩效评价与考核办法(试行)》,并对两批(30个)试点海绵城市建设效果进行评价,但是大多从整个城市的视角出发,缺乏对老旧小区海绵化改造试点中居民参与治理水平的考量;同时,由于海绵城市的建设周期比较长,面临评价指标难采集等一系列问题,未能及时掌握建设试点的实施成效。

4.1.2 老旧小区海绵化改造的居民参与治理水平评价作用

(1)有助于建立和完善老旧小区海绵化改造的居民参与治理水平评价体系

本书关注老旧小区海绵化改造的居民参与治理模式,科学建立老旧小区海绵化改造的居民参与治理水平评估指标体系,并通过对专家访谈对居民参与治理程度高低进行定量评价,为科学评价海绵城市发展中居民参与治理的状态指明了方向。

(2)有助于掌握海绵城市建设试点的实施状况

本书选取长三角地区典型海绵化改造的老旧小区作为案例,通过对其的摸底评估,可以有效掌握目前长三角地区海绵城市的建设进度,合理判断长三角地区海绵城市建设试点的管理水平,且通过建设经验的总结,为后续海绵城市建设全面推进提供借鉴。

(3)有助于完善海绵城市建设试点的规划

对海绵城市建设试点定期开展评估,可以及时掌握规划的实施情况、发现影响规划实施等问题,并及时进行改进,也为其他城市提供规划经验借鉴,保证海绵城市建设在科学规划的指引下有序建设。

（4）有助于以试点示范带动全国海绵城市建设

长三角地区试点海绵城市建设具有先导性和前瞻性，科学的评估体系不仅可以使长三角地区试点示范率先实现海绵城市建设目标，还能为全国其他海绵城市建立长效的海绵城市评估体系提供参考。

4.1.3　老旧小区海绵化改造的居民参与治理水平评价内容

参与治理水平是对参与情况的一种描述，在相关文献中被称为参与程度或参与度，不同研究领域中对参与程度的内容研究有较大差异。目前，对参与水平的评估主要集中在宏观的社会治理研究领域和中微观的社区治理研究领域，这两个研究领域分别从不同尺度对居民参与治理水平进行评估。

（1）宏观的社会治理研究领域

糜晶[226]从平等性、参与性和责任性 3 个方面对乡村治理水平进行测量，其中参与性的测量主要是通过询问是否在决策前进行了充分的民主讨论；此外，彭莹莹[227]从社会治理的主体、社会治理的方式、社会治理的平台、社会治理的对象和社会治理的绩效等 5 个方面对社会治理现状进行衡量；南锐等[102]认为，社会治理是过程和内容的统一，包括维系秩序、保障权利和改善民生这 3 大目标，对社会治理水平的评价即是对 3 大目标实现程度的测量，并从目标出发确定了社会保障治理、社会安全治理、公共服务治理和社会参与治理等 4 个维度评价指标对省域社会治理水平进行评价；过勇等[228]提出治理核心内涵为多主体对公共事务的共同参与，在此基础上从参与、公正、有效、管制、法治、透明和廉洁 7 个方面构建治理评价框架。

（2）微观的社区治理研究领域

林建平等[229]对公众在土地整治项目上参与的广度（参与的阶段数目）和深度（参与的内容）进行评价，并分析其对公众满意度的影响；庞英等[230]认为，消费者在环境上的参与度是其对环境的关心程度和在保护环境上所做出的努力；殷惠惠等[231]通过对公众参与环保行为打分来衡量公众环保参与程度；李元书等[232]从政策参与渠道、参与的广度和深度、参与的效度 3 个方面来评价公民在政策参与水平上的高低。

以上研究表明，对社会治理水平的评价内容包括对社区治理中居民参与水平的评价，其中参与程度评价的内容因参与主体、参与客体和参与过程的不同而有所区别。老旧小区海绵化改造的居民参与治理属于社区治理范畴，即在老旧小区这一范围内，依托多元化的治理主体和多样的治理方式对老旧小区海绵化改造进行有效的管理。在这一过程中，参与治理主体即为经历海绵化改造的老旧小区居民，参与治理客体为老旧小区海绵化改造的决策、实施和运维等阶段，参与治理过程即是指居民个体根据自身的参与治理认知、情感和行为参与在整个治理过程的表现。值得注意的是，由于本书从居民视角研究其参与治理水平的高低，因此参与治理主体仅包括老旧小区中的居民，而不包括参与过程中涉及的机构。此外，参与治理过程的重要表征指标，即第 3 章识别的居民参与治理模式，这些模式对参与治理的期望目标产生直接影响，而居民参与治理所带来的间接影响（对所在社区参与环境的无形改善）不考虑在内。

综上所述，老旧小区海绵化改造的居民参与治理水平评价是从政府管理角度出发，从而对居民参与治理所带来的后果测量，首先结合专家经验对老旧小区海绵化改造中居民个体参与治理模式进行度量,然后考虑不同城市中居民参与治理模式各类人群的比例,最后综合计算出各城市整体老旧小区海绵化改造的居民参与治理水平,并对其进行排序。

4.1.4 老旧小区海绵化改造的居民参与治理水平评价过程

老旧小区海绵化改造的居民参与治理过程是老旧小区海绵化改造的全过程内居民进行的一系列参与交易,由社会组织和政府机构相互干预,旨在让居民参与改造的决策、实施和运维阶段。这里,对老旧小区海绵化改造的居民参与治理水平评价被理解为一个系统的过程,用于获取信息以便对某些既定的评价标准做出价值判断。因此,评价并不局限于判断居民参与治理过程是否进行得好或不好,而是通过使用预先制定的战略来分析遵守这些预先确定准则的程度,这意味着评估需要制订计划来指出将要检查的内容、检查的地点和方式。制订评估计划是老旧小区海绵化改造的首要任务,这涉及评估的目标、评估所使用的指标以及数据的获取,最后还要考虑评估者是谁以及他们在这一过程中的作用。

4.1.4.1 评价的目的和方法

在评价目的的确定上,不论正在接受评价的参与进程可能希望达到什么目标,至少可以确定评价本身可能追求的 5 个目标。

(1)遵守规范

由于外部或官方的要求而进行评估,它的目标之一可能是遵守预先制定的规则,这些规则将它定义为流程的最后一个必要步骤。显然,当这是唯一的目的时,评价的作用就非常有限了。

(2)合法性

评价也可以用来证明一种参与性做法的正当性,尽管这种评价完全由执行进程的人控制,但是在提出支持一项政治行动的论点和使进程本身具有透明度方面仍然是有用的。

(3)效率

从技术上讲,评价的目的可能是不断改进参与进程,以发展最有效的机制和方法。

(4)责任

评价的另一个目标可能是地方机构在某些公共行动或政策方面的共同责任,重点是与地方政府共同管理和共同工作。

(5)公民建设

评价可以用来发展公民作为个体和群体的反思和参与能力,并且成为旨在教育、培训和使公民参与公共事务的更广泛战略的一部分。

除评价的目的外,公共政策领域的文献及其分析还总结了评价的方法,见表 4-1。由表可知,由于关注被评估对象的方面不同,所以涉及的评估概念也不同,如用于度量的评估,通常衡量的是有形的成果,评估目的是验证目标的符合性,使用实证主义方法结合专家经验进行。对于老旧小区海绵化改造的居民参与治理评估而言,其适用于度量类的评估,通过专家经验对居民参与治理模式水平的高低进行分析,需要注意以下 3 个方面:第一,为了公平对待被评估对象,使用的评估策略应该允许所有主体参与,在本书中包括相关专家和实际参与的居民,参与性评价意味着在参与过程中学习和承担共同责任的机会;第二,如果将评价看作一种管理策略,那么实施持续评价的动力必须允许参与过程随其发展而改进,即对老旧小区海绵化改造的居民参与治理水平高低的评估应当反馈并应用于促进居民参与治理;第三,评价可以在老旧小区海绵化改造的过程中开展,通过一系列渠道收集数据和信息进行评估。

因此,必须事先知道要收集什么信息、应该如何收集以及响应的标准。

表 4-1　常见的评估作用、含义与目的[233]

评估的作用	用于度量的评估	用于管理的评估	用于判断的评估	用于合作的评估
评估的含义	衡量有形的成果	分析标准、结果和原因之间的对应关系	确定过程/结果的质量	对成功的共同定义:成功是什么,成功由什么组成
评估目的	目标的符合性	改进过程和结果	与理想状态的熟悉程度	集体反思、协商一致
方法	实证主义方法	实证主义方法	监管方法	建构主义方法
评估者的角色	专家	技术人员	评判者	调节者

此外,负责评估的人可以是参与老旧小区海绵化改造全过程的技术人员(内部评价),也可以是没有参与但具有相关管理经验的专业人员(外部评价)。但是,不论评价是外部的还是内部的,必须明确参与评估过程的不同机构所应发挥的作用。

4.1.4.2　评估步骤

对老旧小区海绵化改造的居民参与治理水平评估通常包括 5 个步骤,见图 4-1。

第一步,在开始评估程序之前,首先要做的是准备工作,在这一初步阶段,必须定义一般评估框架,并答复"为什么要评价""究竟想要评估什么?""谁来评估"等问题,而前文已经对这些问题进行了答复。

第二步,则是确定评估指标及问题,这是评估中最重要的任务,因为所确定的标准将构成我们评估的基础,标准的选择必须符合参与进程本身的目标和评价小组所定的目标,通过文献综述的形式梳理老旧小区海绵化改造的居民

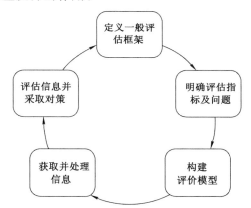

图 4-1　老旧小区海绵化改造的居民
参与治理水平评估步骤

参与治理水平评价指标,并结合专家经验进行优化以确定最终评价指标体系。

第三步,构建老旧小区海绵化改造的居民参与治理水平评价模型,在这个阶段对比评价体系常用方法来确定最终的评价模型。

第四步,获取指标相关信息并进行信息的处理,将数据处理为评价模型要求的形式。

第五步,对老旧小区海绵化改造的居民参与治理模式的参与度进行排序,利用排序结果,结合各城市中居民参与治理模式的数量,综合确定各城市居民参与治理水平的得分,并提出提升的对策,此次评估经验可用于下一次评估框架的确定。

4.2 老旧小区海绵化改造的居民参与治理水平评价指标体系构建

4.2.1 居民参与治理水平评价指标的选取

老旧小区海绵化改造的居民参与治理水平评价指标体系的构建是对其进行定量评价的核心构成要素,直接影响后续评估活动的展开。根据4.1节对老旧小区海绵化改造的居民参与治理水平评价内容的梳理可知,社会治理研究领域和社区治理研究领域均包含参与水平评价的相关指标,需要进一步对这两个研究领域中的指标进行分析。

4.2.1.1 社会治理研究领域参与水平评价指标相关文献

据统计,大概有140种治理评估指标体系被应用到各国社会治理水平的评价中[234]。目前,国际上应用较为广泛的是世界银行组织专家构建的世界治理指标(the worldwide governance indicators,WGI),共包括6个二级指标和32个三级指标,其中"话语权和问责"二级指标主要用于测量公民参与政府事务的程度[235]。此外,联合国大学组织构建了world governance survey指标体系(WGS指标体系),该指标体系包括6个一级指标,每个一级指标又下设5个二级指标,其中在公民参与政治活动的程度一级指标下,设置了言论自由度、集会和结社自由度、政治生活中歧视的程度、重大决策听证制度和法治意识[235]。联合国人居署在1999年着手开发城市治理指标体系,用于测量各国城市治理水平,并确定了"有效""平等""参与""责任"和"安全"等5个核心原则和26个指标,在"参与"维度下重点评估城市居民参与城市管理各项事务的程度[227]。国内学者俞可平等[236]在借鉴国外治理评估的基础上,提出适应国情的中国治理评价指标体系,该指标体系由"中国社会治理指数"1个一级指标和6个二级指标组成。二级指标又下设35三级指标,其中在公民参与二级指标下,重点分析重大决策的公众听证和协商、社会组织或民间组织的状况、社会组织对国家政治生活的影响、社会组织的制度环境和公民利用网络和手机参与公共生活的情况等。此外,包国宪等[237]学者基于国内外研究框架提出相应的治理水平评估体系,见表4-2。

表 4-2　不同治理评估体系中参与水平评价指标相关文献

序号	评估指标体系	主要发现	文献来源
国外治理评估体系			
1	世界银行组织构建的WGI体系	在不同数据来源下,二级指标"话语权和问责"所测量的内容有所区别,但基本上包括对公民参与政府事务程度的测量	文献[139,235]
2	联合国大学组织构建的WGS指标体系	在公民参与政治活动的程度一级指标下,设置了言论自由度、集会和结社自由度、政治生活中歧视的程度、重大决策听证制度和法治意识	文献[235]
3	联合国人居署组织构建的城市治理指标体系	在"参与"这一评估原则下,重点评估城市居民参与城市管理各项事务的程度	文献[227,234]

表 4-2(续)

序号	评估指标体系	主要发现	文献来源
		国内治理评估体系	
4	俞可平团队构建的中国社会治理评价指标体系	在公民参与二级指标下,重点分析重大决策的公众听证和协商、社会组织或民间组织的状况、社会组织对国家政治生活的影响、社会组织的制度环境和公民利用网络和手机参与公共生活的情况等	文献[236]
5	包国宪提出的"中国公共治理绩效评价指标体系"	围绕善治的目标,包括了法治、参与、透明度、责任、效能、公平、可持续性7个维度评价指标,其中参与维度包括了公民参与国家立法、公共政策制定渠道的数量与质量、地方自治的范围和层次、民间组织对公共事务的参与程度和影响程度、公民和民间组织对公共部门政策的自觉执行程度4个要素	文献[237,238]
6	何增科团队构建的公共治理评价框架	该框架包括了10个二级指标,各二级指标下设10个三级指标,其中在参与性维度包括了全社会公民意识的成熟程度(问卷)、公民政治参与意愿强度(问卷)、社区居民委员会选举的实际参选率(民政部门数据)等	文献[239]
7	唐天伟等提出的地方政府治理现代化评价指标体系	该评价指标体系包括地方政府治理体系和治理能力现代化两个一级指标,下设7个二级指标,在社会治理的现代化这一二级指标中包括了对社会参与的测量(万人社会组织数、媒体监督的有效性、中介组织的发育程度、政府购买社会组织服务占公共服务总支出比、万人志愿者数、居民的满意程度)	文献[240]
8	彭莹莹设计的社会治理评估指标体系	该体系包括5个一级指标和16个二级指标,在"治理主体"下设"公众参与"三级指标,重点考察公众参与选举、公共决策和公益的情况	文献[227]
9	南锐等提出的省域社会治理水平评价指标体系	该体系包括4个一级指标,其中在"社会参与治理指数"一级指标下设置了6个二级指标考察社会组织(人均社会组织增加值、万人社会组织数、万人社会组织职工数)和自治组织参与的情况(人均自治组织增加值、万人自治组织数、万人自治组织治理人员数)	文献[102]

通过对国内外社会治理评估体系的梳理发现,国内外社会治理评估体系均重视公民参与。例如,在 WGS 指标体系中,主要强调了公民言论、集会和结社的自由,同时以俞可平等[236]学者所提出的治理评价框架中也包含了这些精神。然而,已有的国内外治理评估体系设置的指标范围过于宽泛,均忽略了对具体社区治理能力的评估。

4.2.1.2　社区治理研究领域参与水平评价指标相关文献

在社区发展理论和实践的推动下,参与的概念在社区建设和发展相关的事务中得到应用,特别是进入 21 世纪以来,社区建设中的居民参与逐渐成为一个重要的研究领域。由前文相关研究可知,在社区治理研究领域中对参与水平的评价主要应用在公众参与土地整治项目、消费者参与环境改善、居民参与社区治理、公众参与政策制定等方面,相关评价可以分为基于主体的参与程度评价、基于内容的参与程度评价、基于目标的参与程度评价,见表 4-3。

表4-3 社区治理研究领域参与水平评价指标

序号	研究内容	主要评估指标	文献来源
基于主体的参与程度评价			
1	公民参与社区公共事务过程的评估	主要评估指标包括广度(参与人数所占比例)、多样性(参与公民所代表的群体)、代表性(参与人群是否有代表性)	文献[233]
2	城市居民参与社区治理评价	参与层的指标主要包括居民对新闻和社会治理情况的关注程度、参与政府组织的投票或选举情况、对"两会"和"十八大"等动态的关注、正常途径表达诉求等	文献[1]
3	中国东部地区社会管理评价指标体系	社会参与指数维度包括社会组织参与和自组织参与。其中,社会组织参与又包括人均社会组织增加值、万人社会组织数、万人社会组织职工数;自组织参与包括人均自治组织增加值、万人自治组织数和万人自治组织管理人员数	文献[246]
基于内容的参与程度评价			
1	巴基斯坦公众参与环境影响评估水平的评估框架	主要的评估指标为法律规定、资料、咨询时间及地点、公众人士的组成、咨询方法、环评报告对公众关注事项的考虑	文献[242]
2	中国公众参与环境影响评估程度的评价框架	主要评估指标包括时间、信息的提供、协商安排、公众咨询、将计算结果纳入环评报告等	文献[247]
3	OECD成员国公众参与水平评估	以各个国家居民参与案例的形式,从研究主题、参与成本、活动风险、参与者、评价者5个维度进行分析	文献[248]
基于目标的参与程度评价			
1	公民参与社区公共事务过程的评估	主要指标包括相关性(公民是否认为参与主题很重要)、干预的能力(发起过程的管理部门是否有能力将结果付诸实施)、起源(对参与某一特定主题的要求从何而来)、信息的质量(信息的传播是否有效)、影响(参与者对结果的影响程度)、公众对结果的监督(是否建立监督机制)、参与者的学习提升(参与者是否感觉到他们已经学到了什么)、网络的动态变化(公民与政府的合作能力是否增强)	文献[233]
2	澳大利亚昆士兰地区社区参与水平评估框架	主要指标包括投入指标(社区参与中使用的人力和财政资源,如所需时间、员工成本)、产出指标(社区参与活动及相关产品,如会议数量、分发的信息手册数量、联系的居民数量、从不同来源获得信息的目标人群样本的数量、分布的信息资源数量、是否吸引更多年轻人参与、是否吸引更多的志愿者参与)、过程指标(输出质量,如所有目标地理区域的参加者与参加者对过程清晰性的感知、参与者对他们收到的信息的完整性和易于理解性的满意度、根据项目计划和里程碑提供了信息、参与者对他们访问的不同类型信息的报告提高了他们对该项目的知识)、成果指标[社区参与的短期、中期和长期结果,如参与者对参与过程中获得的知识的认知(短期)、新建立的伙伴关系的数量(中期)、政策变化的数量(中期)、参与者对社区和政府关系变化的认知(长期)、它是否可能对社区能力和其他社会成果的建设出重大贡献]	文献[245]
3	城市社区治理中社区参与程度评估	社区参与的程度指标主要包括感知绩效、居民满意度、交互性(社区网络平台对参与的反馈情况)、参与偏好和黏性(参与意愿以及社交圈情况)	文献[249]

表 4-3（续）

序号	研究内容	主要评估指标	文献来源
4	城市社区民主治理绩效评估体系	公众维度重点测量了居民参与的情况,包括经济服务功能的完备性、基本公共服务的完成情况、社会福利提供情况、公众信息获取是否公正充分、居民对社区服务质量和管理水平的期望、对整体服务质量的感知、居民愿意为社区建设贡献时间和技能、居民对社区的抱怨与投诉、居民对社区的信任、社区归属感、社区意识、居住环境改善、居民民主参与意识	文献[250]

基于主体的参与程度评价是对共同参与城市管理决策的政府、市场和居民参与能力的评估,包括三者互动、协调与合作的过程[241]。例如,傅利平等[1]在城市居民参与社区治理评价体系中提出参与层的指标主要包括居民对新闻和社会治理情况的关注程度、参与政府组织的投票或选举情况、对"两会"等动态的关注、正常途径表达诉求等。

基于内容的参与程度评价是学界常见的研究方式,通常指标按照评估参与对象的不同而产生差异。例如,Nadeem 等[242]在巴基斯坦公众参与环境影响评估水平的评估框架中确定的评估指标主要为法律规定、资料、咨询时间及地点、公众人士的组成、咨询方法、环评报告对公众关注事项的考虑;而李文静[243]按照社区治理的内容(救助弱势群体、满足生活需求和提升居民福祉)对社区居民参与治理水平进行了评估。

基于目标的参与程度评价是指以参与目标为导向构建的评价体系,用于反映社区治理的现实情况与期望效果之间的差距[244]。例如,澳大利亚昆士兰地区的政府部门提出了以投入指标、产出指标、过程指标和成果指标来评估社区参与的水平,其中成果指标中的短期成果包括:社区内不同利益群体和个人之间形成了新的网络和伙伴关系;机构与政府与社区之间关系更加密切;政府参加者对协作决策有用性的态度已经转变为更加支持;项目指导委员会对社区的需求和可行的解决方案有更多的了解,使他们能够制定有效的项目;中期成果包括:为该地区各机构之间以及地方政府和州政府之间的服务提供更好的协调;公众对政府在社区中工作的支持有所增加;社会和公民对犯罪和其他社会问题的参与程度有所提高;社区计划中的成人志愿者,包括当地的商业人士,了解更多年轻人面临的问题。长期成果包括:政府的信任和信心提高了社区对该地区年轻人的支持;社区中年轻人的就业水平提高了,年轻人的反社会行为事件减少[245]。

通过对社区治理研究领域参与水平评价指标的梳理可以发现,国内外学者对社区层面居民参与水平的评估做出了积极的尝试,从参与主体、参与内容和参与目标 3 个方面分别对参与程度的测量指标进行量化,有助于客观评估公众参与社区治理水平,尤其是澳大利亚昆士兰地区社区参与水平评估框架和城市社区民主治理绩效评估体系较为完善,且与本书主题较为相符,为居民参与治理水平评价指标体系的设计提供借鉴。然而,以往的研究也存在一些问题:一方面,现有居民参与程度评估指标的设计较为单一,缺乏科学性,尤其在实际的操作中往往根据上级政府的考核重点进行评估,较少考虑居民参与的特征,鲜有文献专注于居民参与治理水平的评估;另一方面,考虑部分数据获取的难度,多数指标缺乏实际的检验,影响评估体系的可信度。

4.2.1.3　居民参与治理水平评价指标的初步确定

评估指标是对评估内容量化的测度,需要充分考虑评价的目标,符合评价的需要。与传统治理模式中的刚性稳定不同,参与式治理是以韧性稳定为目标,通过鼓励公民的有序参与,在切实维护公民合法权益的基础上维持稳定[251]。在老旧小区海绵化改造的过程中,不可能存在一种绝对理想化的稳定社区环境,居民与政府之间暂时的冲突与稳定的动态转换有助于维护居民的权利,实现社区的可持续发展。因此,可以通过鼓励居民积极参与,利用社区自身的安全阀机制达到居民和政府之间和谐的状态,使社区治理呈现一种韧性的动态稳定。

根据对社会治理研究领域参与水平评价和社区治理研究领域参与水平评价的文献分析,本书重点借鉴俞可平团队构建的中国社会治理评价指标体系(表4-2)、何增科团队构建的公共治理评价框架(表4-2)、澳大利亚昆士兰地区社区参与水平评估框架(表4-3)和城市社区民主治理绩效评估体系(表4-3),应用参与式治理的思想,结合老旧小区海绵化改造的居民参与治理模式,以赋权、参与、协作、网络和效度等老旧小区海绵化改造的居民参与治理特征为二级指标,并进一步分解三级指标,构建老旧小区海绵化改造的居民参与治理水平评价指标体系,各级指标及其来源见表4-4。其中,对赋权的考量主要从是否有正式的规范、制度或法律框架来进行,对参与维度的考量主要从参与治理的渠道和深度两个方面进行,对协作维度的考量主要从居民与各利益相关者之间的协商关系入手,对网络的考量主要从各利益相关者正式和非正式制度设置的角度进行,而对效度的考量主要对居民参与治理的短期、中期和长期结果的评价。

表4-4 老旧小区海绵化改造的居民参与治理水平初步评价指标体系

一级	二级	编号	三级指标	文献来源
老旧小区海绵化改造居民参与治理水平评价	赋权	ep1	居民参与治理的法规政策规定较为完善	文献[30,229,245,252-253]
		ep2	社区层面相关政府部门直接提供居民参与社区教育的机会	
		ep3	社区层面政府部门为居民提供一定的参与治理决策权力	
		ep4	社区层面相关政府部门构建后续的追踪机制来解决居民参与治理的问题	
		ep5	社区层面政府部门配套足够的经济资源让居民参与,如提供举办前期咨询会的经费	
		ep6	社区层面政府部门配置足够的人力资源帮助居民参与治理,如设置专门的治理机构人员	
		ep7	老旧小区海绵化改造的相关信息向居民公开程度较高	
	参与	eg1	社区层面政府部门同时向居民提供参与治理其他社区公共事务的渠道	文献[30,233,245,252-253]
		eg2	居民有机会参与老旧小区海绵化改造的决策阶段,并提出建议	
		eg3	居民有机会参与老旧小区海绵化改造的实施阶段,进行意见反馈	
		eg4	居民有机会参与老旧小区海绵化改造的维护阶段,监督后续的过程	
	协作	cp1	社区层面有专门的政府部门负责协调居民参与治理中的问题	文献[30,242,252-254]
		cp2	第三方组织等在社区层面有专门机构负责协调居民参与治理中的问题	
		cp3	施工方有专门人员负责协调居民参与治理中的问题	
		cp4	居民代表与协调单位进行沟通,反馈治理过程中的问题	
		cp5	居民配合政府等有关部门共同解决问题	

表 4-4(续)

一级	二级	编号	三级指标	文献来源
老旧小区海绵化改造居民参与治理水平评价	网络	nw1	政府部门与第三方组织形成伙伴关系	文献[30,242,245, 252-253]
		nw2	政府部门与施工方形成伙伴关系	
		nw3	第三方组织与施工方形成伙伴关系	
		nw4	政府部门积极引导居民参与治理	
		nw5	第三方组织积极引导居民参与治理	
		nw6	施工方积极引导居民参与治理	
		nw7	居民有机会参与社区治理水平绩效评估工作	
	效度	ef1	该居民参与治理模式有助于加深对老旧小区海绵化改造重要性的了解	文献[92,229, 252,255]
		ef2	该居民参与治理模式有助于加深对老旧小区海绵化改造中技术和目标的了解	
		ef3	该居民参与治理模式有助于提升居民对老旧小区海绵化改造的满意度	
		ef4	该居民参与治理模式有助于提升居民对政府的信任	
		ef5	该居民参与治理模式有助于实现社区治理的目标	
		ef6	该居民参与治理模式有效地加快了项目实施的进度,提升了效率	
		ef7	该居民参与治理模式有效地提升了项目实施的质量	
		ef8	该居民参与治理模式有效地减少了居民的投诉,减少了与政府部门的冲突	
		ef9	第三方社会组织得到进一步发展	
		ef10	社区层面管理人员认为实现了居民参与治理老旧小区海绵化改造的目标	
		ef11	施工方认为实现了居民参与治理老旧小区海绵化改造的目标	
		ef12	居民参与治理有效地改善了社区的环境	

4.2.2 居民参与治理水平评价指标的优化

老旧小区海绵化改造的居民参与治理水平初步评价指标主要来源于文献。为了使得居民参与治理水平评价指标更符合实际,在完成指标的初步设计后,本书对"海绵城市实施""老旧小区改造""城市治理"等领域专家进行深入访谈,访谈的内容主要围绕老旧小区海绵化改造居民参与治理水平评价的目标、居民参与治理水平评价中存在的问题以及居民参与治理水平评价量表设置合理性进行评判。在此基础上,邀请访谈对象对设置的评价指标进行重要度打分,以进一步优化评价指标体系。目前,老旧小区海绵化改造涉及政府部门、技术咨询单位、施工单位等参与方,因而在专家的选取上主要邀请主管老旧小区海绵化改造的政府部门相关专家、技术咨询单位管理人员、施工单位管理人员、高校教师等进行访谈,见附录 4。

本次数据收集在 2019 年 5—6 月进行,通过电话询问和面谈访问两种形式对该研究领域 53 位专家进行了深度访谈,最终收集到 38 位专家的数据,有效访谈率为 71.70%,见表 4-5。可以看出,被调研的专家在该领域的工作年限处于 1~3 年(31.58%)和 3~5 年(26.32%)的较多,其次为工作年限为 5 年以上的受访者,占 23.68%。此外,有 15 位受访者来自高校(39.47%),12 位受访者来自技术咨询单位和施工单位(31.58%),有 21.05% 的受访者来自政府部门,仅有 3 位受访者来自其他单位。从职称和学历上来看,多数受访者的学历较高,正高级和副高级受访者占 50.00%,硕士及以上学历的受访者占 76.32%,在该领域具有一定的代表性。

表 4-5　参与指标筛选的专家基本信息统计

基本特征		比例/%	基本特征		比例/%
性别	男	57.89	职称	正高级	21.05
	女	42.11		副高级	28.95
从事年限	5 年以上	23.68		中级	31.58
	3～5 年	26.32		初级	13.16
	1～3 年	31.58		其他	5.26
	1 年以内	18.42	学历	博士	31.58
职业	高校教师	39.47		硕士	44.74
	政府工作人员	21.05		其他	23.68
	企业管理人员	31.58			
	其他	7.89			

通过对访谈内容的整理可知,老旧小区海绵化改造居民参与治理水平评价指标分析如下:

(1)老旧小区海绵化改造的居民参与治理水平目标设定问题

在访谈过程中,不同专家结合自身经验对老旧小区海绵化改造的居民参与治理水平目标提出了新的看法。有专家认为,参与式治理有别于传统治理中提出的秩序和发展目标,而是应当以"善治"作为老旧小区海绵化改造的居民参与治理最终目标;也有专家认为,"善治"的概念较大,应当结合老旧小区海绵化改造的特征,制定较为合理的目标。而当访谈者提出以韧性稳定作为评价目标时,多数受访者表示赞同。因此,本书仍以韧性稳定作为老旧小区海绵化改造的居民参与治理目标,并依此设置评估指标。

(2)老旧小区海绵化改造的居民参与治理水平评价中存在的问题

多数学者在谈到居民参与治理水平评价的问题时,均表示当前缺乏具体的评价指标体系,导致现行的评价仍然以宏观层面的指标为准,无法达到提升治理水平的目的。此外,在实际评价的过程中,往往以容易量化的指标为准,如社区参与人数占比,导致评估结果以偏概全。因此,专家建议将评估指标进行细化,并且要充分考虑数据的可获取性;同时,在实际进行评估时,不仅要考虑专家的意见来确定指标权重,还有考虑各城市中居民参与治理人群的实际情况来最终评估居民参与治理水平。

(3)老旧小区海绵化改造的居民参与治理水平指标合理性问题

在居民参与治理水平评价指标的设计上,专家们对不同维度的指标给出了具体的建议。在赋权维度上,超过半数的专家认为现有的法律法规中并没有明确规定居民参与治理,即使居民参与会带来赋权的改变,也不可能达到影响法律法规的程度,所以题项 ep1 的设置不合理;此外,26 位专家提到题项 ep2 与 ep3 设置存在重复,考虑 ep3 包括了 ep2 的内容,所以保留题项 ep3。在参与维度上,超过 80% 的专家认为题项 eg1 包括了题项 eg2、eg3 和 eg4 的内容,所以可以考虑删除题项 eg1。在协作维度上,多数专家认为现有题项可以较好地反映老旧小区海绵化改造中两两互动的关系,仅有 3 位专家认为应当将利益相关者具体化,考虑到各个城市在开展老旧小区海绵化改造过程中涉及的利益相关方不同,所以本书仍然采用社区层面政府部门、第三方组织、施工方等此类说法。在网络维度上,超过半数的专家表示题项 nw1、nw2 和 nw3 的设置不符合研究的主题,在前文对老旧小区海绵化改造的居民参与治理水平评价内容界定部分,提出本书是从个体角度出发对居民参与治理所带来后果的测量,所以应当将重点放在对居民参与治理模式的评估上,题项 nw1、nw2 和 nw3 可考虑删除。在效度维度上,超过半数的专家认为题项 ef5 和 ef7 是对题项 ef4,ef8 和 ef12 的总结,可以考虑删除题项 ef5 和 ef7,此外,题项 ef9、ef10 和 ef11 与其他利益相关者相关程度较高,与本研究主题不太相符,可以考虑删除。

根据以上专家访谈的结果,对老旧小区海绵化改造的居民参与治理水平初步评价指标进行优化,见表 4-6。

表 4-6　老旧小区海绵化改造的居民参与治理水平初步评价指标体系优化结果

二级指标	编号	三级指标
赋权	ep1	社区层面政府部门为居民提供一定的参与治理决策权力
	ep2	社区层面相关政府部门构建后续的追踪机制来解决居民参与治理的问题
	ep3	社区层面政府部门配套足够的经济资源让居民参与,如提供举办前期咨询会的经费
	ep4	社区层面政府部门配置足够的人力资源帮助居民参与治理,如设置专门的治理机构人员
	ep5	老旧小区海绵化改造的相关信息向居民公开程度较高
参与	eg1	居民有机会参与老旧小区海绵化改造的决策阶段,并提出建议
	eg2	居民有机会参与老旧小区海绵化改造的实施阶段,进行意见反馈
	eg3	居民有机会参与老旧小区海绵化改造的维护阶段,监督后续的过程
协作	CP1	社区层面有专门的政府部门负责协调居民参与治理中的问题
	CP2	第三方组织等在社区层面有专门机构负责协调居民参与治理中的问题
	CP3	施工方有专门人员负责协调居民参与治理中的问题
	CP4	居民代表与协调单位进行沟通,反馈治理过程中的问题
网络	NW1	政府部门积极引导居民参与治理
	NW2	第三方组织积极引导居民参与治理
	NW3	施工方积极引导居民参与治理
	NW4	居民有机会参与社区治理水平绩效评估工作
效度	EF1	该居民参与治理模式有助于加深对老旧小区海绵化改造重要性的了解
	EF2	该居民参与治理模式有助于加深对老旧小区海绵化改造中技术和目标的了解
	EF3	该居民参与治理模式有助于提升居民对老旧小区海绵化改造的满意度
	EF4	该居民参与治理模式有助于提升居民对政府的信任
	EF5	该居民参与治理模式有效地加快了项目实施的进度,提升了效率
	EF6	该居民参与治理模式有效地减少了居民的投诉,减少了与政府部门的冲突
	EF7	该居民参与治理模式有效地改善了社区的环境

4.2.3 居民参与治理水平最终评价指标体系

为了进一步优化老旧小区海绵化改造的居民参与治理水平评价指标体系,在得到指标体系初步优化结果之后,重新将该优化结果重新反馈给上述专家,由专家根据自身经验对指标反映老旧小区海绵化改造居民参与治理水平评价的重要程度进行1~5打分(其中,非常不重要打1分、不重要打2分、一般打3分、重要打4分、非常重要打5分),具体打分表见附录4。本次问卷电子问卷形式进行发放,共发放53份,回收38份,有效回收率为71.70%,样本基本信息见表4-5。

通过对现有文献的分析发现,作为模糊数学里的概念,隶属度被广泛地应用到评价指标的筛选上[256-257]。隶属度的定义如下:若对研究范围 U 中的任何一个元素 X 都有一个 $A(x) \in [0,1]$ 都与之对应,则 $A(x)$ 为 x 对 A 的隶属度(又称作隶属函数),A 为 U 上的模糊集。隶属度 $A(x)$ 越大,则 x 的归属程度越高[258],反之则归属度越低。本书中老旧小区海绵化改造的居民参与治理水平初步优化评价指标体系 U 为一个模糊集,评价指标为集合中的元素 x,采用隶属度向量分析的加权平均法,以非常重要和重要2个程度作为区间的边界,对指标的隶属度进行分析。根据齐默尔曼的研究,可将隶属度为0.5设置为阈值,当计算的隶属度大于等于0.5时,则对应的指标隶属于整个指标体系,该指标起到的作用越大,应当保留。若计算出的隶属度小于0.5时,则该指标的贡献程度较低,可以考虑删除。各指标隶属度的计算公式如下:

$$R_i = \frac{P_1 + 0.5 P_2}{P} \tag{4-1}$$

式中,R_i 代表第 i 个指标的隶属度;P_1 代表认为该指标非常重要的专家人数;P_2 代表认为该指标重要的专家人数;P 代表所有专家总数。

在获取38份问卷后,利用隶属度公式对23个评价指标的隶属度进行计算,计算结果见表4-7。由表可知,除了指标EP5和NW4的隶属度小于0.5,其余指标的隶属度均大于阈值0.5。因此,这些指标通过了筛选,最终形成老旧小区海绵化改造的居民参与治理水平评价指标体系,见表4-8。

表 4-7 老旧小区海绵化改造的居民参与治理水平评价指标隶属度

二级指标	编号	三级指标	隶属度	排名
赋权	EP1	社区层面政府部门为居民提供一定的参与治理决策权力	0.855 3	3
	EP2	社区层面相关政府部门构建后续的追踪机制来解决居民参与治理的问题	0.894 7	2
	EP3	社区层面政府部门配套足够的经济资源让居民参与,如提供举办前期咨询会的经费	0.789 5	6
	EP4	社区层面政府部门配置足够的人力资源帮助居民参与治理,如设置专门的治理机构人员	0.723 7	9
	EP5	老旧小区海绵化改造的相关信息向居民公开程度较高	0.421 1	23
参与	EG1	居民有机会参与老旧小区海绵化改造的决策阶段,并提出建议	0.605 3	16
	EG2	居民有机会参与老旧小区海绵化改造的实施阶段,进行意见反馈	0.552 6	19
	EG3	居民有机会参与老旧小区海绵化改造的维护阶段,监督后续的过程	0.565 8	18

表 4-7(续)

二级指标	编号	三级指标	隶属度	排名
协作	CP1	社区层面有专门的政府部门负责协调居民参与治理中的问题	0.710 5	10
	CP2	第三方组织等在社区层面有专门机构负责协调居民参与治理中的问题	0.539 5	20
	CP3	施工方有专门人员负责协调居民参与治理中的问题	0.578 9	17
	CP4	居民代表与协调单位进行沟通,反馈治理过程中的问题	0.671 1	11
网络	NW1	政府部门积极引导居民参与治理	0.776 3	7
	NW2	第三方组织积极引导居民参与治理	0.526 3	21
	NW3	施工方积极引导居民参与治理	0.657 9	12
	NW4	居民有机会参与社区治理水平绩效评估工作	0.447 4	22
效度	EF1	该居民参与治理模式有助于加深对老旧小区海绵化改造重要性的了解	0.631 6	14
	EF2	该居民参与治理模式有助于加深对老旧小区海绵化改造中技术和目标的了解	0.750 0	8
	EF3	该居民参与治理模式有助于提升居民对老旧小区海绵化改造的满意度	0.907 9	1
	EF4	该居民参与治理模式有助于提升居民对政府的信任	0.842 1	5
	EF5	该居民参与治理模式有效地加快了项目实施的进度,提升了效率	0.631 6	14
	EF6	该居民参与治理模式有效地减少了居民的投诉,减少了与政府部门的冲突	0.855 3	3
	EF7	该居民参与治理模式有效地改善了社区的环境	0.644 7	13

表 4-8 老旧小区海绵化改造的居民参与治理水平最终评价指标体系

二级指标	编号	三级指标
赋权	EP1	社区层面政府部门为居民提供一定的参与治理决策权力
	EP2	社区层面相关政府部门构建后续的追踪机制来解决居民参与治理的问题
	EP3	社区层面政府部门配套足够的经济资源让居民参与,如提供举办前期咨询会的经费
	EP4	社区层面政府部门配置足够的人力资源帮助居民参与治理,如设置专门的治理机构人员
参与	EG1	居民有机会参与老旧小区海绵化改造的决策阶段,并提出建议
	EG2	居民有机会参与老旧小区海绵化改造的实施阶段,进行意见反馈
	EG3	居民有机会参与老旧小区海绵化改造的维护阶段,监督后续的过程
协作	CP1	社区层面有专门的政府部门负责协调居民参与治理中的问题
	CP2	第三方组织等在社区层面有专门机构负责协调居民参与治理中的问题
	CP3	施工方有专门人员负责协调居民参与治理中的问题
	CP4	居民代表与协调单位进行沟通,反馈治理过程中的问题

表 4-8(续)

二级指标	编号	三级指标
网络	NW1	政府部门积极引导居民参与治理
	NW2	第三方组织积极引导居民参与治理
	NW3	施工方积极引导居民参与治理
效度	EF1	该居民参与治理模式有助于加深对老旧小区海绵化改造重要性的了解
	EF2	该居民参与治理模式有助于加深对老旧小区海绵化改造中技术和目标的了解
	EF3	该居民参与治理模式有助于提升居民对老旧小区海绵化改造的满意度
	EF4	该居民参与治理模式有助于提升居民对政府的信任
	EF5	该居民参与治理模式有效地加快了项目实施的进度,提升了效率
	EF6	该居民参与治理模式有效地减少了居民的投诉,减少了与政府部门的冲突
	EF7	该居民参与治理模式有效地改善了社区的环境

4.3 老旧小区海绵化改造的居民参与治理水平评价模型构建

4.3.1 评价常用方法的比较

科学的评价方法有助于保障将评价指标体系落到实处,发挥其真正的评估作用。在决策领域中,常见构建决策模型的研究方法包括逼近理想解排序法、多准则优化和折中解决方案法(VIKOR)、评价内容丰富的偏好排序组织方法(PROMETHEE)、优劣势排序法(SIR)、层次分析法(AHP)、目标规划等[180],通常将其分为多属性决策技术(MCDM)、数学规划技术(MP)和人工智能技术(AI)。在具体评价模型构建中,常见的方法及其分类见表 4-9。

表 4-9 常用的多准则决策方法[259]

技术分类	模型构建方法
多属性决策技术(MCDM)	1.层次分析法(AHP)
	2.网络层次分析法(ANP)
	3.消除和选择表达现实法(ELECTRE)
	4.偏好排序组织方法(PROMETHEE)
	5.逼近理想解排序法(TOPSIS)
	6.多准则优化和折中解决方案法(VIKOR)
	7.决策实验与评估实验法(DEMATEL)
	8.简单多属性评级技术(SMART)

表 4-9（续）

技术分类	模型构建方法
数学规划技术（MP）	1. 数据包络分析（DEA）
	2. 线性规划（LP）
	3. 非线性规划（NLP）
	4. 多目标规划（MOP）
	5. 目标规划（GP）
	6. 随机规划（SP）
人工智能技术（AI）	1. 遗传算法（GA）
	2. 灰色系统理论（GST）
	3. 神经网络（NN）
	4. 粗糙集理论（RST）
	5. 贝叶斯网络（BN）
	6. 决策树（DT）
	7. 案例推理（CBR）
	8. 粒子群算法（PSO）
	9. 支持向量机（SVM）
	10. 关联规则（AR）
	11. 蚁群算法（ACA）
	12. 证据理论（DST）

（1）MCDM

MCDM 是一种方法论框架，旨在为决策者在有限的备选方案（也称为行动、目标、解决方案或候选方案）中提供知识渊博的建议，同时按照多个标准（也称为属性、特征或目标）进行评估。多方案的选择通常被认为是 MCDM 问题，因而许多经典的 MCDM 方法被应用于问题求解过程中。基于这些 MCDM 方法的原理，我们可以将其分为 4 类：多属性效用方法，如 AHP 和 ANP；优胜劣汰方法，如 ELECTRE 和 PROMETHEE；折中方法，如 TOP-SIS 和 VIKOR；其他 MCDM 技术，如 SMART 和 DEMATEL。

（2）MP

MP 也是在决策领域常用的一类方法，通常包括数据包络分析方法和各类规划分析方法。这类方法通常以获取最佳产出为目标进行评价，例如数据包络分析（DEA）根据多个方案的投入和产出指标，采用线性规划的方法进行相对有效性评价，在生态环境治理、企业运营效率和可持续发展评估上得到了应用[260-262]。

（3）AI

近年来，随着计算机技术的发展，AI 方法逐渐得到推广，且被应用于解决复杂的优化问题，常见的 AI 算法包括 GA、GST、NN、RST、BN、DT、CBR、PSO、SVM、AR、ACA、DST，如利用遗传算法对新型产业进行评价[263]。

此外，部分学者结合 MCDM、MP 和 AI 中的 2 类或者 3 类方法来构建评价模型，取得了较好的效果。例如,杨宗周等[264]基于主成分分析和 ELECTRE 方法对供应商进行评价,研究结果验证了评价模型的可行性。韦钢等[265]结合 AHP 和 PROMETHEE 方法构建了配电网规划方案选择模型,证明了方法的有效性。曾超等[266]基于 AHP 和 PROMETHEE 构建了雨水利用评价模型,并对云南省的 4 个不同区域进行评价,提出相应改善建议。石宝峰等[267]基于变异系数——PROMETHEE Ⅱ方法构建了商户小额贷款信用评级模型。

通过对评价常用方法的综述,发现构建模型的方法依据具体研究问题类型的变化而变化。本书中老旧小区海绵化改造的居民参与治理水平评价重点是对居民参与治理模式的评价,属于多属性决策问题。因此,可以考虑选择 MCDM 相关方法构建模型,比如使用 AHP 与 PROMETHEE 结合的方法构建模型。

4.3.2 参与治理水平评价模型的提出

由于老旧小区海绵化改造的居民参与治理本身的特征,居民参与治理水平评价的指标多为主观指标,其权重的确定对于整个评价体系的构建至关重要,因此本小节将研究范围进一步缩小为治理水平评价,通过梳理常见的治理水平评价指标权重确定方法,确定本书模型构建方法,见表 4-10。由表可知,对于主观指标类权重的确定多数学者采用主观赋权法,如 AHP、ANP、变异系数法和熵权法。而对于客观数据的评价,多采用客观赋权法。对于既有主观数据又有客观数据的,通常结合 2 个或多个方法来构建模型。由于本书中老旧小区海绵化改造的居民参与治理水平评价指标为主观数据,因此在治理水平评价指标权重确定上宜采用主观赋权法。

表 4-10　治理水平评价常见方法

研究内容	研究方法/数据类型	具体做法	文献来源
城市治理评估指标权重体系	AHP/主观数据	通过构造各级指标的判断矩阵,对指标进行两两比较得到 6 个判断矩阵,最后将特征向量归一化计算各级指标的权重。在此基础上,对所有指标得分进行标准化,再加权汇总得到总体得分	文献[268]
城市治理能力评价模型	变异系数法/客观数据	首先,使用变异系数法确定指标权重,各指标变异系数等于该指标的标准差除以该指标的均值,权重则为该指标的变异系数除以所有变异系数之和。其次,将所有指标进行标准化,利用综合指数法对 5 个城市治理水进行评价	文献[269]
社会管理评价模型	AHP-灰色关联分析法/客观数据	首先使用 AHP 确定指标的权重,再利用灰色关联法计算指标的最终关联度,并根据关联度对目标区域社会管理水平进行排序	文献[246]
社会治理水平评价模型	AHP-TOPSIS/客观数据	首先采用均值法将原始指标数据进行无量纲化处理,其次结合专家打分法利用 AHP 确定各指标权重,而后利用 TOPSIS 法计算评价矩阵的正负解,计算各评价对象与最优解的接近度来进行排序	文献[102]
乡村旅游地社区参与水平评价模型	AHP-德尔菲法/主观数据	利用 AHP 确定各指标权重,再利用德尔菲法对各指标进行打分,最后将权重与得分相乘得到最终社区参与水平得分	文献[270]

在比较分析了 MCDM 和主观赋权法中常用方法的基础上,可以发现 ANP 充分考虑到上下层和层级之间指标相互依赖的情况并对指标权重进行量化。但是,该方法在排序上存在着完全补偿性问题(当待比较方案在某一指标下评价值较高时可能会导致这一方案在其他指标下的缺陷被覆盖),而 PROMETHEE Ⅱ 方法可以根据各方案在指标上的差异来对方案进行排序,不存在完全补偿性问题,评价结果可以较好地反映待比较方案情况[265],且 PROMETHEE 在多属性决策领域应用较广。因此,本书选取 ANP 和 PROMETHEE Ⅱ 结合的方法来构建老旧小区海绵化改造的居民参与治理水平评价模型。

4.3.3 基于 ANP-PROMETHEE Ⅱ 的评价模型

本小节将 ANP 与 PROMETHEE Ⅱ 方法进行结合,构建适用于老旧小区海绵化改造的居民参与治理水平评价模型,包括评价指标权重确定、居民参与治理模式排序和参与治理水平综合得分计算 3 个步骤。

4.3.3.1 基于 ANP 确定评价指标权重

首先,根据上节得到的老旧小区海绵化改造中居民参与治理水平评价指标体系构建 ANP 分析模型的控制层和网络层,控制层包括老旧小区海绵化改造的居民参与治理水平评价这一评价准则,以及赋权、参与、协作、网络、效度等 5 个次准则。网络层中将各次准则的指标作为 1 元素组,各元素组内指标互相不独立,见图 4-2。

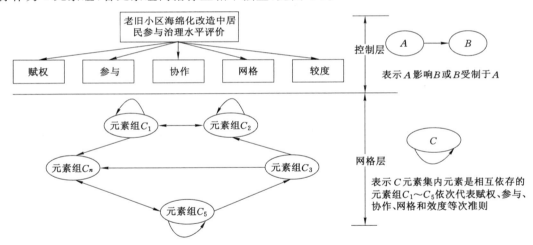

图 4-2　老旧小区海绵化改造的居民参与治理水平 ANP 分析模型

其次,构造 ANP 初始分块超矩阵 $\boldsymbol{W}$,每个分块取整代表了 2 个元素组之间的关系,在本书中超矩阵 $\boldsymbol{W}$ 有 5 个集群层,记为 $C_n(n=1,2,\cdots,5)$,其中 C_1 包含 EP1~EP4 这 4 个指标,C_2 包含 EG1~EG3 这 3 个指标,C_4 包含 CP1~CP4 这 4 个指标,C_4 包含 NW1~NW3 这 3 个指标,C_5 包含 EF1~EF7 这 7 个指标,则形成的超矩阵为:

$$W = \begin{array}{c} C_1 \\ \vdots \\ C_n \end{array} \begin{bmatrix} C_1 & \cdots & C_n \\ W_{11} & \cdots & W_{1n} \\ \vdots & & \vdots \\ W_{n1} & \cdots & W_{nn} \end{bmatrix} \tag{4-2}$$

再次,在构建超矩阵之后,根据两两比较判断指标的重要程度。本书采用 1~5 标度法来构建判断矩阵,当两个指标同等重要时,赋值为 1;当某一指标比另一个指标稍微重要时,则两者比较结果赋值为 3;当某一指标比另一个指标非常重要时,则两者比较结果赋值为 5。需要注意的是,只有通过一致性检验(一致性系数小于 0.1)的比较结果才是可接受的。

最后,根据两两指标比较的结果,使用特征向量法归一化后可得到未加权矩阵 P,而后确定超矩阵中各元素组的权重,计算得到加权超矩阵和极限超矩阵。由于 ANP 的计算过程较为复杂,本书利用 Super Decision 软件对所有指标权重进行计算。

4.3.3.2 基于 PROMETHEE Ⅱ 的居民参与治理模式排序

第三章确定的老旧小区海绵化改造的居民参与治理模式水平有高有低,现阶段缺少一套系统的模式评价标准。因此,本节在确定了老旧小区海绵化改造的居民参与治理水平评价指标权重之后,利用 PROMETHEE Ⅱ 的方法对 7 类老旧小区海绵化改造的居民参与治理模式进行排序,具体步骤如下:

首先,研究问题被定义为:

$$\max\{g_1(a_1),g_2(a_2),\cdots,g_n(a_m) \mid a \in A\} \tag{4-3}$$

式中,A 为居民参与治理模式的有限集合 $\{a_1,a_2,\cdots,a_m\}$,$m=1,2,\cdots,7$;$\{g_1(\cdot),g_2(\cdot),\cdots,g_n(\cdot)\}$ 是 n 位专家的评分。PROMETHEE Ⅱ 中的偏好程度是专家确定的某种参与治理模式优于另一种参与治理模式的程度。

其次,为了求解式(4-3),定义偏好函数为式(4-4),且偏好度 $P_j(a,b)$ 在 $(0,1)$ 内,即:

$$P_j(a,b) = F_j[d_j(a,b)], \quad \forall a,b \in A \tag{4-4}$$

式中,j 为居民参与治理水平评价指标,$j=1,2,\cdots,21$;$d_j(a,b)$ 为两组居民参与治理模式在第 j 个指标上的差异(两两比较)。

$$d_j(a,b) = g_j(a) - g_j(b) \tag{4-5}$$

$\{g_j(\cdot),P_j(a,b)\}$ 是一个广义的评价,通常选择高斯准则作为偏好函数,将其定义为:

$$P(d) = \begin{cases} 0, & d \leqslant 0 \\ 1-\mathrm{e}^{-\frac{d^2}{2s^2}}, & d > 0 \end{cases} \tag{4-6}$$

式中,$P(d)$ 为偏好函数;S 为需要专家确定的参数。

汇总的偏好指数如下:

$$\begin{cases} \pi(a,b) = \sum_{j=1}^{n} P_j(a,b)w_j \\ \pi(b,a) = \sum_{j=1}^{n} P_j(b,a)w_j \end{cases} \tag{4-7}$$

式中,$(a,b) \in A$ 和 $\pi(a,b)$ 表示居民的参与治理模式 a 基于准则优于 b 的程度;$\pi(b,a)$ 代表居民的参与治理模式 b 基于准则优于 a 的程度。

汇总后的偏好指数如下:

$$\begin{cases} \pi(a,a) = 0 \\ 0 \leqslant \pi(a,b) \leqslant 1 \\ 0 \leqslant \pi(b,a) \leqslant 1 \\ 0 \leqslant \pi(a,b) + \pi(b,a) \leqslant 1 \end{cases} \tag{4-8}$$

再次,计算各行为正向流量、负向流量和净流量。正向流量是可以表明该居民的参与治理模式比其他模式更优的一个指标,这个值越高表明这种模式更可取,定义为:

$$\phi^+(a) = \frac{1}{m-1}\sum_{x \in A}\pi(a,x) \tag{4-9}$$

负向流量是表示其他所有居民参与治理模式都优于该模式程度的指标,定义为:

$$\phi^-(a) = \frac{1}{m-1}\sum_{x \in A}\pi(x,a) \tag{4-10}$$

根据式(4-9)和式(4-10),可以得出净流量的定义为:

$$\phi(a) = \phi^+(a) - \phi^-(a) = \frac{1}{m-1}\sum_{j=1}^{n}\sum_{x \in A}[P_j(a,x) - P_j(x,a)]w_j \tag{4-11}$$

最后,根据各行为的净流量值对其参与治理模式进行排序,从而获得老旧小区海绵化改造的居民参与治理模式的高低排名。

4.3.3.3　参与治理水平综合得分计算

上述内容讨论的是对老旧小区海绵化改造中居民个体参与治理模式的参与水平度量,而对于一个城市而言,还需要进一步计算整体的居民参与治理水平。在老旧小区海绵化改造的过程中,可以认为每位居民所属的参与治理模式(由居民参与治理认知、情感和行为聚类得来的模式)是唯一的,其产生的参与治理水平也是特定的。因此,老旧小区海绵化改造中居民整体参与治理水平可以通过汇总居民个体参与治理水平获得。假设某城市老旧小区中居民共有 n 位,第 i 位居民在海绵化改造中所采取的参与治理模式 y_k 属于第 A_k 类($k=1,2,\cdots,7$)。其中,$A_k(k=1,2,\cdots,7)$ 分别代表如下:

$A_1 = \{$控制型参与治理模式$\}$

$A_2 = \{$告知型参与治理模式$\}$

$A_3 = \{$非参与型参与治理模式$\}$

$A_4 = \{$态度消极型参与治理模式$\}$

$A_5 = \{$配合型参与治理模式$\}$

$A_6 = \{$意愿微弱型参与治理模式$\}$

$A_7 = \{$完全型参与治理模式$\}$

若有 b_k 位居民采取参与治理模式 y_k,第 k 类($k=1,2,\cdots,7$)居民参与治理模式 y_k 对应的参与治理水平为 Y_k,则该老旧小区海绵化改造中居民整体参与治理水平计算公式为:

$$I = \sum_{k=1}^{7}\frac{b_k Y_k}{n} \tag{4-12}$$

4.4　长三角洲地区老旧小区海绵化改造居民参与治理水平实证分析

4.4.1　老旧小区海绵化改造的居民参与治理水平数据收集

由于本章首先评价的是老旧小区海绵化改造的居民参与治理模式的个体参与治理水平,考虑到数据的连贯性,本章仍然使用第 3 章收集到的关于老旧小区海绵化改造的居民参与治理认知、情感和行为相关数据。在各城市老旧小区中共发放问卷 2 000 份,除去有问题的调研问卷,共收回问卷 1 657 份,有效回收率为 82.85%。其中,在上海、宁波、嘉兴、镇江、池州分别回收有效问卷 391 份、309 份、306 份、312 份和 339 份。

根据 3.4.3 小节居民参与治理模式分析的结果,5 个城市中居民参与治理模式类别数量见表 3-24。为了将各城市个案聚类数量进行可视化,以城市为横坐标、以个案聚类数目为纵坐标可得图 4-3。由图可知,在 5 个城市中,上海市类别 1(40 人)、类别 6(47 人)和类别 7(196 人)的居民人数均最多;池州市类别 3(61 人)的居民人数均最多;除了宁波和镇江外,其余城市类别 4 的居民人数均超过 60 人。

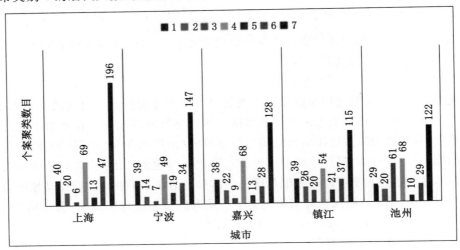

图 4-3　各城市个案聚类数量图

基于老旧小区海绵化改造居民参与治理模式聚类结果,根据老旧小区海绵化改造的居民参与治理水平评价指标体系设计评价指标关系及重要性打分问卷(附录 5)。问卷主要包括 4 个部分:第一部分,受访者的基本信息,包括受访者性别、研究年限、职业、职称和学历等;第二部分,居民参与治理水平评价指标的相互影响关系,采用 0~1 打分,此部分对三级指标的含义都进行了简要的介绍;第三部分,居民参与治理水平评价指标的相对重要性打分,采用 1~9 打分对指标进行两两比较;第四部分,居民参与治理模式水平的评价,主要依据各三级指标对 7 类居民参与治理模式的治理水平进行打分。

本次调研问卷在 2019 年 5—6 月进行,发放对象为"海绵城市实施""老旧小区改造""城市治理"等领域的专家学者。此次问卷在居民参与治理水平评价体系专家访谈之后,仍然发放给在上一阶段给予反馈的 38 位专家,回收有效问卷 32 份(排除信息不完整问卷),有效回收率为 84.21%,受访专家的基本信息见表 4-11。可以看出,被调研的专家在该领域的工作年限处于 1~3 年(37.50%)的较多,其次为工作年限为 3~5 年的受访者,占比为 28.13%。此外,有 12 位受访者来自高校(37.50%),9 位受访者来自技术咨询单位和施工单位,有 8 位受访者来自政府相关部门,仅有 3 位受访者来自其他单位。从职称和学历上来看,多数专家学者的学历较高,正高级和副高级受访者占比为 56.25%,硕士及以上学历的受访者占比高达 84.38%,在该领域具有一定的代表性。

表 4-11　参与指标权重确定的专家基本信息统计

基本特征		比例/%	基本特征		比例/%
性别	男	56.25	职称	正高级	21.88
	女	43.75		副高级	34.38
从事年限	5 年以上	25.00		中级	25.00
	3～5 年	28.13		初级	12.50
	1～3 年	37.50		其他	6.25
	1 年以内	12.50	学历	博士	37.50
职业	高校教师	37.50		硕士	46.88
	政府工作人员	25.00		其他	15.63
	企业管理人员	28.13			
	其他	9.38			

4.4.2　基于 ANP 的老旧小区海绵化改造居民参与治理水平评价指标权重确定

4.4.2.1　居民参与治理水平评价指标相互影响关系

附录 5 的第二部分重点考察老旧小区海绵化改造的居民参与治理水平评价指标之间相互影响关系,如果专家认为该行指标影响该列指标,则填"1";如果专家认为该行指标没有影响该列指标,则填"0"。根据调研结果,对超过 50% 专家(超过 16 位专家)认同相互依赖的指标进行保留,见表 4-12。

4.4.2.2　计算居民参与治理水平评价指标权重

在整理居民参与治理水平评价指标相互影响关系之后,利用 Super Decision 软件构建老旧小区海绵化改造的居民参与治理水平评价 ANP 模型,见图 4-4。将收集到的问卷中关于指标重要性的数据分级输入 Super Decision 软件中,计算各个评价指标的权重。下面以某一位专家的打分数据为例,将将其对次准则层中 5 个维度两两比较的结果在 Super Decision 软件中可视化呈现,见图 4-5。由图可知,输入数据的非一致性检验(CR 值)得分为 0.015 42 (<0.100 0),满足非一致性检验要求,数据不存在失误或者输入错误。在此基础上,将 32 位专家的数据输入 Super Decision 软件,共有 11 份未通过数据非一致性检验,因此计算剩余 21 份数据获得指标权重。而后对这些权重取均值,得到次级准则和三级指标的最终权重(表 4-13)。

由表可知,在次准则层面"赋权"的权重最高,达到 0.428 4,其次为"效度"(0.284 0)、"参与"(0.160 0)、"网络"(0.090 7),贡献度最低的是"协作"(0.037 0)。在三级指标中,"EP1:社区层面政府部门为居民提供一定的参与治理决策权力"的贡献度最大,指标权重为 0.281 6,其次为"EG2:居民有机会参与老旧小区海绵化改造的实施阶段,进行意见反馈"(0.104 8)、"EP2:社区层面相关政府部门构建后续的追踪机制来解决居民参与治理的问题"(0.086 8)、"EF3:该居民参与治理模式有助于提升居民对老旧小区海绵化改造的满意度"(0.079 8)、"EF4:该居民参与治理模式有助于提升居民对政府的信任"(0.079 8),指标贡献度最小的为"CP2:第三方组织等在社区层面有专门机构负责协调居民参与治理中的问题"(0.002 3)。

表4-12 老旧小区海绵化改造的居民参与治理水平指标的相互影响关系

指标	EP1	EP2	EP3	EP4	EG1	EG2	EG3	CP1	CP2	CP3	CP4	NW1	NW2	NW3	EF1	EF2	EF3	EF4	EF5	EF6	EF7
EF7	0	0	0	0	0	0	0	0	0	0	0	0	0	0	0	0	0	0	0	0	—
EF6	1	1	1	1	1	1	1	1	1	1	0	1	1	1	0	1	1	1	0	—	1
EF5	0	0	1	1	1	1	1	1	1	1	1	1	1	1	0	1	0	0	—	1	0
EF4	1	1	1	1	1	1	0	1	1	1	1	1	0	0	0	1	0	—	0	1	1
EF3	1	1	1	1	1	1	1	1	1	1	1	1	1	1	1	1	—	1	1	1	0
EF2	0	0	1	0	0	0	1	0	1	0	1	1	0	1	1	—	0	0	0	0	0
EF1	1	0	1	1	0	0	0	0	0	0	1	0	0	1	—	1	0	1	0	1	1
NW3	0	0	0	0	0	0	1	0	1	0	1	0	1	—	0	0	0	0	0	0	0
NW2	0	0	0	0	0	1	0	0	0	1	0	0	—	0	0	0	0	0	0	0	0
NW1	1	0	0	0	0	0	1	0	1	0	1	—	0	0	1	0	0	0	0	0	0
CP4	0	0	1	1	1	1	1	0	1	0	—	1	1	1	0	0	0	0	0	0	0
CP3	0	1	0	0	1	1	1	0	1	—	0	0	0	1	0	0	0	0	0	0	0
CP2	0	1	0	0	0	0	1	1	—	0	0	1	0	0	0	0	0	0	0	0	0
CP1	1	0	0	0	0	0	1	—	0	0	0	1	0	0	0	0	0	0	0	0	0
EG3	0	0	0	1	1	1	—	1	0	0	0	1	0	0	0	0	0	0	0	0	0
EG2	0	0	0	0	1	—	1	0	0	0	0	1	0	0	0	0	0	0	0	0	0
EG1	0	0	1	1	—	0	0	0	0	0	1	1	0	0	0	0	0	0	0	0	0
EP4	1	1	1	—	0	0	0	0	0	0	1	1	0	0	0	0	0	0	0	0	0
EP3	1	0	—	0	0	0	0	0	0	0	1	0	0	0	0	0	0	0	0	0	0
EP2	1	—	0	1	0	0	0	1	0	0	0	1	0	0	0	0	0	0	0	0	0
EP1	—	1	1	0	0	0	0	1	0	0	0	1	0	0	0	0	0	0	0	0	0

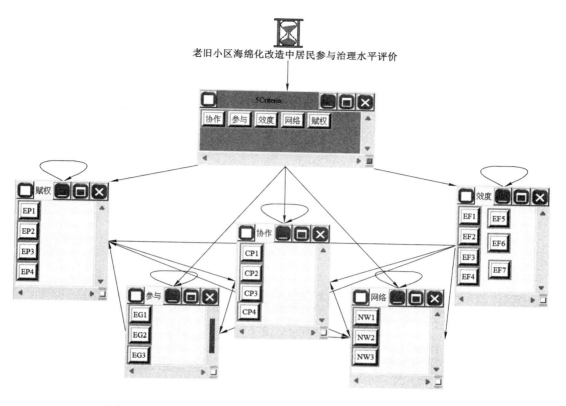

图 4-4　老旧小区海绵化改造的居民参与治理水平评价 ANP 模型

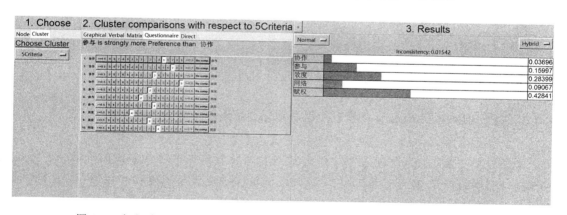

图 4-5　次准则层在 Super Decision 软件中计算获得的相对重要性及一致性检验

表 4-13　基于 ANP 的老旧小区海绵化改造居民参与治理水平评价指标权重

目标	次准则		三级指标		综合权重	三级指标排序
	名称	权重 w_i	编号	权重 w_{ij}	$w = w_i * w_{ij}$	
老旧小区海绵化改造的居民参与治理水平评价	赋权	0.428 4	EP1	0.657 4	0.281 6	1
			EP2	0.202 7	0.086 8	3
			EP3	0.094 2	0.040 4	9
			EP4	0.045 7	0.019 6	12
	参与	0.160 0	EG1	0.289 7	0.046 4	8
			EG2	0.655 4	0.104 8	2
			EG3	0.054 9	0.008 8	17
	协作	0.037 0	CP1	0.526 7	0.019 5	13
			CP2	0.063 0	0.002 3	21
			CP3	0.109 8	0.004 1	20
			CP4	0.300 5	0.011 1	16
	网络	0.090 7	NW1	0.704 9	0.063 9	6
			NW2	0.084 1	0.007 6	19
			NW3	0.210 9	0.019 1	14
			EF1	0.069 8	0.019 8	11
			EF2	0.041 1	0.011 7	15
	效度	0.284 0	EF3	0.280 9	0.079 8	4
			EF4	0.280 9	0.079 8	4
			EF5	0.180 1	0.051 2	7
			EF6	0.118 3	0.033 6	10
			EF7	0.029 0	0.008 2	18

4.4.3　基于 PROMETHEE Ⅱ 的老旧小区海绵化改造居民参与治理模式排序

4.4.3.1　老旧小区海绵化改造居民参与治理模式排名

考虑到本书采取高斯准则作为偏好函数,多数专家将高斯准则中的阈值参数 s 定为 3。按照统计模型的步骤,首先根据 32 位专家的评分数据确定决策矩阵和参数值,其次逐步计算偏好函数、居民参与治理模式之间的评价差异、正向流量和负向流量。由于 PROMETHEE Ⅱ 的计算过程较为复杂,文书使用 Visual PROMETHEE 软件对数据进行处理。下面以某一位专家的打分数据为例,将其对 7 类居民参与治理模式在评价指标上的得分输入到软件中可视化呈现,见图 4-6。在此基础上,将 32 位专家的数据分别输入软件进行计算,将得到的正向流量、负向流量和平均净流量取均值,可以得到最终居民参与治理模式正向流量、负向流量、平均净流量和排名结果,见表 4-14。

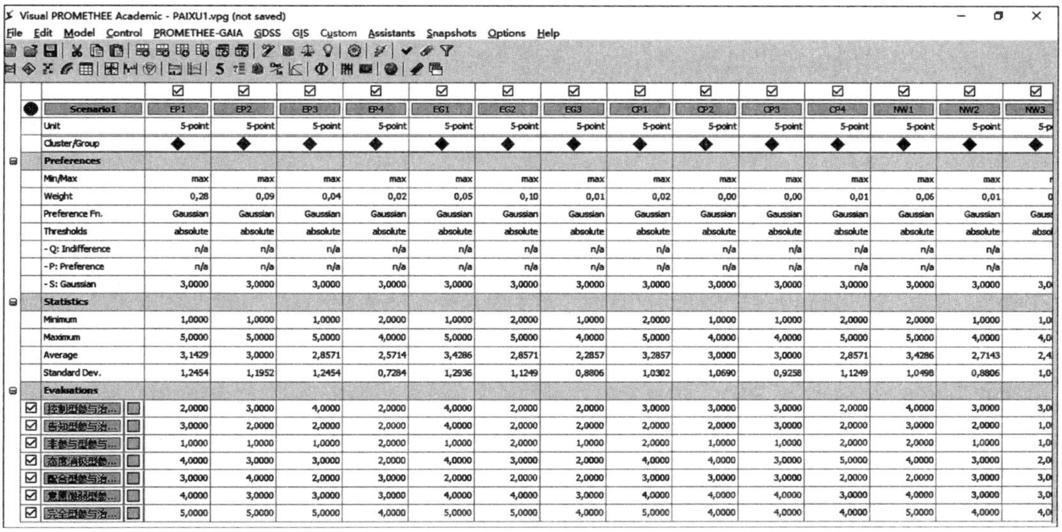

图 4-6　老旧小区海绵化改造的居民参与治理模式评价 PROMETHEE Ⅱ 模型

表 4-14　居民参与治理模式的流量得分

原属类别	居民参与治理模式	正向流量	负向流量	平均净流量 Φ
类别 1	控制型参与治理模式	0.027 9	0.080 1	−0.052 2
类别 2	告知型参与治理模式	0.023 8	0.074 4	−0.050 5
类别 3	非参与型参与治理模式	0.000 5	0.212 2	−0.211 7
类别 4	态度消极型参与治理模式	0.073 2	0.025 9	0.047 4
类别 5	配合型参与治理模式	0.046 7	0.069 2	−0.022 6
类别 6	意愿微弱型参与治理模式	0.093 4	0.013 7	0.079 7
类别 7	完全型参与治理模式	0.210 3	0.000 4	0.209 9

　　由表可知，居民参与治理模式的正向流量得分由高到低分别为完全型参与治理模式、意愿微弱型参与治理模式、态度消极型参与治理模式、配合型参与治理模式、控制型参与治理模式、告知型参与治理模式和非参与型参与治理模式，负向流量得分由低到高分别为完全型参与治理模式、意愿微弱型参与治理模式、态度消极型参与治理模式、配合型参与治理模式、告知型参与治理模式、控制型参与治理模式、非参与型参与治理模式。将正向流量减去负向流量，可得控制型参与治理模式、告知型参与治理模式、非参与型参与治理模式、态度消极型参与治理模式、配合型参与治理模式、意愿微弱型参与治理模式和完全型参与治理模式的平均净流量分别为−0.052 2、−0.050 5、−0.211 7、0.047 4、−0.022 6、0.079 7 和 0.209 9。为了可视化各类居民参与治理模式的排名，利用"PROMETHEE-GAIA"功能绘制最终排名图，见图 4-7。由图可知，完全型参与治理模式的参与治理水平得分最高，其次分别为意愿微弱型参与治理模式、态度消极型参与治理模式、配合型参与治理模式、告知型参与治理模式和控制型参与治理模式，而非参与型参与治理模式的参与治理水平得分最低。

　　在此基础上，可以定义居民参与治理模式的参与治理水平为 Y_k，即：

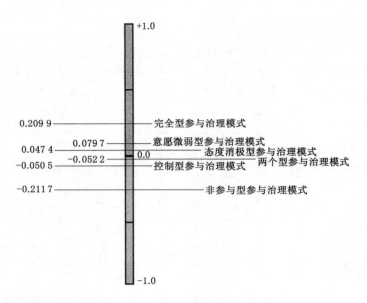

图 4-7　老旧小区海绵化改造的居民参与治理模式排名

$$Y_k = \begin{cases} 1, & y_k \in A_3 \\ 2, & y_k \in A_1 \\ 3, & y_k \in A_2 \\ 4, & y_k \in A_5 \\ 5, & y_k \in A_4 \\ 6, & y_k \in A_6 \\ 7, & y_k \in A_7 \end{cases}$$

式中，A_1＝{控制型参与治理模式}；A_2＝{告知型参与治理模式}；A_3＝{非参与型参与治理模式}；A_4＝{态度消极型参与治理模式}；A_5＝{配合型参与治理模式}；A_6＝{意愿微弱型参与治理模式}；A_7＝{完全型参与治理模式}。

4.4.3.2　老旧小区海绵化改造居民参与治理模式差异

在得出老旧小区海绵化改造居民参与治理模式排名之后，为了进一步分析各参与治理模式在不同评价指标上的差异，本节利用"PROMETHEE-GAIA"中的"Action profile"功能对各参与治理模式的特征分析。

对于控制型参与治理模式而言，其在各评价指标上的得分情况见图 4-8。由图可知，该类居民参与治理模式在 EP3、EG1、NW1 和 NW3 指标上的得分较高，而在 EP1、EG2、CP4、EF1、EF2、EF3 和 EF6 上的得分较低。这一现象说明，该类居民参与治理模式在社区层面配套了足够的经济资源使得居民有机会参与老旧小区海绵化改造的决策阶段，此外政府部门和施工方也积极引导居民参与。然而，政府部门对居民参与治理决策赋权不足，鲜有机会参与实施阶段的改造，因此在协调沟通上得分也较低，整体改造产生的效度较差。

对于告知型参与治理模式而言，其在各评价指标上的得分情况见图 4-9。由图可知，该类居民参与治理模式在 EG1 和 EF1 指标上的得分较高，而在 EP2、EP3、EG2、CP1、CP2、CP4、NW3、EF3、EF4 和 EF7 上的得分较低。这一现象说明，该类居民参与治理模式下居民参与老

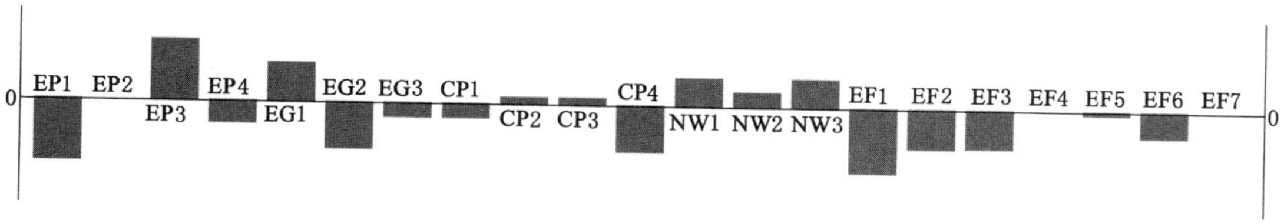

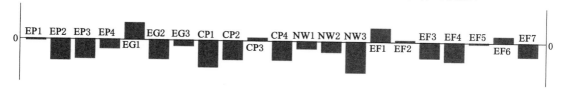

图 4-8 控制型参与治理模式在各评价指标上的得分

旧小区海绵化改造决策的机会较多,且有助于加深对老旧小区海绵化改造重要性的了解,然而该类模式下政府部门的追踪机制不够完善,缺少一定的资金配套,居民参与实施的可能性较低,社区、第三方组织、施工方等与居民协作较差,尤其施工方缺少对居民的引导,使得居民对改造后满意度较低,对政府信任度也未得到提升,甚至对社区环境的改善也较差。

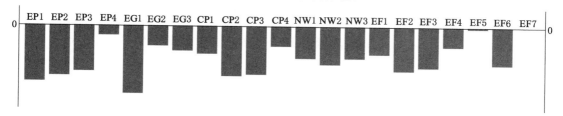

图 4-9 告知型参与治理模式在各评价指标上的得分

对于非参与型参与治理模式而言,其在各评价指标上的得分情况见图 4-10。由图可知,该类居民参与治理模式在赋权、参与、协作、网络和效度这 5 个维度的得分都很低,尤其是在赋权中的 EP1 和参与的 EG1 指标上得分最低。这一现象说明,该类居民参与治理模式下居民未获得足够的参与权利,缺乏参与海绵化改造的机会,各方协作关系也较差,未形成完善的参与治理网络,使得居民参与治理整体效度很差。

图 4-10 非参与型参与治理模式在各评价指标上的得分

对于态度消极型参与治理模式而言,其在各评价指标上的得分情况见图 4-11。由图可知,该类居民参与治理模式在 EP1、EG1、CP1、CP2、CP4、EF4 和 EF5 指标上的得分较高,而在 EF3 上的得分最低。这一现象说明,该类居民参与治理模式下居民被赋予一定决策权参与老旧小区海绵化改造,且政府部门、第三方组织和居民之间的协作关系较好,对政府的信任度得到提升,加快了项目的实施。然而,该类模式并没有提升居民对老旧小区海绵化改造的满意度。

对于配合型参与治理模式而言,其在各评价指标上的得分情况见图 4-12。由图可知,该类居民参与治理模式在 EP2、EF3 和 EF6 指标上的得分较高,而在 EG1、EG2、CP4、NW1、EF4 和 EF5 上的得分较低。这一现象说明,该类居民参与治理模式下政府部门提供一定追踪机制解决居民问题,居民参与提升了其对老旧小区海绵化改造的满意度,减少了居

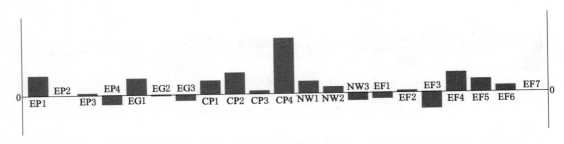

图 4-11　态度消极型参与治理模式在各评价指标上的得分

民的投诉。然而,该类模式下居民缺乏参与改造决策和实施阶段的机会,与协调单位的沟通较少,政府部门也缺乏一定的引导,导致居民参与治理没有提升对政府的信任,项目实施的进度也未得到改善。

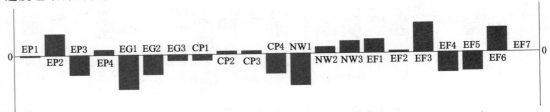

图 4-12　配合型参与治理模式在各评价指标上的得分

　　对于意愿微弱型参与治理模式而言,其在各评价指标上的得分情况见图 4-13。由图可知,该类居民参与治理模式除了在 EF1 指标上得分明显负向外,其余指标得分都为正向。这一现象说明,该类居民参与治理模式下居民获得足够的参与权利,有机会参与海绵化改造的全过程,各方协作关系也较好,形成了一定的参与治理网络,使得居民对改造后满意度较高,提升了对政府的信任程度。然而,居民的参与对提升居民海绵化改造重要性认知帮助较小。

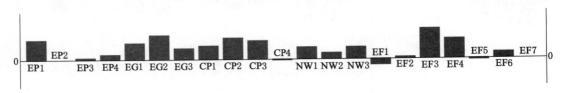

图 4-13　意愿微弱型参与治理模式在各评价指标上的得分

　　对于完全型参与治理模式而言,其在各评价指标上的得分情况见图 4-14。由图可知,该类居民参与治理模式在赋权、参与、协作、网络和效度 5 个维度的得分都很高,尤其是在赋权和参与指标上得分较高。这一现象说明,该类居民参与治理模式下居民获得足够的参与权利,有较多的机会参与海绵化改造,各方协作关系也较好,形成了完善的参与治理网络,居民参与治理整体效度很好。

4.4.4　长三角地区老旧小区海绵化改造居民参与治理水平综合评价结果

　　在对老旧小区海绵化改造居民参与治理模式的参与治理水平进行定义之后,结合上海、宁波、嘉兴、镇江和池州等城市采取不同参与治理模式的居民占比(表 4-15),可计算获得长

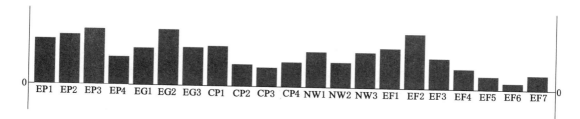

图 4-14　完全型参与治理模式在各评价指标上的得分

三角地区试点老旧小区海绵化改造城市居民参与治理水平综合评价结果,见表 4-16。由表可知,上海市整体老旧小区海绵化改造居民参与治理水平得分为 5.618 9,在 5 个城市中排名第一,其次分别是宁波(综合得分 5.440 1)、嘉兴(5.251 6)和镇江(4.990 4),老旧小区海绵化改造居民参与治理水平最低的是池州,综合得分为 4.681 4。

表 4-15　各城市采取不同参与治理模式的居民占比

单位：%

地区	模式 1	模式 2	模式 3	模式 4	模式 5	模式 6	模式 7	合计/%
上海	10.23	5.12	1.53	17.65	3.32	12.02	50.13	100.00
宁波	12.62	4.53	2.27	15.86	6.15	11.00	47.57	100.00
嘉兴	12.42	7.19	2.94	22.22	4.25	9.15	41.83	100.00
镇江	12.50	8.33	6.41	17.31	6.73	11.86	36.86	100.00
池州	8.55	5.90	17.99	20.06	2.95	8.55	35.99	100.00
总计	11.16	6.16	6.22	18.59	4.59	10.56	42.73	100.00

表 4-16　长三角试点老旧小区海绵化改造城市的居民参与治理水平综合评价结果

地区	上海	宁波	嘉兴	镇江	池州
综合得分	5.618 9	5.440 1	5.251 6	4.990 4	4.681 4
综合排名	1	2	3	4	5

通过上述分析发现,各城市居民参与治理水平之间存在差距。由于各城市中居民参与治理模式的不同,而这一现象可能是个体状况、社区资本、场域等因素综合作用的结果,因此必须对老旧小区海绵化改造的居民参与治理模式影响因素做进一步分析。

4.5 本章小结

首先,本章通过梳理老旧小区海绵化改造评价的相关文献,发现当前研究存在海绵城市建设中居民参与相关理论研究基础薄弱、海绵城市建设试点评估体系不全面和老旧小区海绵化改造试点实施成效不明等问题。在此基础上,提出老旧小区海绵化改造的居民参与治理水平评价作用,明确本书中老旧小区海绵化改造的居民参与治理水平评价是从政府管理角度出发对居民参与治理所带来后果的测量,并确定了评价的过程。

其次,本章对社会治理研究领域和社区治理研究领域涉及参与水平评价的指标进行整理,构建老旧小区海绵化改造的居民参与治理水平评价初步指标体系,再根据相关专家访谈结果对指标体系进行了优化筛选,并通过计算指标隶属度的方式确定最终的老旧小区海绵化改造的居民参与治理水平评价指标体系。

再次,对比评价常用的方法和治理水平评价指标权重确定方法,选取 ANP 和 PROMETHEE Ⅱ结合的方法来构建老旧小区海绵化改造的居民参与治理水平评价模型,并阐述本书评价模型的计算过程。

最后,采用构建的评价模型对老旧小区海绵化改造的居民参与治理模式进行排序,以长三角地区试点海绵城市老旧小区为研究对象,考虑不同城市中居民参与治理模式各类人群的比例,计算发现整体老旧小区海绵化改造居民参与治理水平排名第一的城市为上海,其次分别是宁波、嘉兴、镇江、池州。根据评价的结果,提出进一步研究方向。

第5章

老旧小区海绵化改造的居民参与治理影响机理

在实践的过程中,老旧小区海绵化改造中居民采取何种参与治理模式还受到其所处社会经济文化背景影响,厘清老旧小区海绵化改造的居民参与治理影响机理,分析居民参与治理模式内在逻辑和外在影响因素有助于为管理者提供参与治理工具,促进居民采取行动参与治理。因此,本章首先基于计划行为理论,结合居民在老旧小区海绵化改造过程中的参与治理模式特征,提出影响居民参与治理行为的相关假设,构建老旧小区海绵化改造居民参与治理模式内在逻辑分析的概念模型,并以长三角地区老旧小区海绵化改造居民参与治理模式实证分析部分收集的数据作为调研数据,利用结构方程模型对其进行验证。其次,对参与模式影响机理相关理论进行归纳,识别老旧小区海绵化改造的居民参与治理模式的影响因素,再基于梳理的理论框架提出相应的研究假设,以长三角地区试点海绵城市中的典型老旧小区居民为研究对象,实证分析老旧小区海绵化改造的居民参与治理模式的影响因素。

5.1 老旧小区海绵化改造的居民参与治理模式内在逻辑分析模型构建

5.1.1 居民参与治理模式内在逻辑研究理论框架

人在特定环境下的参与行为通常受到主观因素和客观因素的影响。其中,客观因素包括政治环境、经济条件、社区归属等[271-272],主观因素则包括居民知觉行为控制、主观规范、客观规范、态度等[80,273]。经过多年的研究和实践,逐步形成了一些解释行为差异的理论,如施瓦兹(Schwartz)提出的规范激活理论斯特恩(Stern)提出的价值信念规范理论和阿杰恩(Ajzen)提出的计划行为理论等。老旧小区海绵化改造的居民参与治理模式内含了居民参与治理行为的主观影响因素,因此本节从心理学视角研究老旧小区海绵化改造的居民参与治理模式的内在逻辑,以期解释居民参与治理行为与其主观影响因素之间的关系。为选择合适的理论框架,本书对心理学领域应用较为广泛的行为理论(模型)进行梳理,这些理论(模型)的名称、主要观点和应用领域见表5-1。

表 5-1　心理学领域常见的行为理论

理论/模型	主要观点	应用领域	文献来源
健康信念模型（HBM）	HBM是认知模型的一种,它假定行为是一些信念决定的,这些信念与个体健康受到的威胁及个体采取行动后的有效性有关。其中,个体感知的威胁包括行动的线索、对威胁的敏感性、感知到行为后果的严重性。个体采取行动后的有效性受感知到的利益、感知到的障碍和自我效能的影响	HBM被广泛应用到医疗卫生保健领域,如个体进行休闲活动行为的研究和高血压患者服药行为的研究。此外也有学者对该模型进行改进并应用到环保行为研究中	文献[274-278]
规范激活理论（NAT）	NAT是从个人规范理论视角出发研究利他行为的一种理论,它的核心是指个体会受到被激活的个体规范影响而采取行动。个体规范的激活必须同时具备结果认知(AC)和责任归属(AR)两个条件,结果认知是指个体认识到执行亲社会行为而产生的后果,责任属性是指个体愿意对不良后果负责	NAT主要被应用到帮助他人等亲社会行为、环保行为、绿色参与行为等领域的研究	文献[273,279-280]
价值信念规范理论（VBN）	VBN整合了规范激活理论、价值理论和新生态范式,认为价值观(利己主义、利他主义和生态主义)影响新生态范式、进而影响人对行为结果的感知,通过责任归属激活个体规范(采取某类行为的责任感),最终影响个体行为(在环境心理学领域影响的行为如:基金的环境行为、公共领域的非激进行为、私人领域的环境行为和组织里的环境行为)	VBN被广泛地应用到亲社会行为的研究中,近几年不断应用到个体环境行为影响因素的探究上	文献[279,281-283]
计划行为理论（TPB）	TPB是社会心理学领域重要的理论,用于解释个体行为决策的过程。该理论认为,个体态度、主观规范、知觉行为控制(三者相互影响,不同研究中假设有区别)会影响行为意向,进而影响个体所采取的具体行为	TPB在环境行为领域的应用较为广泛,如基于TPB提出居民循环用水行为影响因素模型	文献[80,197,279,281,284]

　　由表可知,健康信念模型(HBM)主要应用于医疗卫生保健领域,对个体健康行为具有较好的预测效力,其常用的理论模型见图5-1。例如,郭新艳等[277]基于HBM和计划行为理论构建了城镇居民体育健身行为的整合模型,发现影响健身行为发生的重要因素是主观控制感和行为意向,对健身行为益处的认知一方面有助于克服行为障碍认知,另一方面也可以促进个体采取行为。Lindsay等[278]将HBM应用到密苏里州的居民回收行为的分析上,结果表明改进的HBM可以较好地应用于居民环保行为预测上,居民障碍的感知和对严重性的感知影响他们的环保行为。

　　规范激活理论(NAT)主要被应用到帮助他人等亲社会行为、环保行为、绿色参与行为等领域的研究,其常用的理论模型见图5-2。近年来,国内外学者对这一模型不断改进,通过实证分析验证了模型在不同研究内容上的适用性。例如,王丽丽等[273]基于NAT,结合计划行为理论(TPB),构建了居民参与环境治理行为影响因素分析整合框架,通过实证分析发

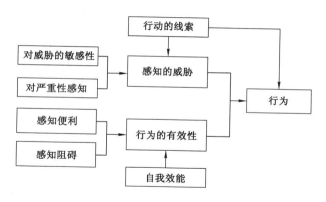

图 5-1　健康信念模型[285]

现居民个体规范对居民参与环境治理行为存在显著正向影响。Mehdizadeh 等[286] 使用 NAT 研究环境保护运输行为,通过对伊朗 733 位学生家长的调查数据分析发现 NAT 模型与可持续交通方式的选择并没有显著关系,但是人口、家庭和情景特征影响可持续交通方式的选择。

图 5-2　规范激活理论模型[281]

价值信念规范理论(VBN)被广泛地应用到亲社会行为的研究中,近几年不断被应用于个体环境行为影响因素的探究,见图 5-3。Ghazali 等[283] 利用 VBN 对马来西亚 6 类环境保护行为进行研究,认为价值观对人的信念有显著正向影响,信念对个体规范有显著正向影响,个体规范直接或间接影响环境保护行为(中介变量为社会规范),其中信念中的后果意识显著正向影响个体的责任归属。Liu 等[287] 基于 VBN 研究了价值观、新环境范式和亲环境个人规范等变量对中国内蒙古自治区大学生采取亲环境行为的影响,利用结构方程模型对 1 034 名内蒙古大学生调研数据进行实证分析,发现利他主义对亲环境行为有显著正影响而利己主义有负向预测作用,利己主义负向影响新生态范式,并且生态主义正向影响新生态范式,新生态范式对个人规范有显著正向影响,个人规范对亲环境行为有显著正向影响,利

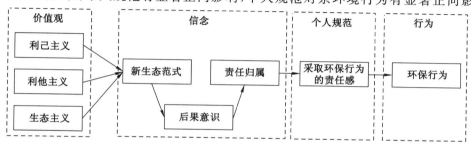

图 5-3　价值信念规范理论模型[282]

己主义和生态主义通过新生态范式和个人规范对亲环境行为产生影响。

计划行为理论(TPB)在环境行为领域的应用较为广泛,其常用的理论模型见图5-4。例如,Floress 等[200]基于 TPB,提出一个农民保护水质行为影响因素分析模型,发现农户的利益态度对农户的环保态度有显著正向影响,农户水质现状的认知对农户的环保态度有显著正向影响且对保护水质行为有直接正向影响,农户的环保态度对保护水质行为有显著正向影响。Gao 等[197]将 TPB 应用到居民循环用水行为研究上,且试图将认知因素和情感因素纳入一个统一的行为过程。基于这一理论框架,研究认知和情感对居民循环用水行为的影响,对 325 个样本的实证分析发现城市居民循环用水的感知可以激活他们对循环用水的情感,这种情感既包括积极的情感,也包括消极的情感。循环用水的行为意向一方面受到负面情感的影响,另一方面它也对循环用水行为产生影响;积极态度直接对循环用水行为产生影响,态度和行为又影响循环用水的惯习。

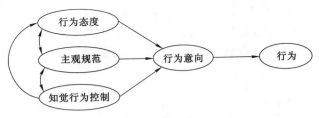

图 5-4   计划行为理论模型[284]

以上 4 类理论既有联系,也有区别,在不同研究领域适用情况存在差异。健康信念模型更多的是适用于医疗卫生保健领域,对个体健康行为的预测适用性较好。规范激活理论将道德引入理论模型,并认为道德会对个体环境保护行为产生影响,但是对于环境保护领域的某些重复行为无法进行解释。价值信念规范理论对规范激活理论进行了改进,一定程度上扩宽了行为理论在环保领域的应用。然而在我国环境保护相关行为的研究过程中,计划行为理论是应用最广的心理学类理论,其将主观规范、知觉行为控制、行为态度、行为意向和具体行为都纳入分析框架并作为一个整体去进行分析,对于从个体心理层面分析较为深入[279]。考虑到老旧小区海绵化改造的居民参与治理模式包括认知、情感和行为 3 个维度,结合聚类分析结果,本节选用计划行为理论作为理论框架对居民参与治理模式内在的逻辑进行分析。

5.1.2   居民参与治理模式内在逻辑相关研究假设

1991 年,Ajzen[284]对理性行为理论(TRA)的进行改进,提出计划行为理论(TPB)。该理论认为,个体态度、主观规范、知觉行为控制(三者相互影响,不同研究中假设有区别)会影响行为意向,进而影响个体所采取的具体行为。其中,行为态度是指个体对引发行为的事件及行为本身所产生的乐观或悲观的评价,Ajzen[288]在相关研究中明确指出态度会直接影响行为意愿和行为。主观规范是指个体在行动之前感受到的来自外部的社会压力,这种压力往往由社会结构中的社会关系主体对社会中个体施加所产生,如家人、朋友、同事等对某一行为的看法对个体所产生的压力[23]。知觉行为控制则通常被解释为个体根据经验对于将要实施的某项行为能否控制的了解程度[80,289];有学者认为,知觉行为控制可以理解为自我效能感[290-291];也有学者认为,除了自我效能,知觉行为控制还包括影响个体采取特定行为的控制力。考虑居民参与治理认知的内涵,本书知觉行为控制仅包括自我效能感。行为意向通常被假定为获取影响行为的动机因素,它表明个体愿意付出多大的努力来采取某项行动[284]。行为则是个体最终采取的行动,本书指的是居民在老旧小区海绵化改造过程中所采取的参与治理行为。

　　TPB 理论已广泛地被应用到社会学、管理学和心理学等领域的研究,并被证实对意愿和行为有较高的预测和解释能力。因此,本书基于 TPB 理论,考虑老旧小区海绵化改造的居民参与治理模式的内涵,建立老旧小区海绵化改造的居民参与治理模式内在逻辑概念框架图,见图 5-5。

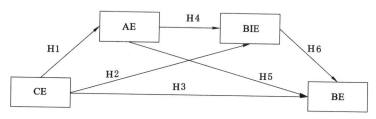

图 5-5　老旧小区海绵化改造的居民参与治理模式内在逻辑框架图

　　(1)老旧小区海绵化改造的居民参与治理认知相关假设。

　　由居民参与治理模式内涵可知,居民参与治理认知是指居民对老旧小区海绵化改造的意识和感知,主要包括居民的相关知识认知、知觉行为控制和主观规范。多数学者在相关知识认知、主观规范和知觉行为控制对个体参与态度、行为意愿和行为上进行了有益的探索,并证明其对参与态度、参与意愿和参与行为的正向作用。张红等[80]认为,居民参与社区治理的主观规范和知觉行为控制除直接正向影响公众参与社区治理的意愿外,还会正向影响居民参与社区治理的态度,此外居民参与的主观规范和知觉行为对居民参与社区治理行为也有显著正向影响。Gao 等[197]的研究结果显示居民对循环用水的感知正向影响居民循环用水积极和消极态度,此外居民对循环用水的感知也会显著影响居民采取循环用水的行为意向和最后的行为。王丽丽等[213]通过对城市居民参与环境治理行为影响因素的分析发现,居民对参与环境治理的结果认知对其参与治理态度和主观规范有显著正向影响,此外个体主观规范对感知行为控制及个体规范又产生影响,最终对个体参与环境治理的行为意向产生影响。Pradhananga 等[203]通过对公民在雨洪管理中的参与行为研究,发现公民参与行为受到自我效能和环境感知的影响。因此,可以提出 3 个假设:

　　H1:老旧小区海绵化改造的居民参与治理认知正向影响其参与治理态度。

　　H2:老旧小区海绵化改造的居民参与治理认知正向影响其参与治理行为意愿。

　　H3:老旧小区海绵化改造的居民参与治理认知正向影响其参与治理行为。

　　(2)老旧小区海绵化改造的居民参与治理态度相关假设。

　　由前文可知,在老旧小区海绵化改造的居民参与治理模式中,居民的情感参与可以分为居民参与治理态度和居民参与治理态度行为意向。多数学者的实证研究支持计划行为理论中的假设,即个体的态度受到个体的知觉行为控制和主观规范的影响,同时又对个体的行为意向产生影响。张红等[80]研究发现,居民参与社区治理的态度不仅影响居民参与社区治理的意向,也会影响居民参与社区治理的行为;此外,居民参与社区治理的态度在居民参与社区治理的知觉行为控制和参与行为意向之间起到中介作用。贾鼎[292]通过对公众参与环境公共决策的实地调研发现公众参与态度对公众参与的行为意向有显著正向影响,同时公众参与态度在参与价值认知和参与意愿之间中介作用明显。Floress 等[200]发现农民保护水源的行为意向受到农民对保护水源态度的影响,且态度在农民保护水源意识和保护水源行为意向之间起到中介作用。Gao 等[197]的研究结果显示城市居民对循环用水的负面情绪会影响居民的行为意向,此外他们的积极态度正向影响居民循环用水行为。Slagle 等[293]的研究发现个体参与保护水质的态度受到个体对风险的感知、个体主观规范和系统信息获取的影响,同时个体的态度又会对参与保护水质的行为意向产生影响。因此,可以提出两个假设:

H4:老旧小区海绵化改造的居民参与治理态度正向影响其参与治理行为意向。

H5:老旧小区海绵化改造的居民参与治理态度正向影响其参与治理行为。

H4a:老旧小区海绵化改造的居民参与治理态度在认知和行为意向之间起中介作用。

H5a:老旧小区海绵化改造的居民参与治理态度在认知和行为之间起中介作用。

(3)老旧小区海绵化改造的居民参与治理行为意向相关假设。

根据计划行为理论,个体的行为意向对其行为有影响,同时个体行为意向又作为中介变量影响着个体态度和个体认知对行为的影响。张红等[80]的研究结果显示居民参与社区治理的意向显著影响最终的参与社区治理行为,此外居民参与社区治理的参与意向在知觉行为控制、参与态度和参与行为之间中介作用明显。Gao 等[197]发现城市居民循环用水的行为意向会显著正向影响居民循环用水行为,且居民的行为意向在他们对循环用水知识的感知和循环用水行为之间起到中介作用。董新宇等[294]利用西安市的数据对环境决策中政府行为对公众参与的影响进行了实证分析,认为公众参与环境决策的意愿对公众参与行为有显著正向影响,但这种影响存在一定的限制,并非所有公民的参与意愿转化为了参与行为。田北海等[295]发现城乡居民社区参与的意愿对参与行为有一定影响,但并非所有的参与意愿都转化为了参与。因此,可以提出一个假设:

H6:老旧小区海绵化改造的居民参与治理行为意向正向影响其参与治理行为。

H6a:老旧小区海绵化改造的居民参与治理行为意向在认知和行为之间起中介作用。

H6b:老旧小区海绵化改造的居民参与治理行为意向在态度和行为之间起中介作用。

5.1.3 居民参与治理模式内在逻辑验证问卷设计

为了验证老旧小区海绵化改造的居民参与治理模式内在逻辑概念框架,本书拟通过发放调查问卷的方式获取数据以进行实证分析。根据 3.3.3 小节问卷设计结果,最终确定的问卷包括 4 个部分(附录 3):

(1)关于受访者的基本信息

其基本信息包括性别、年龄、学历、居住时长、独居与否、租房与否、车辆拥有状况、工作状况和月可支配收入等。

(2)关于居民参与治理认知的衡量

调查受访者对 8 项居民参与治理认知的看法(题项 CE1～CE8),这部分采用李克特五级量表(1 分代表"非常不同意",5 分代表"非常同意")。

(3)关于居民参与治理态度和参与治理行为意愿的衡量

调查受访者对 4 项居民参与治理态度(EE1～EE4)和 4 项参与治理行为意愿(题项 EE5～EE6)的看法,同样采用李克特五级量表(1 分代表非常不同意,5 分代表非常同意)。

（4）调查受访者在老旧小区海绵化改造 3 个阶段所采取的行为（题项 BE1～BE3）

三类问题均为多选题，按照选项中排名最高的行为作为最终得分（居民参与治理行为的排名见 3.2.3 小节，其中"阻碍实施"和"不参与"均取值为 1 分，"获取信息"与"鼓励他人"由于净流量为负均取值为 2 分，其余按照排名分别取 3～5 分）。

5.1.4　居民参与治理模式内在逻辑验证方法

结构方程模型（SEM）是建立在标准方法之上，对某一理论框架进行有效性理论验证的方法，该模型将通过问卷收集的反馈数据联系起来，具有较好的理论先验性、模型多元性和深度挖掘性，该方法被广泛地应用到心理学、环境科学、教育学和市场营销等领域[296]。例如，在心理学领域，宋源[297]利 SEM 对调研数据进行分析，发现员工心理资本负向显著影响其工作压力；在环境科学领域，焦开山[298]将 SEM 应用到 CGSS2010 的环境项目调查数据上，分析了公众环境意识、社会经济地位和环保行为之间的关系，验证了相关假设；在教育学领域，夏祥伟等[299]结合 8 000 多名研究生的数据，基于 SEM 对高校体育锻炼和社会支持促进高校研究生全面健康的相关假设进行验证。

作为一般线性模型的扩展，SEM 对总体现象有较高的解释效力，不仅能分析潜在变量之间的关系，还能在分析中处理测量误差，为验证假设检验提供了强大的理论支撑[300-301]。考虑到老旧小区海绵化改造的居民参与治理模式内在逻辑框架属于多重中介模型的一种，本书应用 SEM 对老旧小区海绵化改造的居民参与治理模式内在逻辑相关假设进行检验，并在此基础上分析老旧小区海绵化改造的居民参与治理模式内在逻辑。

5.2　老旧小区海绵化改造的居民参与治理模式内在逻辑实证分析

5.2.1　居民参与治理模式内在逻辑相关数据收集及样本特征

由于本章分析的是老旧小区海绵化改造居民参与治理模式内在逻辑，考虑到数据的连贯性，本章节仍然使用第 3 章收集到的关于老旧小区海绵化改造的居民参与治理认知、情感和行为相关数据。在各城市老旧小区中共发放问卷 2 000 份，除去有问题的问卷，共收回问卷 1 657 份，有效回收率为 82.85％。其中，在上海市、宁波市、嘉兴市、镇江市、池州市分别回收有效问卷 391 份、309 份、306 份、312 份和 339 份。

根据 3.4.2 节对所有受访者基本特征信息描述可知，在这些受访的老旧小区居民中，男性为 785 人，女性为 872 人，分别占比 47.37％和 52.63％；年龄结构上，44.42％的受访者年龄在 20～34 岁，35～49 岁的受访者占 25.29％，年龄为 20～49 岁的受访者较多；在学历（文化资本）方面，初中学历的受访者有 495 人（占比 29.87％），中专或高中毕业的受访者占比其次（27.76％），多数受访者文化资本处于中等水平；在居住时长上，43.21％的受访者在所在小区居住时长为 2～5 年，31.93％的受访者在本社区居住时长小于等于 1 年，仅有 4.1％的受访者居住时长在 10 年以上；在独居与否上，58.06％的受访者与家人或者朋友等一起居住，41.94％的受访者处于独居的状态；在租房与否上，71.27％的受访者并非租房状态；在工作状况上，80.99％的受访者有工作，仅有 6.64％的受访者退休，无工作或者在找工作的受访者占 12.37％；在月可支配收入（经济资本）方面，大约 50％的受访者月可支配收入在

4 000～7 999 元,大约 10.26% 的受访者月可支配收入在 2 000 元以下,月可支配收入在 8 000 元及以上的受访者占比 18.83%,多数受访者经济资本处于中低水平。此外,对受访者的参与治理认知、态度、行为意向和行为的测量发现,各观测变量值均略高于平均水平但没有超过 4 分(表 5-2),可见受访者在老旧小区改造中的参与治理水平不高。综上所述,调研样本的性别、年龄、学历、居住时长、独居与否、租房与否、工作状况、月可支配收入和所在城市等比较符合客观实际情况,可以据此开展进一步分析。

表 5-2　老旧小区海绵化改造的居民参与治理模式观测变量信息

潜变量	值域	观测变量	均值
CE	1～5	CE1	3.82
		CE2	3.65
		CE3	3.63
		CE4	3.90
		CE5	3.70
		CE6	3.84
		CE7	3.81
		CE8	3.89
AE	1～5	EE1	3.26
		EE2	3.52
		EE3	3.48
		EE4	3.57
BIE	1～5	EE5	3.49
		EE6	3.53
		EE7	3.61
		EE8	3.60
BE	1～5	BE1	3.83
		BE2	3.66
		BE3	3.88

5.2.2　调研数据信度、效度和相关分析

　　本章使用问卷与居民参与治理模式分类调研问卷相同。由 3.4.2 节对量表信度和效度分析可知,此次调研问卷获取数据的信度都较好,内容效度和结构效度都较为可靠。通过计算各变量相关题项平均值获得各变量得分,对各变量进行相关性分析。相关系数取值一般为 -1～1,绝对值越大则关系较为紧密[302]。由表 5-3 可知,居民参与治理认知(CE)和居民参与治理态度(AE)的相关系数为 0.228,且 $p < 0.05$,表明 CE 和 AE 之间存在显著的正向相关影响;居民参与治理认知(CE)、居民参与治理态度(AE)与居民参与治理行为意向(BIE)的相关系数分别为 0.129、0.464,且 $p < 0.05$,表明 CE、AE 与 BIE 之间存在显著的正向相关影响;居民参与治理认知(CE)、居民参与治理态度(AE)、居民参与治理行为意向(BIE)与居民参与治理行为(BE)的相关系数分别为 0.334、0.355、0.351,且 $p < 0.05$,表明

CE、AE、BIE 与 BE 之间存在显著的正向相关影响。

表 5-3　居民参与治理模式各维度变量相关分析

维度	CE	AE	BIE	BE
CE	1			
AE	0.228＊＊	1		
BIE	0.129＊＊	0.464＊＊	1	
BE	0.334＊＊	0.355＊＊	0.351＊＊	1

注：＊＊表示在置信度（双侧）为 0.01 时，相关性显著。

5.2.3　居民参与治理模式内在逻辑的验证

5.2.3.1　模型拟合度分析

在进行结构方程模型验证时，必须检查模型配适度，良好的配适度代表模型与样本接近程度较高。本小节选择并选择 CMIN 检验、CMIN/DF 的比值（卡方与自由度的比值）、GFI（配适度指标）、AGFI（调整后的配适度）、RMSEA（平均近似均方差）、IFI（渐增式配适指标）、NNFI（非基准配适指标）和 CFI（比较配适度指标）进行整体模型的配适度的评估，见表 5-4。由表可知，CMIN/DF 为 1.935，小于 3 以下标准，模型不需要修正；GFI、AGFI、NFI、TLI、IFI、CFI 均达到 0.9 以上的标准，较为理想；RMSEA 为 0.024，小于 0.08，可以接受。大多数拟合指标均符合 SEM 分析的标准，可认为该模型的配适度较好。

表 5-4　模型拟合度

拟合指标	可接受范围	测量值
CMIN		374.656
DF		146
CMIN/DF	＜3	2.566
GFI	＞0.9	0.977
AGFI	＞0.9	0.969
RMSEA	＜0.08	0.031
IFI	＞0.9	0.985
NFI	＞0.9	0.975
TLI(NNFI)	＞0.9	0.982
CFI	＞0.9	0.977

5.2.3.2　SEM 路径分析

在通过模型拟合度检验的基础上，利用 AMOS 25.0 软件绘制老旧小区海绵化改造居民参与治理模式内在逻辑 SEM 路径，见图 5-6。此外，采用最大似然估计法估算老旧小区海绵化改造的居民参与治理模式内在逻辑模型中各因变量的路径系数，经过软件的计算，可得到模型中各隐变量的路径分析结果，对应的标准化、非标准化系数、标准误差和假设验证情况等见表 5-5。

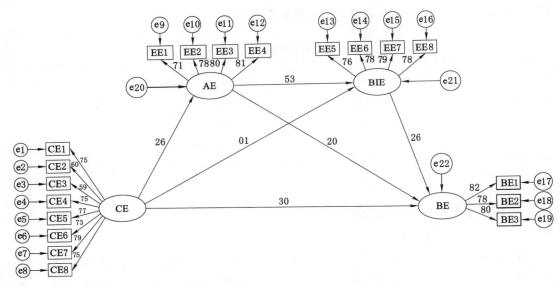

图 5-6 老旧小区海绵化改造居民参与治理模式内在逻辑 SEM 路径

表 5-5 路径系数和假设检验结果

假设	路径关系			标准化系数	非标准化系数	标准误差	T	p	假设检验
H1	AE	<---	CE	0.261	0.261	0.028	9.171	＊＊＊	支持
H4	BIE	<---	AE	0.534	0.575	0.034	16.788	＊＊＊	支持
H2	BIE	<---	CE	0.009	0.01	0.028	0.355	0.723	不支持
H6	BE	<---	BIE	0.258	0.291	0.037	7.969	＊＊＊	支持
H3	BE	<---	CE	0.299	0.363	0.033	11.061	＊＊＊	支持
H5	BE	<---	AE	0.202	0.245	0.04	6.105	＊＊＊	支持

注:＊＊＊代表 $p<0.001$。

由表 5-5 可知,居民参与治理认知(CE)对居民参与治理态度(AE)的标准化系数为 0.261,且 $p<0.05$,表明 CE 对 AE 具有显著的正向相关影响,假设 H1 得到验证;居民参与治理态度(AE)对居民参与治理行为意愿(BIE)的标准化系数为 0.534,且 $p<0.05$,表明 AE 对 BIE 具有显著的正向相关影响,假设 H4 得到验证;居民参与治理认知(CE)对居民参与治理行为意愿(BIE)的标准化系数为 0.009,且 $p>0.05$,表明 CE 对 BIE 不具有显著的相关影响,假设 H2 没有得到验证;居民参与治理行为意愿(BIE)对居民参与治理行为(BE)的标准化系数为 0.258,且 $p<0.05$,表明 BIE 对 BE 具有显著的正向相关影响,假设 H6 得到验证;居民参与治理认知(CE)对居民参与治理行为(BE)的标准化系数为 0.299,且 $p<0.05$,表明 CE 对 BE 具有显著的正向相关影响,假设 H3 得到验证;居民参与治理态度(AE)对(居民参与治理行为)BE 的标准化系数为 0.202,且 $p<0.05$,表明 CE 对 BE 具有显著的正向相关影响,假设 H5 得到验证。

5.2.3.3 中介作用检验

对于结构方程模型中介效应检验而言,中介变量 Z 若在自变量 X 和因变量 Y 之间起到作用需要满足以下 4 个条件:因变量 Y 受到自变量 X 的显著影响;中介变量 Z 受到自变量 X 的显著影响;因变量 Y 受到中介变量 Z 的显著影响;中介变量 Z 在被控制的情况下,自变量 X 对因变量 Y 的影响显著减弱(部分中介)或不显著(完全中介)。常用的中介效应检验方法有 Baron 等[212] 提出的因果法、Sobel 检验和 bootstrap 方法等,考虑到因果法统计功效较低和 Sobel 检验对样本分布的严格要求,本节采用 bootstrap 方法进行中介效应的检验。设定 bootstrap 样本数为 1000,执行中介效应检验,见表 5-6。通常 bootstrap 置信区间不包含 0 时,对应的直接、间接或总效应被证明存在。

表 5-6　中介变量分析结果

假设	路径关系	点估计值	Mackinnon PRODCLIN2		假设检验
		间接效应	Lower	Upper	
H4a	CE———>AE———>BIE	0.139	0.113 3	0.189 8	支持
H5a	CE———>AE———>BE	0.052	0.067 1	0.126 2	支持
H6a	CE———>BIE———>BE	—	−0.011 9	0.020 6	不支持
H6b	AE———>BIE———>BE	0.137	0.117 3	0.223 0	支持

(1) 老旧小区海绵化改造的居民参与治理态度(AE)在居民参与治理认知(CE)和居民参与治理行为意向(BIE)之间的间接效应。由表 5-6 可知,居民参与治理态度在 95% 置信水平下 Mackinnon PRODCLIN2 方法置信区间为[0.113 3,0.189 8],不包含 0 在内,说明老旧小区海绵化改造的居民参与治理态度在居民参与治理认知和居民参与治理行为意向之间的间接效应存在,间接效应取值为 0.139。因此,居民参与治理态度在居民参与治理认知对居民参与治理行为意向的结构方程模型之间具有中介效应,假设 H4a 得到验证。

(2) 老旧小区海绵化改造的居民参与治理态度(AE)在居民参与治理认知(CE)和居民参与治理行为(BE)之间的间接效应。由表 5-6 可知,居民参与治理态度在 95% 置信水平下 Mackinnon PRODCLIN2 方法置信区间为[0.067 1,0.126 2],不包含 0 在内,说明老旧小区海绵化改造的居民参与治理态度在居民参与治理认知和居民参与治理行为之间的间接效应存在,间接效应取值为 0.052。因此,居民参与治理态度在居民参与治理认知对居民参与治理行为的结构方程模型之间具有中介效应,假设 H5a 得到验证。

(3) 老旧小区海绵化改造的居民参与治理行为意愿(BIE)在居民参与治理认知(CE)和居民参与治理行为(BE)之间的间接效应。由表 5-6 可知,居民参与治理行为意愿在 95% 置信水平下 Mackinnon PRODCLIN2 方法置信区间为[−0.011 9,0.020 6],0 被包含在内,说明老旧小区海绵化改造的居民参与治理行为意愿在居民参与治理认知和居民参与治理行为之间的间接效应不存在。因此,居民参与治理行为意愿在居民参与治理认知对居民参与治理行为的结构方程模型之间不具有中介效应,假设 H6a 未得到验证。

(4) 老旧小区海绵化改造的居民参与治理行为意愿(BIE)在居民参与治理态度(CE)和居民参与治理行为(BE)之间的间接效应。由表 5-6 可知,居民参与治理行为意愿在 95% 置信水平下 Mackinnon PRODCLIN2 方法置信区间为[0.117 3,0.223 0],0 没有被包含在内,说明老旧小区海绵化改造的居民参与治理行为意愿在居民参与治理态度和居民参与治理行为之间的间接效应存在,间接效应取值为 0.137。因此,居民参与治理行为意愿在居民参与治理态度对居民参与治理行为的结构方程模型之间具有中介效应,假设 H6b 得到验证。

5.2.4 居民参与治理模式内在逻辑检验结果分析

(1)假设 H1 和 H3 得到验证,而假设 H2 未得到验证,即老旧小区海绵化改造的居民参与治理认知显著正向影响居民参与治理态度和行为,但对居民参与治理行为意向影响不显著。根据图 5-6,居民参与治理认知的 6 个观测变量 CE1、CE4、CE5、CE6、CE7 和 CE8 的荷载系数较高(0.75、0.75、0.77、0.73、0.79 和 0.75),对于居民参与治理态度和居民参与治理行为的解释显著。这一现象说明,了解老旧小区海绵化改造常用的低影响开发技术、清楚参与治理渠道、了解参与治理益处和主观规范水平较高的居民往往对老旧小区海绵化改造持积极态度,且采取具体行动参与老旧小区海绵化改造全过程,但居民参与治理认知的提升并不会对居民参与治理行为意愿产生直接影响。由表 5-2 可知,6 个潜变量的均值分别为 3.82、3.90、3.70、3.84、3.81 和 3.89,说明在长三角地区试点海绵化改造的老旧小区中,居民对老旧小区海绵化改造及参与治理的认知程度高于平均水平,但仍然存在认知误区。

(2)H4 和 H5 得到验证,即老旧小区海绵化改造的居民参与治理态度显著正向影响居民参与治理行为意向和居民参与治理行为。根据图 5-6,居民参与治理态度的 3 个观测变量 EE2、EE3 和 EE4 的荷载系数均接近 0.80(0.78、0.80 和 0.81),对居民参与治理行为意愿和行为的解释显著。这一现象说明,关心老旧小区海绵化改造进展、鼓励居民参与老旧小区海绵化改造、提供渠道让居民参与的情况下,居民参与老旧小区海绵化改造的意愿较为强烈,且愿意付出参与治理行动。由表 5-2 可知,3 个潜变量的均值分别为 3.52、3.48 和 3.57,说明在长三角地区试点海绵化改造的老旧小区中,居民在对待老旧小区改造带来益处和鼓励周围人参与上态度较为中立,并没有表现出明显的积极心态。

(3)H6 得到验证,即老旧小区海绵化改造的居民参与治理行为意向显著正向影响居民参与治理行为。根据图 5-6,居民参与治理行为意向的 4 个观测变量 EE5、EE6、EE7 和 EE8 的荷载均大于 0.75(0.76、0.78、0.79 和 0.78),都对居民参与治理行为的解释显著。这一现象说明愿意参与老旧小区海绵化改造的决策、实施和维护过程的居民(如愿意参加前期意见咨询会、向施工人员提供帮助和对后续维护不当进行投诉),且愿意付出时间和精力参加的人通常会采取实际的行动来参与全过程治理。由表 5-2 可知,居民参与治理行为意向 4 个观测的均值分别为 3.49、3.53、3.61 和 3.60,说明在长三角地区试点海绵化改造的老旧小区中,居民虽有参与海绵化改造全过程的意愿,但该意愿并不强烈。

(4)H4a、H5a 和 H6b 得到验证,而 H6a 未得到验证,即老旧小区海绵化改造的居民参与治理认知不仅可以通过影响居民参与治理态度对居民参与治理行为产生间接影响(CE→AE→BE),还可以通过居民参与治理态度和居民参与治理行为意向对居民参与治理行为产生间接影响(CE→AE→BIE→BE)。然而,居民参与治理行为意愿在居民参与治理认知和行为之间的中介作用不显著(CE→BIE→BE)。这一现象说明,了解老旧小区海绵化改造常用的低影响开发技术、清楚参与治理渠道、了解参与治理益处和主观规范水平较高的居民通常其对待老旧小区海绵化改造的态度也积极。这类积极的态度一方面直接促使其采取行动参与海绵化改造全过程,另一方面通过提升其参与治理意愿来使其采取措施参与治理。

5.3　老旧小区海绵化改造居民参与治理模式的影响因素模型构建

5.3.1　参与模式影响因素梳理

老旧小区海绵化改造的居民参与治理认知指的是居民对老旧小区海绵化改造相关知识的了解及应用这种知识的能力,通常包括对老旧小区海绵化改造相关知识的了解、居民参与治理意识和感知 3 个方面。此外,居民参与治理情感包括居民参与治理态度和参与治理意愿,居民参与治理行为包括居民在老旧小区海绵化改造的决策、实施和运维 3 个阶段的参与行为。因此,在对居民参与治理模式影响因素梳理时,从居民参与治理模式的内涵出发,以"knowledge of water/management＋influence factor/determinant""awareness＋influence factor/determinant""perception＋influence factor/determinant""cognition＋influence factor/determinant""attitude＋influence factor/determinant""behavioral intention＋influence factor/determinant""behavior＋influence factor/determinant""engagement＋influence factor/determinant"为组合关键词在 *Web of Science* 核心数据库中进行文献检索,同时以"认知＋影响因素""感知＋影响因素""意识＋影响因素""参与知识＋影响因素""参与态度＋影响因素""参与意愿＋影响因素""参与行为＋影响因素"为关键词在中国知网中进行文献中检索(文献截至 2019 年 8 月),在对文献的标题和摘要进行筛选后,剔除无关文献,对剩余相关文献进行详细归纳整理。

5.3.1.1　相关理论综述

对居民参与影响机理的研究一直是社会学、教育学和心理学等领域的研究重点,国内外学者对相关理论和影响因素进行了深入分析。本节将对居民参与影响机理相关理论进行梳理,见表 5-7。由表可知,当前对居民参与影响机理研究领域应用较为广泛的理论包括场动力理论、社会实践理论、社会行动理论和社会资本理论,这些理论有别于心理学领域常见的以个体内在属性为导向的行为理论,它们以行为为导向,通过外在环境与内部响应分析个体行为的转变。通过对这些理论的梳理,为居民参与治理模式影响因素的梳理提供思路。

表 5-7　参与影响机理相关的理论

理论名称	主要观点	应用领域	文献来源
场动力理论	场动力理论从心理学视角对人行为的研究,该理论认为个体行为的产生或改变不仅需要考虑个体因素,还需要考虑个体行为产生的外在环境	场动力理论主要应用在心理学、教育学和社会学等领域	文献[303-306]
社会实践理论	该理论认为,个体的实践受到场域、资本和惯习的影响。其中,社会场域构成布迪厄思想的切入点,提供了个体实践的空间,资本则为个体提供了实践的工具,惯习为个体提供实践的依据	社会实践理论被广泛应用到教育学、社会学和心理学等领域	文献[272,307]
社会行动理论	个体在外界环境的约束和制约下,利用一些手段或途径按照特定目的采取某项行动。社会行动的基本单元包括行动者、目标、情境和规范	社会行动理论在心理学、教育学和社会学等领域得到了一定程度的应用	文献[308-310]

表 5-7（续）

理论名称	主要观点	应用领域	文献来源
社会资本理论	在社会资本理论发展的过程中，科尔曼（Colman）对该理论进行了较为全面的表述。因此，这里以Colman 的定义出发去界定社会资本，认为其是由确保处在网络或社会结构中的个体发展和促进其社会化的资源总和，通常包括信任、规范、网络和公共精神	社会资本理论在政治学、社会学和教育领域得到了一定程度的应用	文献[311,312]

（1）场动力理论

场动力理论是由著名的社会心理学家库尔特·勒温提出的[303,306]。该理论认为，个体行为是个体因素与外在环境因素交互作用产生的，行为的产生和改变依赖于特定的空间场域，且空间场域的变化提供了行为改变的动力。勒温认为，行为受到人与环境共同组成的生活空间的影响，并基于此提出行为函数公式。目前，场动力理论主要应用在建筑业管理创新分析、领导力生成动力和教师发展动力的机制探析上，且取得了一定的研究进展。例如，陈奕林等[313]基于场动力理论将内在激励作为技术创新支持和建筑业管理创新行为之间的中介变量，探究场域对行为转变的影响。

$$B = f(PE) = f(LS) \tag{5-1}$$

式中，B 为个体的行为；P 为行为主体；E 为外部环境；LS 为生活空间。

（2）社会实践理论

社会实践理论由法国社会学家希迪厄（Bourdieu）于 1972 年提出的一类对行为抽象规范的理论，认为个体的实践行为受到场域、资本和惯习的影响，见图 5-7。该理论深受黑格尔辩证法、马克思主义、现象学等思想的影响，且被广泛应用到教育学、社会学和心理学等领域[272,314]。在社会实践理论的内涵中，场域被认为是一个相对自主的微观世界，个体采取的实践通常受到自身与外在环境交互而产生或改变，场域又可以分为空间场域（提供实践的物理空间）、关系场域（利益相关者之间的关系网络）、文化场域（提供实践的文化氛围）和信息场域（提供实践的相关信息）[315]4 个亚场域。此外，资本作为实践的工具是个体行为产生区别的主要原因，而资本又可以进一步分为经济资本、文化资本、社会资本和象征性资本，经济资本和个人财富收入有关，文化资本通常指个体的教育水平，社会资本代表个体的整个社会关系且包括信任、规范、网络和公共精神等内容，象征性资本则和个人荣誉有关[316-317]。在社会实践理论中，惯习不同于习惯是指个体根据对知识和所在环境的理解所做出的实践，如在公众参与社区事务治理上，公众的参与惯习普遍较差，政治理念贫困和缺乏契约精神致使其参与意识冷漠[318]。例如，宋惠芳[319]基于社会实践理论分析了农村妇女在社区参与中处于边缘化的原因，发现生活场域的冲突是农村妇女在城市社区参与中空间受限的主要原因，她们惯习的差异制约了参与的积极性，同时较低的文化资本也影响了她们参与的主动性。

（3）社会行动理论

塔尔科特·帕森斯[308]于 1938 年提出社会行动理论。他认为，社会行动的基本单元包括行动者、目标、情境和规范，该理论在社会学、教育学和心理学等领域得到了一定的应用。在社会行动理论中，行动者指的是对行动目标和行动手段进行抉择的个体，目标指的是个体

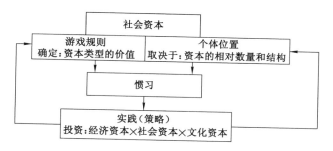

图 5-7　场域、资本和惯习之间的关系[314]

主观设定通过实践达到的某种状态,情境则是指个体行动的外部可控和不可控的环境,规范则是指允许个体行动的方式和范围和使社会系统良好运转的条件,见图 5-8。例如,田北海等[295]基于社会行动理论分析城乡居民社区参与存在的障碍,发现较差的情境体现制约了居民参与意愿向参与行为的转化,具体而言较低的社区基层总体工作满意度、便民工作满意度、治安联防工作满意度和生态文明创建工作满意度严重影响了居民的参与。

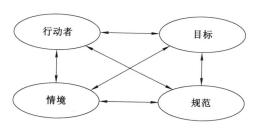

图 5-8　行动者、目标、情境和规范之间的关系

（4）社会资本

社会资本的概念首先由法国社会学家 Bourdieu 于 1980 年提出。他认为,社会资本是关系网中实际或潜在社会资源的集合,关系网络变化的主要动力就是社会资本。随后 Colman[320-321]于 1988 年从社会结构的意义上重新定义了社会资本,认为社会资本不仅包括个体义务和期望,还应当包括信息网络、权威关系、规范和有效惩罚、有意创建的组织和多功能的社会组织,这一论述对社会资本的分析也较为全面。真正将社会资本理论应用到政治学领域的是普特南（Putnam）,他在 Colman 基础上将社会资本从个体层面上升到集体层面,认为社会资本由信任、规范和网络等组成[322]。国内学者对社会资本的界定主要从 4 个角度出发,包括社会关系网络说、社会结构说、社会动员说和社会资源说。此外,国内外学者分别从个体层面和社区层面对社会资本进行测量,个体层面社会资本测量的方法分别是提名生成法和位置生成法,包括对关系网络结构观和地位结构观的测量,社区层面主要是对信任、参与网络、规范和合作进行测量[321]。例如,Warren 等[323]运用社会资本理论,构建了影响脸书（Facebook）在线公民参与行为的因素分析模型（图 5-9）,通过研究社会资本的 3 个维度——社会互动关系（结构性）、信任（关系）、共享语言和愿景（认知）,引入了 Facebook 如何塑造公民参与格局的新见解,发现社会互动关系显著正向影响公民的认知。

通过对上述 4 类理论的梳理,可以发现这些理论相互联系又有所区别,且均在心理学、教育学、政治学和社会学等领域得到了一定的应用。关于 4 类理论的联系,场动力理论中提到的外部环境、社会实践理论中提到的场域、社会行动理论中的情境和规范的内涵较为相近,皆有场域的含义。此外,社会实践理论中的资本不仅包含了社会资本理论中提到的内容,还包括经济资本和文化资本。当然,这 4 类理论又有所区别,场动力理论侧重于对生活空间的分析,社

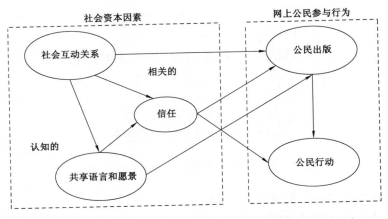

图 5-9　影响 Facebook 在线公民参与行为的因素分析模型[323]

会资本理论从资本的视角去分析个体行为的转变,而社会实践理论和社会行动理论涵盖了对个体行为产生和转变的广泛释义。考虑老旧小区海绵化改造的居民参与治理模式内部存在一定逻辑关系,从整体的角度分析居民参与治理模式的影响因素则成为重中之重,需要综合考虑上述 4 种理论,按照场域、资本和惯习等维度分析居民参与治理模式的影响机理。

5.3.1.2　参与模式影响因素综述

近年来,国内外学者基于场动力理论、社会实践理论、社会行动理论和社会资本理论等理论提出参与影响因素的理论框架,并对不同研究领域中参与影响因素进行了实证分析,发现常见的影响因素有基本特征、场域、社会资本、心理资本、惯习、社区归属感等。研究综述表明,不同的因素会影响研究对象的参与情况,且这些影响因素因项目、群体和国家的不同而异,见表 5-8。田北海等[295]分析了公共参与自信、社会网络密度、社交质量、社会参与经历和社区归属感对城乡居民社区参与的影响,发现上述因素阻碍了社区居民参与意愿向参与行为的转换。Dean 等[22]分析了年龄、性别、居住区域、教育水平、就业情况、职业、收入、居住时长、生活满意度得分、水使用得分、是否经历过水限制、别人希望我采取节水行为、别人采取节水行为和与水相关信息等对居民参与水敏感城市建设的影响,发现公民的年龄、性别、所在区域、收入、教育程度对公民参与水敏感城市建设有显著影响,此外公民对水敏感城市建设相关政策的支持显著影响公民的参与。

表 5-8　参与影响因素研究的主要发现

影响因素	主要发现	文献来源
基本特征	作为控制变量,公民的教育程度、宗教信仰和户籍制度对公民群体性事件的参与有显著性影响; 年龄和教育水平影响居民对土地利用和覆盖变化概念的理解和对产生原因的了解; 年龄和租户状态显著正向影响公众对于水质情况的感知; 性别和年龄对受访者循环用水感知有显著幸运; 不同地区和社会地位的人群对社区水问题的感知不同; 个体的年龄、教育水平和经济水平影响使用者对水质的感知; 个体所处的地区不同影响公众对水资源的认识; 公民年龄、性别、所在区域、收入、教育程度对公民参与水敏感城市建设有显著影响	文献[303, 324-329]

表 5-8（续）

影响因素	主要发现	文献来源
场域	关系场域：公民的社会公平感对公民参与群体性事件有显著正向影响； 文化场域：家庭成员的行为、邻居的行为、可回收垃圾的价值和奖励是可能对行为产生外部影响的社会动机因素； 信息场域：信息的传播和社区教育影响公众对受污染地盘管理的认知； 信息场域：居民对生态状况信息、氮磷减排措施信息和人工湿地建设资金等信息的了解影响其对水质的感知； 空间场域：不同地区城市居民对马来西亚水资源流失问题严重性的认知存在显著差异； 空间场域：是否沿海和年度降雨量会影响使用者对水质的感知； 空间场域：经历过水短缺的居民、循环用水流行地区的居民和经历过循环用水的居民更有可能接受使用循环水； 空间场域：生活在离水域更近的人往往对水相关问题感知程度更高； 空间场域：由于社区中文化硬件设施的缺少使得居民参与水平较低	文献[75,296,303,328,330-334]
社会资本	规范：环境法律和社区规章制度影响公众参与家庭垃圾管理； 规范：社区自治制度不完善使得管理体制束缚居民参与的发展； 网络：规模较小的社交网络和质量较差的社会交往阻碍了居民的社区参与； 公共精神：缺少社会事务参与经历阻碍了居民的社区参与； 公共精神：社区精神的缺失使得城市居民参与水平较低； 信任：对政府治安联防和社区基层工作的满意度影响居民的社区参与； 信任：对公共服务的满意度影响使用者对水质的感知； 社会资本（社会支持、社会影响力、社会组织的参与）会对个体参与健康活动有影响	文献[75,295,328,330,335]
心理资本	控制力：对个体能力的认知显著影响农民节水意愿； 控制力：居民对自身参与能力的判断影响去参与认知水平； 心态：公众对自己参与能力的不自信和对自身决策影响力的低估影响了城乡居民的社区参与； 城市居民公众的自我效能和积极乐观态度显著正向影响公民参与态度	文献[75,142,201,295]
惯习	惯习：在缺水时期养成的节水习惯会影响后续的水使用习惯； 惯习：节约用水的习惯会影响对节水事项的感知	文献[336-337]
社区归属感	环境归属感：对社区生态环境的满意度影响了居民的社区参与； 环境归属感：公民对社区环境的关注会影响公民参与社区雨洪管理； 邻里归属感：人际关系和社交网络在当地范围内发展影响公民在雨洪管理中的参与； 环境归属感：个人与特定地点之间的积极情感纽带会影响对节水事项的感知	文献[203,295,337]

　　通过对参与影响因素相关研究的综述可以发现，虽然对不同研究对象的参与进行分析，但是学者对参与影响因素的分析大多从基本特征、场域、社会资本、心理资本、惯习和社区归属感 6 个方面进行。具体内容如下：

（1）个体的基本特征

　　这类因素包括了居民的人口学和社会经济学特征，如人的性别、年龄、学历、居住时长、居住情况、租房与否、工作状况、收入和所在城市等，其中学历和收入分别对应社会实践理论中的文化资本和经济资本。个体的基本特征在不同研究对象中对参与的影响略有区别，所以应该结合具体问题进行分析。

（2）个体所在社区场域

该影响因素通常包括关系场域、文化场域、信息场域和空间场域。部分学者认为，所在社区场域不完善会使得居民参与降低；另有学者认为，场域作为调节变量影响社区资本、惯习和社区归属感等与参与行为的关系。

（3）个体所在社区社会资本

根据社会实践理论和社会资本理论，发现社会资本通常包括规范、网络、公共精神和信任4项指标，且实证分析的结果发现这4项指标对参与有显著正向影响。

（4）个体所在社区心理资本

根据社会实践理论，资本不仅包括社会资本，还包括心理资本。在实证分析过程中，心理资本在组织行为学和经济学等领域得到了一定的重视，且取得了一些进展。部分学者将其引入公众参与领域，发现心理资本的提升有助于提高公众的参与水平。

（5）个体的参与惯习

现有研究中对居民参与惯习的研究较少，少数学者对个体以往的惯习进行分析，发现过往的节水习惯会影响个体现阶段的参与认知和参与行为，良好的参与惯习有助于提升个体的参与认知，进而在个体参与过程中形成较好的参与惯习。

（6）个体的社区归属感

社区归属感是指人们与特定社区之间的情感联系，这类因素通常包括环境归属感和邻里归属感，环境归属感指的是对社区公共环境的满意度，邻里归属感指的是对社区的依赖程度，个体的社区归属感越强，则个体的参与程度相应较高。

5.3.2 居民参与治理模式影响因素预调研内容及结果分析

5.3.2.1 预调研内容及对象选择

在对居民参与模式影响因素梳理的基础上，可以初步假设居民的基本特征、场域、社会资本、心理资本、惯习和社区归属感等对居民参与模式有显著影响。为确定这些影响因素可否用于老旧小区海绵化改造居民参与治理模式的研究，本书结合老旧小区海绵化改造的特点，设计预调查问卷，并对场域、社会资本、心理资本、惯习和社区归属感等包含多项问题的指标进行因素分析。

本小节预调研问卷主要包括受访者的基本特征、受访者所在社区场域、受访者所在社区心理资本、受访者所在社区心理资本、受访者的参与惯习和受访者的社区归属感，具体问卷见附录6。除个体基本特征这一影响因素的衡量外，其余影响因素均采用李克特五级量表（1分代表非常不同意，5分代表非常同意），相关题项见表5-9。

一个好的因素分析样本量应该是大于调查问题数量的5倍[338]，本节老旧小区海绵化改造的居民参与治理模式影响因素测量题项共27份，因此应当最少发放问卷135份（27×5＝135份）。本节选取上海市的新芦苑A区、宁波市的姚江花园、嘉兴市的烟雨社区、镇江市的三茅宫社区和池州市怡景园小区作为预调研地点进行问卷的发放，考虑到发放误差等因素，最终向居民发放300份。经过调研，共回收问卷264份，有效问卷248份，有效回收率达到82.67％。

表 5-9　老旧小区海绵化改造的居民参与治理模式影响因素度量初步问卷

变量		编号	题项（观测变量）	度量
社区场域	空间场域	fe1	我所在的社区经常在暴雨后发生内涝,严重影响居民生活	
		fe2	社区有专门的场地用于宣传老旧小区海绵化改造	
		fe3	在老旧小区海绵化改造的过程中,可以去居委会或者街道办等地方进行投诉	
	关系场域	fe4	我经常与邻居或社区工作人员交流社区发生的事情	
		fe5	政府部门及时解决老旧小区海绵化改造中出现的问题	
		fe6	老旧小区海绵化改造过程中施工人员与社区居民积极沟通相关问题	
	文化场域	fe7	我所在社区居民普遍有热情参与老旧小区海绵化改造	
		fe8	政府对积极参与老旧小区海绵化改造的居民提供一定的物质或者精神奖励	
	信息场域	fe9	在社区很容易获取老旧小区海绵化改造的信息	
		fe10	我所在社区居民普遍了解老旧小区海绵化改造的内容、方式和途径	
社会资本	信任	sc1	我相信政府部门\社区工作人员能给我创造机会让我参与海绵化改造	采用1～5打分,1分为非常不同意,5分为非常同意
		sc2	政府或社区等有关部门会妥善处理我在老旧小区海绵化改造上提出的问题和看法	
	规范	sc3	我觉得目前老旧小区海绵化改造的管理制度比较规范	
	网络	sc4	我觉得现阶段老旧小区海绵化改造有完善的参与网络,如非政府组织介入帮助居民参与	
	公共精神	sc5	我相信周边的人都积极参加老旧小区海绵化改造项目	
心理资本	控制力	pc1	我能抽出时间和精力参与老旧小区海绵化改造	
		pc2	给我机会,我觉得我有能力通过参与老旧小区改造使改造工程更合理	
		pc3	在老旧小区改造前,我能获知相关改造信息	
	乐观心态	pc4	如果在老旧小区海绵化改造过程中遇到了困难,我能想出很多办法解决这些困难	
		pc5	我认为目前我在老旧小区海绵化改造中的参与非常成功	
惯习	参与惯习	he1	我时常参加与我息息相关的老旧小区改造项目	
		he2	我时常通知他人关于老旧小区改造的信息	
		he3	我时常与政府\社区工作人员交往	
社区归属感	邻里归属感	ca1	我比较关心社区公共事务	
		ca2	我对本社区当前公共事务的决策和处理方式较为满意	
	环境归属感	ca3	我对本社区基本公共服务设施及硬件条件较为满意	
		ca4	我对本社区的绿化、环境及公共区域空间利用较为满意	

在数据收集之后,利用主成分分析和相关性分析对老旧小区海绵化改造的居民参与治理模式影响因素测量题项进行筛选。在通过主成分分析对影响因素进行筛选时,将同一个影响因素维度内荷载系数较小的因素删除,不同学者对荷载系数的设置介于 0.4～0.9 [339],本书选取荷载系数绝对值小于 0.4 作为删除的条件,保证筛选后保留的影响因素题项对老旧小区海绵化改造居民参与治理模式的影响显著。在此基础上,通过计算同一影响因素维度内因素之间的相关系数,结合相关专家的经验,将相关系数大于 0.9 的两指标中对老旧小区海绵化改造的居民参与治理模式影响较弱的因素删除,从而减少信息的冗余。

5.3.2.2 预调研结果分析

（1）描述性统计分析

经过初步调研,发现 248 位受访者中,男性为 141 人,女性 107 人,分别占比为 56.85% 和 43.15%;在年龄结构上,65 岁以上的受访者最多,占比高达 34.68%,其次是 50～64 岁的受访者,表明受访者中老年人较多;在文化资本方面,专科毕业的人占比最高,达到 33.87%,本科及以上的人占比仅为 2.42%,老旧小区中受访者整体文化水平处于中等;在居住时长上,超过 60% 的受访者居住时长超过 10 年以上,仅有 9 人居住时长小于等于 1 年,可见多数受访者应当对所在社区较为熟悉;在独居与否上,92.74% 的受访者与家人或者朋友等一起居住,仅有 7.26% 的人独居;在租房与否上,大多数受访者(96.37%)并非租房状态;在工作状态上,49.19% 的受访者退休,这与受访者中超 50% 为老年人的情况相吻合,此外,49.60% 的受访者有工作,仅有 3 人无工作或者在找工作;在经济资本方面,40.73% 的受访者月可支配收入为 2 000～3 999 元,多数受访者经济水平较低;在所处区域上,来自上海、宁波、嘉兴、镇江和池州的受访者数量均接近 50 人,空间分配上较为合理。表 5-10 详细描述了受访者的基本特征信息,由表可知样本的基本特征比较符合客观实际情况,可以据此开展进一步的分析。

表 5-10　受访者基本特征信息

变量	选项	频数	占比/%	变量	选项	频数	占比/%
性别	男	141	56.85	居与否	否	230	92.74
	女	107	43.15		是	18	7.26
年龄	<20 岁	6	2.42	租房与否	否	239	96.37
	20～34 岁	15	6.05		是	9	3.63
	35～49 岁	59	23.79	工作状况	无工作或在找工作	3	1.21
	50～64 岁	82	33.06		有工作	123	49.60
	65 岁及以上	86	34.68		退休	122	49.19
文化程度	小学	15	6.05	月可支配收入	2 000 元以下	12	4.84
	初中	65	26.21		2 000～3 999 元	101	40.73
	中职或高中	78	31.45		4 000～5 999 元	72	29.03
	高职	84	33.87		6 000～7 999 元	39	15.73
	本科及以上	6	2.42		8 000 元及以上	24	9.68

表 5-10(续)

变量	选项	频数	占比/%	变量	选项	频数	占比/%
	≤1 年	9	3.63		上海	48	19.35
	2～5 年	36	14.52		宁波	49	19.76
居住时长	6～10 年	45	18.15	所在城市	嘉兴	45	18.15
	10 年以上	158	63.71		镇江	52	20.97
					池州	54	21.77

在对受访者基本特征信息统计之后,进一步对预调研数据中测量题项的最小值、最大值、均值、标准差、偏度、偏度标准误差、峰度、峰度标准误差等描述性统计和正态分布性分析(表 5-11)。一般而言,利用李克特五级量[142]表打分的题项要服从正态分布,样本数据偏度的绝对值要小于 3,而峰度的绝对值要小于 8。由表 5-11 可知,预调研数据中测量题项标准差取值范围为 0.899～1.245,数据离散程度较为适中。此外,各变量偏度绝对值在 0.022～1.781,各变量峰度绝对值在 0.235～2.866,预调研数据中测量题项基本服从正态分布,可进行下一步分析。

表 5-11 预调研数据的描述性统计和正态分布性

观测变量	N	最小值	最大值	均值	标准差	偏度	偏度标准误差	峰度	峰度标准误差
fe1	248	1	5	3.50	0.939	−1.406	0.155	1.015	0.308
fe2	248	1	5	2.98	1.087	0.048	0.155	−0.599	0.308
fe3	248	1	5	3.47	0.899	−1.379	0.155	1.349	0.308
fe4	248	1	5	3.23	0.987	−0.790	0.155	−0.567	0.308
fe5	248	1	5	3.23	1.081	−0.710	0.155	−0.469	0.308
fe6	248	1	5	2.89	1.222	−0.078	0.155	−0.864	0.308
fe7	248	1	5	3.35	1.081	−0.744	0.155	−0.436	0.308
fe8	248	1	5	3.13	1.036	−0.187	0.155	−0.900	0.308
fe9	248	1	5	3.14	1.005	−0.206	0.155	−0.684	0.308
fe10	248	1	5	2.90	1.040	0.125	0.155	−0.561	0.308
sc1	248	1	5	2.66	1.240	0.123	0.155	−1.078	0.308
sc2	248	1	5	3.61	1.051	−1.502	0.155	1.597	0.308
sc3	248	1	5	2.52	1.187	0.169	0.155	−1.224	0.308
sc4	248	1	5	2.89	1.245	−0.152	0.155	−1.130	0.308
sc5	248	1	5	3.71	0.938	−1.781	0.155	2.866	0.308
pc1	248	1	4	2.04	0.926	0.568	0.155	−0.526	0.308
pc2	248	1	4	1.97	0.945	0.491	0.155	−0.901	0.308
pc3	248	1	5	2.60	1.083	0.133	0.155	−0.705	0.308
pc4	248	1	4	2.05	1.019	0.427	0.155	−1.089	0.308

表 5-11（续）

观测变量	N	最小值	最大值	均值	标准差	偏度	偏度标准误差	峰度	峰度标准误差
pc5	248	1	4	1.97	0.996	0.727	0.155	−0.555	0.308
he1	248	1	5	2.73	1.219	0.233	0.155	−0.738	0.308
he2	248	1	5	3.00	1.018	−0.023	0.155	−0.426	0.308
he3	248	1	5	2.85	1.020	0.295	0.155	−0.235	0.308
ca1	248	1	5	3.04	1.232	0.022	0.155	−1.136	0.308
ca2	248	1	5	3.10	1.096	−0.220	0.155	−0.591	0.308
ca3	248	1	5	3.08	1.157	−0.222	0.155	−0.732	0.308
ca4	248	1	5	3.05	1.126	−0.044	0.155	−0.778	0.308

（2）量表的信度与效度

在前述收集数据并开展描述性统计的基础上，本书利用 SPSS 25.0 执行信度分析，可得 248 份问卷测量题项部分总体 Cronbach's Alpha 为 0.746（>0.70），说明问卷具有一定的可靠性。在结构方面，应用 SPSS 25.0 运算后得到表 5-12，表中显示 KMO 为 0.773 （>0.700），Bartlett's 球形检验值显著（$p<0.001$），说明量表数据符合因子分析的前提要求。

表 5-12　KMO 及 Bartlett's 球形检验结果

KMO 值		0.773
Bartlett's 球形检验	近似卡方	3783.427
	自由度	351
	显著性	0.000

（3）基于主成分分析的观测变量筛选

基于量表效度分析结果，本小节进行探索性因子分析，采用主成分分析法提取特征值大于 1 的因子；同时利用最大方差法进行因子旋转，排除因子荷载小于 0.4 的题项，共得到 7 个因子，旋转后累计解释方差达到 71.053%，方差累计统计具体见表 5-13，旋转成分矩阵见表 5-14。通常对于观测变量的删减需满足 3 个条件：第一，当某一观测变量单独组成一个因子时，该变量缺少内部一致性，可删除；第二，当某一变量的因子荷载小于 0.4 时，缺少内部收敛性，可删除；第三，当某一变量横跨到两个及两个以上因子时，可删除[142]。由表 5-14 可知，观测变量 fe2、fe6、fe10、sc1 和 pc3 满足删除条件，可考虑删除。

表 5-13　居民参与治理模式影响因素提取成分与方差累积统计

成分	初始特征值			旋转载荷平方和		
	总计	方差百分比/%	累积/%	总计	方差百分比/%	累积/%
1	5.563	20.603	20.603	4.666	17.281	17.281
2	4.019	14.884	35.487	3.216	11.910	29.191
3	2.855	10.575	46.062	2.729	10.109	39.299

表 5-13(续)

成分	初始特征值			旋转载荷平方和		
	总计	方差百分比/%	累积/%	总计	方差百分比/%	累积/%
4	2.147	7.951	54.013	2.494	9.237	48.536
5	1.738	6.435	60.448	2.479	9.181	57.717
6	1.582	5.861	66.309	1.905	7.055	64.772
7	1.281	4.744	71.053	1.696	6.281	71.053
8	0.959	3.551	74.604			
9	0.805	2.983	77.586			
10	0.741	2.743	80.329			
11	0.641	2.373	82.703			
12	0.546	2.022	84.724			
13	0.492	1.822	86.547			
14	0.440	1.631	88.177			
15	0.385	1.427	89.605			
16	0.363	1.343	90.947			
17	0.309	1.145	92.092			
18	0.305	1.131	93.223			
19	0.273	1.013	94.236			
20	0.262	0.969	95.205			
21	0.237	0.876	96.082			
22	0.232	0.861	96.943			
23	0.202	0.749	97.691			
24	0.192	0.711	98.402			
25	0.177	0.654	99.057			
26	0.146	0.542	99.599			
27	0.108	0.401	100.000			

表 5-14　旋转成分矩阵

变量	题项	因子						
		1	2	3	4	5	6	7
所在社区场域	fe1	0.854						
	fe2						0.867	
	fe3	0.73						
	fe4	0.787						
	fe5	0.812						
	fe6						0.639	
	fe7	0.861						
	fe8	0.818						
	fe9	0.697						
	fe10							0.867

变量	题项	因子						
		1	2	3	4	5	6	7
社会资本	sc1						0.801	
	sc2				0.754			
	sc3				0.699			
	sc4				0.693			
	sc5				0.736			
心理资本	pc1			0.781				
	pc2			0.817				
	pc3						0.804	
	pc4			0.746				
	pc5			0.845				
惯习	he1					0.881		
	he2					0.894		
	he3					0.888		
社区归属感	ca1		0.857					
	ca2		0.869					
	ca3		0.874					
	ca4		0.891					

（4）基于相关性分析的观测变量筛选

在剔除观测变量 fe2、fe6、fe10、sc1 和 pc3 之后，对场域、社会资本、心理资本、惯习和社区归属感等维度的观测变量分别进行相关性分析，可得到表 5-15 至表 5-19。由 5 个表格中相关性系数可知，各维度观测变量之间相关性系数均小于 0.9，观测变量之间独立性较好，不存在重复的信息，故保留余下题项。

表 5-15 场域维度观测变量相关性分析

观测变量	fe1	fe3	fe4	fe5	fe7	fe8	fe9
fe1	1	0.642**	0.700**	0.603**	0.699**	0.597**	0.494**
fe3	0.642**	1	0.505**	0.648**	0.502**	0.523**	0.452**
fe4	0.700**	0.505**	1	0.514**	0.704**	0.502**	0.429**
fe5	0.603**	0.648**	0.514**	1	0.632**	0.686**	0.683**
fe7	0.699**	0.502**	0.704**	0.632**	1	0.748**	0.499**
fe8	0.597**	0.523**	0.502**	0.686**	0.748**	1	0.575**
fe9	0.494**	0.452**	0.429**	0.683**	0.499**	0.575**	1

注：＊＊代表在 0.01 级别（双尾）相关性显著。

表 5-16 社会资本维度观测变量相关性分析

观测变量	sc2	sc3	sc4	sc5
sc2	1	0.392 * *	0.418 * *	0.593 * *
sc3	0.392 * *	1	0.577 * *	0.405 * *
sc4	0.418 * *	0.577 * *	1	0.249 * *
sc5	0.593 * *	0.405 * *	0.249 * *	1

注：* * 代表在 0.01 级别（双尾）相关性显著。

表 5-17 心理资本维度观测变量相关性分析

观测变量	pc1	pc2	pc4	pc5
pc1	1	0.533 * *	0.406 * *	0.625 * *
pc2	0.533 * *	1	0.561 * *	0.679 * *
pc4	0.406 * *	0.561 * *	1	0.496 * *
pc5	0.625 * *	0.679 * *	0.496 * *	1

注：* * 代表在 0.01 级别（双尾）相关性显著。

表 5-18 惯习维度观测变量相关性分析

观测变量	he1	he2	he3
he1	1	0.721 * *	0.721 * *
he2	0.721 * *	1	0.749 * *
he3	0.721 * *	0.749 * *	1

注：* * 代表在 0.01 级别（双尾）相关性显著。

表 5-19 社区归属感维度观测变量相关性分析

观测变量	ca1	ca2	ca3	ca4
ca1	1	0.720 * *	0.680 * *	0.711 * *
ca2	0.720 * *	1	0.706 * *	0.711 * *
ca3	0.680 * *	0.706 * *	1	0.808 * *
ca4	0.711 * *	0.711 * *	0.808 * *	1

注：* * 代表在 0.01 级别（双尾）相关性显著。

　　通过主成分分析和相关性分析对观测变量的筛选，最终确定了 5 个维度共 22 个题项，将删除的题项在筛选结果中以"删除"标示，剩余题项以"保留"标示，见表 5-20。

表5-20　老旧小区海绵化改造的居民参与治理模式影响因素观测变量筛选结果

变量	编号	题项内容 （观测变量）	筛选结果	备注
社区场域	空间场域	fe1	我所在的社区经常在暴雨后发生内涝,严重影响居民生活	保留
		fe2	社区有专门的场地用于宣传老旧小区海绵化改造	删除
		fe3	在老旧小区海绵化改造的过程中,可以去居委会或街道办等地方进行投诉	保留
	关系场域	fe4	我经常与邻居或社区工作人员交流社区发生的事情	保留
		fe5	政府部门及时解决老旧小区海绵化改造中出现的问题	保留
		fe6	老旧小区海绵化改造过程中施工人员与社区居民积极沟通相关问题	删除
	文化场域	fe7	我所在社区居民普遍有热情参与老旧小区海绵化改造	保留
		fe8	政府对积极参与老旧小区海绵化改造的居民提供一定的物质或精神奖励	保留
	信息场域	fe9	在社区很容易获取老旧小区海绵化改造的信息	保留
		fe10	我所在社区居民普遍了解老旧小区海绵化改造的内容、方式和途径	删除
社会资本	信任	sc1	我相信政府部门/社区工作人员能给我创造机会让我参与老旧小区海绵化改造	删除
		sc2	政府或社区等有关部门会妥善处理我在老旧小区海绵化改造上提出的问题和看法	保留
	规范	sc3	我认为目前老旧小区海绵化改造的管理制度比较规范	保留
	网络	sc4	我认为现阶段老旧小区海绵化改造有完善的参与网络,如非政府组织介入帮助居民参与	保留
	公共精神	sc5	我相信周边的人都积极参加老旧小区海绵化改造项目	保留
心理资本	控制力	pc1	我能抽出时间和精力参与老旧小区海绵化改造	保留
		pc2	如果给我机会,我觉得我有能力通过参与老旧小区改造使改造工程更合理	保留
		pc3	在老旧小区改造前,我能获知相关改造信息	删除
	心态	pc4	如果在老旧小区海绵化改造过程中遇到了困难,我能想出很多办法解决这些困难	保留
		pc5	我认为,目前我在老旧小区海绵化改造中的参与非常成功	保留
惯习	参与惯习	he1	我时常参加与我息息相关的老旧小区改造项目	保留
		he2	我时常通知他人关于老旧小区改造的信息	保留
		he3	我时常与政府/社区工作人员交往	保留

表 5-20(续)

变量	编号	题项内容 (观测变量)	筛选结果	备注
社区归属感	邻里归属感	ca1	我比较关心社区公共事务	保留
		ca2	我对本社区当前公共事务的决策和处理方式较为满意	保留
	环境归属感	ca3	我对本社区基本公共服务设施及硬件条件较为满意	保留
		ca4	我对本社区的绿化、环境及公共区域空间利用较为满意	保留

5.3.3 居民参与治理模式影响因素理论框架与研究假设

5.3.3.1 理论框架

基于场动力理论、社会实践理论、社会行动理论和社会资本理论,前文通过梳理参与影响因素相关文献,初步设计了老旧小区改造海绵化改造居民参与治理模式影响因素问卷,并进行了预调研收集数据。通过预调研分析发现除了观测变量 fe2、fe6、fe10、sc1 和 pc3 之外,场域、社会资本、心理资本、惯习和社区归属感等维度观测变量的设置较为合理。在此基础上,由于 4 类理论既有区别又有联系,因此本小节主要以场动力理论、社会实践理论、社会行动理论和社会资本理论为理论基础,分析个体的基本特征、所在社区场域、社会资本、心理资本、惯习和社区归属感对老旧小区改造海绵化改造居民参与治理模式的影响。

5.3.3.2 研究假设

由社会实践理论、社会资本理论和社会行动理论可知,个体实践产生区别的主要原因之一是资本(规范),多数学者将社会资本作为解释实践的理论范式[316-317,340],制度性落后、管理体系不规范和社会组织发育不成熟等问题导致的社会资本匮乏一定程度上降低了居民参与水平[295,341-342]。也有部分学者认为,个体较差控制力和悲观心态等造成的心理资本降低也会影响其参与态度,进而影响参与行为[142]。因此,本研究可以提出如下两个假设:

H1:老旧小区海绵化改造中居民社会资本显著影响其参与治理模式。

H2:老旧小区海绵化改造中居民心理资本显著影响其参与治理模式。

在社会实践理论中,惯习通常建立在个体对知识和环境的理解之上,按照个人经历产生的计划来进行实践,政治理念贫困和缺乏契约精神致使居民在公共事务上参与意识冷漠,参与惯习普遍较差,缺乏主人翁意识[318,343-344]。因此,本研究可以提出如下假设:

H3:老旧小区海绵化改造中居民的惯习显著影响其参与治理模式。

由社会行动理论可知,行动的处境通常包括影响行动者实现行动目标不可控制的情境条件,且该情境可用对社区的归属感(社区认可)来表征[295]。在老旧小区海绵化改造的过程中,居民对社区的归属感越低,其社区情境的体验就较差,参与条件的不充分导致参与水平较低[203]。因此,本研究可以提出如下假设:

H4:老旧小区海绵化改造中居民社区归属感显著影响其参与治理模式。

依据场动力理论、社会实践理论和社会行动理论,个体的实践通常受到自身与外在环境交互而产生或改变,这一外在环境即是个体所处的场域,个体行为、情感或认知通常在不同场域下发生不同的转变。在老旧小区海绵化改造的过程中,政府或社区有关部门提供的互动渠道构成居民参与场域,当出现较低的场域时,意味着空间场域缺失、信息的不对称或参与渠道的单一。政府与居民之间的强弱不对称关系会通过间接影响居民社会资本、心理资本和惯习等来限制公众的认知和判断，导致其参与热情低下，居民无心、无力和无路参与的问题凸显[341-342]。因此，本研究可以提出如下假设：

H5：场域显著影响社会资本与居民参与治理模式之间的关系。

H6：场域显著影响心理资本与居民参与治理模式之间的关系。

H7：场域显著影响惯习与居民参与治理模式之间的关系。

H8：场域显著影响社区归属感与居民参与治理模式之间的关系。

除上述5个影响因素之外，老旧小区中居民的性别、年龄、学历、居住时长、是否独居、是否租房、月可支配收入、所在城市等控制变量也会对其参与治理模式产生影响。因此，本研究可以提出如下假设：

H9：老旧小区居民基本特征显著影响老旧小区海绵化改造的居民参与治理模式。

基于此，可绘制老旧小区海绵化改造居民参与治理模式影响机理模型，见图5-10。

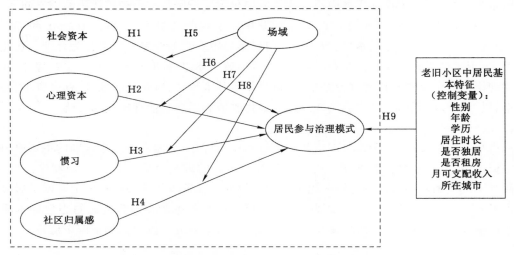

图5-10 老旧小区海绵化改造的居民参与治理模式影响机理模型

5.3.4 居民参与治理模式影响因素研究方法

5.3.4.1 问卷设计

为验证老旧小区海绵化改造的居民参与治理模式影响机理理论模型的准确性，本小节通过发放调研问卷的方式获取数据，并进行实证分析。根据居民参与治理模式影响因素预调研结果，对老旧小区海绵化改造的居民参与治理模式影响因素量表进行优化，见表5-21。最终确定问卷包括7个部分（附录7）：

（1）关于受访者的基本信息，包括性别、年龄、学历、居住时长、独居与否、租房与否、工作状况、月可支配收入和所在城市等。

（2）关于居民参与治理模式的度量，调查受访者对8项居民参与治理认知（题项CE1～CE8）、4项居民参与治理态度（题项EE1～EE4）、4项居民参与治理行为意愿（题项EE5～EE6）和3项居民参与治理行为（题项BE1～BE3）的看法，此部分采用李克特五级量表（1分代表非常不同意，5分代表非常同意），并利用3.3.4小节中居民参与治理模式分类计算模型对居民参与治理模式进行分类。

表 5-21　老旧小区海绵化改造的居民参与治理模式影响因素度量最终量表

变量	编号	题项内容(观测变量)
	FE1	我所在的社区经常在暴雨后发生内涝,严重影响居民生活
	FE2	在老旧小区海绵化改造的过程中,可以去居委会或街道办等地方进行投诉
所在社区	FE3	我经常与邻居或社区工作人员交流社区发生的事情
场域(FE)	FE4	政府部门及时解决老旧小区海绵化改造中出现的问题
	FE5	我所在社区居民普遍有热情参与老旧小区海绵化改造
	FE6	政府对积极参与老旧小区海绵化改造的居民提供一定的物质或精神奖励
	FE7	在社区很容易获取老旧小区海绵化改造的信息
	SC1	政府或社区等有关部门会妥善处理我在老旧小区海绵化改造上提出的问题和看法
社会资本(SC)	SC2	我认为目前老旧小区海绵化改造的管理制度比较规范
	SC3	我认为现阶段老旧小区海绵化改造有完善的参与网络,如非政府组织介入帮助居民参与
	SC4	我相信周边的人都积极参加老旧小区海绵化改造项目
	PC1	我能抽出时间和精力参与老旧小区海绵化改造
心理资本(PC)	PC2	如果给我机会,我觉得我有能力通过参与老旧小区改造使改造工程更合理
	PC3	如果在老旧小区海绵化改造过程中遇到了困难,我能想出很多办法解决这些困难
	PC4	我认为,目前我在老旧小区海绵化改造中的参与非常成功
	HE1	我时常参加与我息息相关的老旧小区改造项目
惯习(HE)	HE2	我时常通知他人关于老旧小区改造的信息
	HE3	我时常与政府/社区工作人员交往
	CA1	我比较关心社区公共事务
社区归属感(CA)	CA2	我对本社区当前公共事务的决策和处理方式较为满意
	CA3	我对本社区基本公共服务设施及硬件条件较为满意
	CA4	我对本社区的绿化、环境及公共区域空间利用较为满意

(3)关于居民所在社区场域的衡量(题项 FE1～FE7),调查受访者对 7 项所在社区空间场域、关系场域、文化场域和信息场域的看法,此部分采用李克特五级量表(1 分代表非常不同意,5 分代表非常同意)。

(4)关于居民社会资本的衡量(题项 SC1～SC4),调查受访者对 4 项题目的衡量,即对所在社区信任、规范、网络、公共精神的看法,此部分采用李克特五级量表(1 分代表非常不同意,5 分代表非常同意)。

(5)关于居民心理资本的衡量(题项 PC1～PC4),调查受访者对 4 项个体控制力和乐观心态的看法,此部分采用李克特五级量表(1 分代表非常不同意,5 分代表非常同意)。

(6)关于居民惯习的衡量(题项 HE1～HE3),调查受访者对 3 项参与惯习的看法,此部分采用李克特五级量表(1 分代表非常不同意,5 分代表非常同意)。

(7)关于居民社区归属感的衡量(题项 CA1～CA4),调查受访者对 4 项邻里归属感和环境归属感的看法,此部分采用李克特五级量表(1 分代表非常不同意,5 分代表非常同意)。

5.3.4.2 计算模型

基于老旧小区海绵化改造居民参与治理模式分类模型和第 3 章收集的关于老旧小区海绵化改造的居民参与治理认知、情感和行为相关数据,可以得到聚类形成的 7 类居民参与治理模式。在此基础上,第 4 章对这 7 类居民参与治理模式进行评价,得到各类居民参与治理模式排名。从理论的角度来讲,可以将排序后的居民参与治理模式作为因变量,选用有序多分类 Logistic 回归分析影响居民参与治理模式的主要因素,但可能会存在平行线检验无法通过的情况[345]。考虑到第 3 章聚类获得的因变量居民参与治理模式为无序分类变量,因此本节优先选用无序多分类 Logistic 回归模型分进行建模。本书中因变量 Y 为 7 类居民参与治理模式,其中 1,2,…,7 分别代表控制型参与治理模式、告知型参与治理模式、非参与型参与治理模式、态度消极型参与治理模式、配合型参与治理模式、意愿微弱型参与治理模式和完全型参与治理模式等居民参与治理模式。将居民社会资本、心理资本、惯习和社区归属感作为自变量,所在社区场域作为调节变量,构建线性回归模型如下:

$$
\ln \frac{\pi_j}{\pi_i} = \ln \frac{P(y=j \mid x)}{P(y=i \mid x)}
$$

$$
= \beta + \sum_{i=1}^{n} a_i{}' X_i{}' + \sum_{j=1}^{m} a_j{}' X_j{}' + bZ + \sum_{j=1}^{m} c_j X_j Z + \varepsilon \qquad (5\text{-}2)
$$

式中,Y 代表老旧小区海绵化改造的居民参与治理模式,π_j 和 π_i 分别代表第 j 类和第 i 类参与治理模式发生的概率,$i,j \in (1,2,…,7)$,显然 $\sum_{i=1}^{7} P_i = 1$;选定第 i 类参与治理模式为因变量 Y 的参照水平,通常 i 取值为参与治理水平最低或者水平最高的居民参与治理模式作为参照组,在本书中选择居民参与治理水平最高的完全型参与治理模式作为参照组,即 $i=7$;$\ln \frac{P(y=j \mid x)}{P(y=i \mid x)}$ 为第 j 类居民参与治理模式(选择组)相对于第 i 类参与治理模式发生的概率,$\frac{P(y=j \mid x)}{P(y=i \mid x)}$ 为比值比(OR);β 为随机常数项,$X_j{}'(i=1,2,…,9)$ 分别代表性别、年龄、学历、居住时长、独居与否、租房与否、工作状况、月可支配收入和所在城市等控制变量,$a_i{}'(i=1,2,…,9)$ 则分别代表相应的控制变量系数;$X_j(j=1,2,3,4)$ 为自变量居民社会资本、心理资本、惯习和社区归属感,$a_j(j=1,2,3,4)$ 为自变量系数;Z 代表调节变量所在社区场域,b 为相应的调节变量系数;X_jZ $(j=1,2,3,4)$ 为自变量和调节变量的交互项,$c_j(j=1,2,3,4)$ 为交互项系数;ε 为随机误差项。

5.4 老旧小区海绵化改造的居民参与治理模式影响因素实证分析

5.4.1 居民参与治理模式影响因素调研数据收集及样本特征

考虑到数据的连贯性,本章在发放第 3 章老旧小区海绵化改造居民参与治理模式调研问卷(附录 3)时,将所在社区场域、居民社会资本、心理资本、惯习和社区归属感等相关题项整合在大问卷中,形成老旧小区海绵化改造居民参与治理模式影响因素最终调研问卷(附录

7),进行统一发放收集数据,保证数据的一致性。

5.4.1.1　数据收集

依旧选取上海市浦东新区南汇新城镇的新芦苑 A 区、新芦苑 F 区、海尚明月苑、海芦汇鸣苑和海芦月华苑作为调研社区;在宁波市所有经历海绵化改造的老旧小区中,选取江北区的姚江花园和三和嘉园作为调研社区;在嘉兴市所有经历海绵化改造的老旧小区中,选取烟雨社区、菱香坊和真合社区作为调研社区;在镇江市所有经历海绵化改造的老旧小区中,选取三茅宫社区、江滨新村第二社区和华润新村社区作为调研社区;在池州市所有经历海绵化改造的老旧小区中,选取怡景园小区、清心佳园及啤酒厂宿舍和汇景小区等老旧小区作为问卷发放地点。在各城市老旧小区中共发放 2 000 份问卷,除去有问题的调研问卷,共收回 1 657 份问卷,有效回收率为 82.85%。其中,在上海、宁波、嘉兴、镇江、池州分别回收有效问卷 391 份、309 份、306 份、312 份和 339 份。

5.4.1.2　样本基本信息

根据 3.4.2 小节对所有受访者基本特征信息描述可知,在这些受访的老旧小区居民中,男性为 785 人,女性为 872 人,分别占比 47.37% 和 52.63%;年龄结构上,44.42% 的受访者年龄在 20~34 岁,35~49 岁的受访者占 25.29%,年龄为 20~49 岁的受访者较多;在学历(文化资本)方面,初中学历的受访者有 495 人(占比 29.87%),中专或高中毕业的受访者占比其次(27.76%),多数受访者文化资本处于中等水平;在居住时长上,43.21% 的受访者在所在小区居住时长为 2~5 年,31.93% 的受访者在本社区居住时长小于等于 1 年,仅有 4.1% 的受访者居住时长在 10 年以上;在独居与否上,58.06% 的受访者与家人或者朋友等一起居住,41.94% 的受访者处于独居的状态;在租房与否上,71.27% 的受访者并非租房状态;在工作状况上,80.99% 的受访者有工作,仅有 6.64% 的受访者退休,无工作或者在找工作的受访者占 12.37%;在月可支配收入(经济资本)方面,大约 50% 的受访者月可支配收入在 4 000~7 999 元,约 10.26% 的受访者月可支配收入在 2 000 元以下,月可支配收入在 8 000 元及以上的受访者占比 18.83%,多数受访者经济资本处于中低水平。从调查的结果来看,样本的性别、年龄、学历、居住时长、独居与否、租房与否、工作状况、月可支配收入和所在城市等方面较为接近正态分布,比较符合客观实际情况。

此外,对受访者所在社区场域、居民社会资本、心理资本、惯习和社区归属感等 5 个变量的观测变量进行处理,见表 5-22。由表可知,就社区场域而言,受访者所在社区空间场域、关系场域、文化场域和信息场域等各变量均值接近平均水平,所在社区场域完善程度一般;就受访者的社会资本而言,规范、网络、公共精神的均值略高于平均水平,然而对社区的信任(SC1=2.93)低于平均水平;就受访者的心理资本而言,受访者的乐观心态得分均值(PC3=3.21,PC4=3.21)略高于其个体控制力均分(PC1=3.03,PC2=3.16);就受访者惯习而言,HE1、HE2、HE3 的得分高于平均水平,受访者的参与惯习相对较好;就社区归属感而言,受访者的环境归属感(CA3=3.40,CA4=3.56)相对高于其邻里归属感(CA1=3.25,CA2=3.37),二者均高于平均水平。

表 5-22　老旧小区海绵化改造的居民参与治理模式影响因素观测变量信息

潜变量	值域	观测变量	均值
FE	1～5	FE1	3.22
		FE2	3.20
		FE3	3.12
		FE4	3.26
		FE5	3.12
		FE6	3.24
		FE7	3.19
SC	1～5	SC1	2.93
		SC2	3.18
		SC3	3.13
		SC4	3.20
PC	1～5	PC1	3.03
		PC2	3.16
		PC3	3.21
		PC4	3.21
HE	1～5	HE1	3.36
		HE2	3.33
		HE3	3.49
CA	1～5	CA1	3.25
		CA2	3.37
		CA3	3.40
		CA4	3.56

5.4.2　调研数据信度、效度和相关分析

5.4.2.1　量表的信度与效度

信度分析又称为可靠性分析,通常使用 Cronbach's Alpha 系数反映调查问卷研究变量在各个测量题项上的一致性,一般认为 Cronbach's Alpha 大于 0.8 较好,若处于 0.7～0.8 也可以接受[212]。首先,利用 SPSS 25.0 对 1 657 份问卷总体执行信度分析,计算可得 Cronbach's Alpha 为 0.890($>$0.80),说明这些调查问卷变量整体一致性较好。本章使用问卷包括第 3 章居民参与治理模式分类调研问卷相同,由 3.4.2 小节对量表信度和效度分析可知,此次调研问卷获取居民参与治理模式相关数据的信度都较好,内容效度和结构效度都较为可靠。在前述收集数据并开展居民参与治理模式量表信度分析的基础上,本小节利用 SPSS 25.0 主要对居民参与治理模式影响因素执行信度分析。由表 5-23 可知,本书研究的变量 FE、SC、PC、HE、CA 的 Cronbach's Alpha 系数分别为 0.933、0.884、0.889、0.885、0.883,均大于 0.7 的标准,表明变量具有良好的内部一致性信度。此外,各测量题项的 CITC 均大于 0.5,说明各测量题项符合要求,删除任意题项并不会带来 Cronbach's Alpha

系数的增加，从另一侧面表明量表的信度较好。

表 5-23　老旧小区海绵化改造的居民参与治理模式影响因素测量题项信度分析结果

变量	题项	CITC	删除项后的克隆巴赫 Alpha	Alpha 系数
FE	FE1	0.806	0.921	0.933
	FE2	0.759	0.925	
	FE3	0.747	0.926	
	FE4	0.805	0.921	
	FE5	0.784	0.923	
	FE6	0.790	0.922	
	FE7	0.798	0.922	
SC	SC1	0.695	0.870	0.884
	SC2	0.742	0.853	
	SC3	0.776	0.840	
	SC4	0.778	0.839	
PC	PC1	0.704	0.876	0.889
	PC2	0.787	0.845	
	PC3	0.773	0.851	
	PC4	0.762	0.855	
HE	HE1	0.771	0.843	0.885
	HE2	0.793	0.824	
	HE3	0.768	0.846	
CA	CA1	0.741	0.854	0.883
	CA2	0.781	0.837	
	CA3	0.805	0.827	
	CA4	0.665	0.882	

　　效度分析主要考察问卷结果的可靠性，通常包括内容效度和结构效度两个方面的测量。在内容效度方面，本书设计的居民参与治理模式影响因素相关题项来源于文献，认为其内容效度符合要求。在结构效度方面，本书利用探索性因素分析（exploratory factor analysis，EFA）检验该量表整体的结构有效性，通过 SPSS 25.0 计算 KMO 和 Bartlett's 球形检验，见表 5-24。由表可知，KMO＝0.815（＞0.700），Bartlett's 球形检验值显著（$p < 0.001$），说明量表数据符合因子分析的前提要求。由 3.4.2.2 小节的分析可知，老旧小区海绵化改造的居民参与治理模式部分的测量题项具有较好的内容效度和结构效度，并通过因子分析将居民参与治理模式分为居民参与治理认知、居民参与治理态度、居民参与治理情感和居民参与治理行为等 4 个因子。因此，本节主要对旧小区海绵化改造中居民参与治理模式影响因素部分的效度进行分析。

　　通过对居民参与治理模式影响因素测量题项进行因子分析，发现 KMO＝0.824（＞0.700），Bartlett's 球形检验值显著（$p < 0.001$），说明量表数据符合因子分析的前提要

求。进一步地,应用主成分分析法提取因子,采用方差最大正交旋转进行因素分析,总解释能力达到了 74.774%(表 5-25),说明筛选出来的 5 个维度的因素具有较高的代表性。变量 FE、PC、CA、SC 和 HE 等测量题项的标准因子载荷均大于 0.5,每个题项均落到对应的因素中,具有良好的结构效度。此外,在经过上节预调研分析后,发现居民参与治理模式的影响因素问卷设计题项内容效度和结构效度也较好。综上所述,居民参与治理模式及其影响因素测量问卷效度较好。表 5-26 为旋转成分矩阵。

表 5-24　KMO 及 Bartlett's 球状检验结果

KMO 值		0.815
Bartlett's 球形检验	39 247.936	15 037.637
	820	171

表 5-25　居民参与治理模式影响因素测量题项提取成分与方差累积统计

成分	初始特征值			旋转载荷平方和		
	总计	方差百分比/%	累积/%	总计	方差百分比/%	累积/%
1	7.904	35.927	35.927	5.035	22.884	22.884
2	3.288	14.945	50.872	3.048	13.853	36.738
3	2.090	9.502	60.373	3.014	13.698	50.436
4	1.821	8.279	68.652	2.900	13.181	63.617
5	1.347	6.121	74.774	2.454	11.157	74.774
6	0.488	2.217	76.991			
7	0.433	1.967	78.957			
8	0.403	1.833	80.791			
9	0.387	1.761	82.551			
10	0.383	1.740	84.291			
11	0.352	1.601	85.892			
12	0.349	1.587	87.479			
13	0.319	1.450	88.929			
14	0.308	1.402	90.331			
15	0.297	1.349	91.680			
16	0.292	1.326	93.006			
17	0.283	1.287	94.293			
18	0.273	1.243	95.536			
19	0.261	1.185	96.721			
20	0.249	1.134	97.854			
21	0.238	1.080	98.934			
22	0.235	1.066	100.000			

表 5-26 旋转成分矩阵

变量	题项	成分				
		1	2	3	4	5
FE	FE4	0.849				
	FE1	0.839				
	FE6	0.833				
	FE7	0.831				
	FE5	0.823				
	FE2	0.813				
	FE3	0.787				
PC	PC2		0.841			
	PC3		0.838			
	PC4		0.821			
	PC1		0.774			
CA	CA3			0.853		
	CA2			0.825		
	CA4			0.804		
	CA1			0.799		
SC	SC3				0.819	
	SC4				0.814	
	SC2				0.810	
	SC1				0.741	
HE	HE2					0.885
	HE1					0.858
	HE3					0.846

注:FE 代表社区场域,PC 代表心理资本,CA 代表社区归属感,SC 代表社会资本,HE 代表惯习。

5.4.2.2 相关分析

在确定量表的信度和效度之后,通过计算各变量相关题项平均值获得各变量得分,对变量进行相关性分析。相关系数取值一般为 -1~1,绝对值越大则关系较为紧密[302]。由表 5-27 可知,居民所在社区场域(FE)、居民心理资本(PC)、社区归属感(CA)、社会资本(SC)、惯习(HE)与居民参与治理模式之间的相关系数分别为 0.390、0.404、0.320、0.296、0.215,且 p 值均达到了 0.01 的显著水平,表明居民所在社区场域、居民心理资本、社区归属感、社会资本、惯习与居民参与治理模式之间均存在显著的正向相关关系。此外,居民所在社区场域(FE)与居民心理资本(PC)、社区归属感(CA)、社会资本(SC)、惯习(HE)之间的相关系数分别为 0.361、0.324、0.237、0.246,且 p 值均达到了 0.01 的显著水平,表明居民心理资本、社区归属感、社会资本、惯习与场域存在显著的正向相关关系,场域可能存在正向调节作用,可进行下一步分析。

表 5-27　居民参与治理模式影响因素各维度变量相关分析

变量	SC	PC	CA	HE	FE	Cluster
SC	1					
PC	0.485**	1				
CA	0.444**	0.318**	1			
HE	0.290**	0.336**	0.380**	1		
FE	0.361**	0.324**	0.237**	0.246**	1	
Cluster	0.390**	0.404**	0.320**	0.296**	0.215**	1

注:FE 代表居民所在社区场域,PC 代表心理资本,CA 代表社区归属感,SC 代表社会资本,HE 代表惯习;** 代表在置信度(双侧)为 0.01 时,相关性显著。

5.4.3　居民参与治理模式影响因素假设验证

5.4.3.1　居民参与治理模式影响因素总体特征

在对老旧小区海绵化改造居民参与治理模式影响因素进行信度和效度分析之后,确定居民参与治理模式的影响因素包括所在社区场域、居民社会资本、心理资本、惯习和社区归属感等 5 个变量。

由表 5-28 可知,居民所在社区场域(FE)、社会资本(SC)、居民心理资本(PC)、惯习(HE)和社区归属感(CA)的均值分别为 3.192 8、3.110 9、3.154 2、3.392 5 和 3.400 4,均略高于平均水平。其中,居民惯习和社区归属感相对较强,说明居民在以往社区改造项目上有过参与的经验,并且将该类经验应用到其他项目的参与上,并且对邻里关系和社区环境不满意情况较少。

表 5-28　老旧小区海绵化改造的居民参与治理模式影响因素描述性统计

变量	N	最小值	最大值	均值	标准偏差
FE	1 657	1.00	5.00	3.192 8	1.028 99
SC	1 657	1.00	5.00	3.110 9	1.098 88
PC	1 657	1.00	5.00	3.154 2	1.083 50
HE	1 657	1.00	5.00	3.392 5	1.139 25
CA	1 657	1.00	5.00	3.400 4	1.043 68

5.4.3.2　老旧小区海绵化改造的居民参与治理模式影响因素初步筛选

在将自变量代入无序 Logistic 回归模型之前,需要结合收集的数据对自变量进行筛选。具体而言,通常对分类变量进行卡方检验,而对连续变量进行单因素 ANOVA 分析,以确定最终放入模型的因子和协变量。

由于书中性别、年龄、学历、居住时长、独居与否、租房与否、工作状况、月可支配收入和所在城市等控制变量为分类变量,因此利用 SPSS 25.0 中的交叉表功能对其进行分析,见图 5-11 和见表 5-29。由表 5-29 可知,年龄、学历、工作状况、月可支配收入和所在城市的渐进显著性(双侧)均小于 0.05,通过了卡方检验,说明这些变量与因变量可能存在相关关系,可选入无序 Logistic 回归模型。

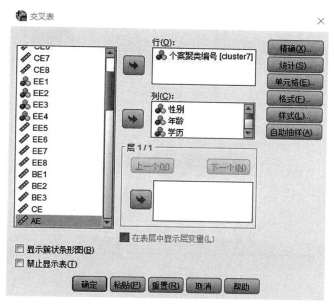

图 5-11　交叉表分析软件界面

表 5-29　分类变量卡方检验结果

变量	皮尔逊卡方	自由度	渐进显著性(双侧)
性别	8.009	6	0.237
年龄	63.551	24	0.000
学历	63.574	24	0.000
居住时长	28.582	18	0.054
独居与否	2.514	6	0.867
租房与否	6.244	6	0.396
工作状况	45.048	12	
月可支配收入	76.085	24	
所在城市	105.068	24	

由于心理资本、社区归属感、社会资本、关系、心理资本 * 场域、社区归属感 * 场域、社会资本 * 场域、惯习 * 场域等为连续变量,因此利用 SPSS 25.0 的单因素 ANOVA 检验对其进行分析,见图 5-12 和见表 5-30。由表 5-30 可知,所有变量的显著性均小于 0.05,说明这些变量与因变量可能存在相关关系,可选入无序回归模型。

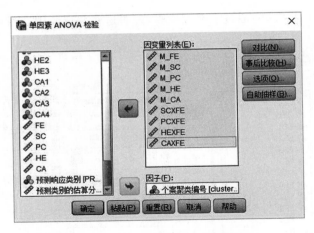

图 5-12　单因素 ANOVA 检验软件界面

表 5-30　单因素 ANOVA 检验结果

变量		平方和	自由度	均方差	F	显著性
场域	组间	116.882	6	19.480	19.641	
社会资本	组间	347.064	6	57.844	57.752	
心理资本	组间	357.979	6	59.663	62.066	
关系	组间	263.554	6	43.926	38.434	
社区归属感	组间	216.651	6	36.108	37.538	
社会资本＊场域	组间	53.823	6	8.970	7.318	
心理资本＊场域	组间	77.473	6	12.912	10.543	
惯习＊场域	组间	47.715	6	7.952	5.479	
社区归属感＊场域	组间	22.528	6	3.755	3.189	0.004

5.4.3.3　老旧小区海绵化改造的居民参与治理模式影响因素最终检验

经过影响因素的初步筛选,确定将年龄、学历、工作状况、月可支配收入和所在城市等控制变量及所有连续变量选入无序 Logistic 回归模型,利用 SPSS 25.0 进行分析,见表 5-31 和表 5-32。由表 5-31 可知,回归模型的拟合似然比检验显著性为 0($<$0.05),说明最终回归模型有意义。表 5-32 中对变量似然比检验结果显示,年龄、学历和地区的显著性大于 0.05,这 3 个变量对无序 Logistic 回归模型而言没有意义,可以删除后对其余变量再次进行回归分析。

表 5-31　回归模型拟合信息

模型	模型拟合条件			似然比检验		
	简化模型的 AIC	简化模型的 BIC	简化模型的 −2 对数似然	卡方	自由度	显著性
仅截距	5 671.253	5 703.730	5 659.253			
最终	5 076.657	5 986.002	4 740.657	918.596	162	

表 5-32　回归模型中变量似然比检验结果

效应	模型拟合条件			似然比检验		
	简化模型的 AIC	简化模型的 BIC	简化模型的 −2 对数似然	卡方	自由度	显著性
截距	5 076.657	5 986.002	4 740.657	0.000	0	
M_FE	5 091.603	5 968.471	4 767.603	26.946	6	0.000
M_SC	5 104.230	5 981.097	4 780.230	39.572	6	0.000
M_PC	5 188.085	6 064.953	4 864.085	123.428	6	0.000
M_HE	5 146.187	6 023.055	4 822.187	81.530	6	0.000
M_CA	5 104.934	5 981.802	4 780.934	40.277	6	0.000
SCXFE	5 080.446	5 957.313	4 756.446	15.788	6	0.015
PCXFE	5 169.213	6 046.081	4 845.213	104.556	6	0.000
HEXFE	5 084.824	5 961.692	4 760.824	20.167	6	0.003
CAXFE	5 080.152	5 957.020	4 756.152	15.495	6	0.017
年龄	5 064.036	5 843.474	4 776.036	35.379	24	0.063
学历	5 051.444	5 830.882	4 763.444	22.787	24	0.532
工作状况	5 078.800	5 923.191	4 766.800	26.143	12	0.010
收入	5 070.281	5 849.719	4 782.281	41.624	24	0.014
地区	5 049.573	5 829.011	4 761.573	20.916	24	0.644

注：卡方统计是最终模型与简化模型之间的 −2 对数似然之差；简化模型是通过在最终模型中省略某个效应而形成；原假设是该效应的所有参数均为 0；M_FE 代表场域、M_SC 代表社会资本、M_PC 代表心理资本、M_HE 代表惯习、M_CA 代表社区归属感、SCXFE 代表社会资本 * 场域、PCXFE 代表心理资本 * 场域、HEXFE 代表惯习 * 场域、CAXFE 代表社区归属感 * 场域，下同。

　　因此，本书最终将工作状况、月可支配收入、心理资本、社区归属感、社会资本、惯习、场域、心理资本与场域的交乘项、社区归属感与场域的交乘项、社会资本与场域的交乘项、惯习与场域的交乘项等放入回归模型进行分析，见表 5-33 和表 5-34。由表 5-33 可知，最终回归模型拟合似然比检验显著性小于 0.05，最终回归模型有意义。

表 5-33　最终回归模型拟合信息

模型	模型拟合条件			似然比检验		
	简化模型的 AIC	简化模型的 BIC	简化模型的 −2 对数似然	卡方	自由度	显著性
仅截距	5 660.163	5 692.639	5 648.163			
最终	4 994.627	5 514.252	4 802.627	845.535	90	

　　根据表 5-34 可知，社会资本、心理资本、惯习和社区归属感等自变量均对居民参与治理模式有显著影响，假设 H1、H2、H3 和 H4 得到验证。此外，控制变量中的工作状况和收入对居民参与治理模式有显著影响，假设 H9 部分得到验证。场域自身似然比检验显著性为

0.001（＜0.05），其对居民参与治理模式有显著影响，场域与社会资本、心理资本、惯习和社区归属感等交乘项的似然比检验显著性均小于0.05，表明场域在社会资本与居民参与治理模式之间、心理资本与居民参与治理模式之间、惯习与居民参与治理模式之间、社区归属感与居民参与治理模式之间存在调节效应，假设 H5、H6、H7 和 H8 得到验证。

表 5-34　最终模型中变量似然比检验结果

效应	模型拟合条件			似然比检验		
	简化模型的 AIC	简化模型的 BIC	简化模型的－2 对数似然	卡方	自由度	显著性
截距	4 994.627	5 514.252	4 802.627	0.000	0	
M_FE	5 006.714	5 493.863	4 826.714	24.087	6	0.001
M_SC	5 020.587	5 507.736	4 840.587	37.960	6	0.000
M_PC	5 104.170	5 591.319	4 924.170	121.543	6	0.000
M_HE	5 064.490	5 551.639	4 884.490	81.863	6	0.000
M_CA	5 021.266	5 508.414	4 841.266	38.639	6	0.000
SCXFE	4 996.370	5 483.519	4 816.370	13.743	6	0.033
PCXFE	5 083.148	5 570.297	4 903.148	100.521	6	0.000
HEXFE	5 003.029	5 490.178	4 823.029	20.402	6	0.002
CAXFE	4 997.848	5 484.997	4 817.848	15.221	6	0.019
工作状况	4 999.677	5 454.349	4 831.677	29.050	12	0.004
收入	4 985.362	5 375.081	4 841.362	38.735	24	0.029

注：卡方统计是最终模型与简化模型之间的－2 对数似然之差；简化模型是通过在最终模型中省略某个效应而形成；原假设是该效应的所有参数均为 0。

5.4.4　居民参与治理模式影响因素回归结果分析

将上述假设得到验证的变量代入无序 Logistic 回归模型，可以得到参数估算值（表 5-35 至表 5-40），据此可对其回归系数做进一步分析。

表 5-35　参数估算值

个案聚类编号[a]		B	标准错误	瓦尔德数	自由度	显著性	exp(B)
1	截距	−1.097	0.510	4.617	1	0.032	
	M_FE	−0.237	0.139	2.904	1	0.088	0.789
	M_SC	−0.362	0.122	8.870	1	0.003	0.696
	M_PC	−0.926	0.126	53.592	1	0.000	0.396
	M_HE	−0.442	0.104	18.001	1	0.000	0.643
	M_CA	−0.509	0.116	19.128	1	0.000	0.601
	SCXFE	−0.277	0.113	6.010	1	0.014	0.758
	PCXFE	−0.792	0.118	45.070	1	0.000	0.453
	HEXFE	−0.011	0.103	0.012	1	0.913	0.989

表 5-35（续）

个案聚类编号[a]	B	标准错误	瓦尔德数	自由度	显著性	exp(B)
CAXFE	−0.236	0.114	4.305	1	0.038	0.790
［工作状况＝1.00］	−0.819	0.454	3.246	1	0.072	0.441
［工作状况＝2.00］	−0.602	0.411	2.146	1	0.143	0.548
［工作状况＝3.00］	0[b]			0		
［收入＝1.00］	−0.114	0.472	0.058	1	0.810	0.893
［收入＝2.00］	0.223	0.359	0.385	1	0.535	1.249
［收入＝3.00］	0.014	0.362	0.002	1	0.969	1.014
［收入＝4.00］	0.246	0.349	0.495	1	0.482	1.279
［收入＝5.00］	0[b]			0		

（表左侧第1列标"1"）

注：a 代表参考类别，即类别7——完全型参与治理模式；b 代表此参数冗余，设置为零。

由表 5-35 可知，相较于参与治理水平最高的完全型参与治理模式，第 1 类控制型参与治理模式受到社会资本、心理资本、惯习和社区归属感的影响，同时场域在社会资本与控制型参与治理模式之间、心理资本与控制型参与治理模式之间、社区归属感与控制型参与治理模式之间存在调节作用。具体而言，社会资本、心理资本、惯习和社区归属感每增加一个单位，居民采取控制型参与治理模式的概率分别降低 30.37%、60.37%、35.71%、39.92%。此外，"社会资本＊场域"对居民选取控制型参与治理模式的系数为 −0.277，且 $p < 0.05$，表明场域在社会资本对居民参与治理模式的选择之间具有显著的负向调节作用，场域不完善时，社会资本对居民参与治理模式的影响程度加大，社区资本增加反而使得采取控制型参与治理模式的可能性降低；同样地，"心理资本＊场域""社区归属感＊场域"在心理资本和社区归属感对居民参与治理模式的选择之间具有显著的负向调节作用，心理资本的负向调节作用相对更大。在此基础上，结合前文构建的计算模型和上表中的参数，确定采取控制型参与治理模式与完全型参与治理模式的优势比 logit 计算公式如下：

$$\ln \frac{\pi_1}{\pi_7} = -1.097 - 0.362X_1 - 0.926X_2 - 0.442X_3 - 0.509X_4 -$$
$$0.277X_1Z - 0.792X_2Z - 0.236X_4Z \tag{5-3}$$

表 5-36 参数估算值

个案聚类编号[a]	B	标准错误	瓦尔德	自由度	显著性	exp(B)
截距	−0.412	0.411	1.005	1	0.316	
M_FE	−0.192	0.102	3.504	1	0.061	0.826
M_SC	−0.502	0.096	27.496	1	0.000	0.605
M_PC	−0.817	0.097	71.035	1	0.000	0.442
M_HE	−0.543	0.083	42.672	1	0.000	0.581
M_CA	−0.321	0.093	11.825	1	0.001	0.726
SCXFE	−0.066	0.088	0.568	1	0.451	0.936

（表左侧第1列标"2"）

表 5-36（续）

个案聚类编号[a]		B	标准错误	瓦尔德	自由度	显著性	$\exp(B)$
2	PCXFE	−0.652	0.090	52.448	1	0.000	0.521
	HEXFE	−0.072	0.080	0.816	1	0.366	0.930
	CAXFE	−0.332	0.088	14.075	1	0.000	0.718
	［工作状况=1.00］	−1.040	0.387	7.238	1	0.007	0.353
	［工作状况=2.00］	−0.330	0.347	0.904	1	0.342	0.719
	［工作状况=3.00］	0[b]			0		
	［收入=1.00］	−0.009	0.365	0.001	1	0.980	0.991
	［收入=2.00］	0.159	0.275	0.335	1	0.563	1.173
	［收入=3.00］	−0.207	0.276	0.562	1	0.453	0.813
	［收入=4.00］	0.150	0.264	0.322	1	0.570	1.162
	［收入=5.00］	0[b]			0		

注：a 代表参考类别，即类别 7——完全型参与治理模式；b 代表此参数冗余，设置为零。

根据表 5-36 可知，相较于参与治理水平最高的完全型参与治理模式，第 2 类告知型参与治理模式受到工作状态、社会资本、心理资本、惯习和社区归属感的影响；同时场域在心理资本与告知型参与治理模式之间、社区归属感与告知型参与治理模式之间存在调节作用。具体而言，无工作或找工作的人相较于退休的人采取告知型参与治理模式参与老旧小区海绵化改造的概率降低 64.66%。社会资本、心理资本、惯习和社区归属感每增加一个单位，居民采取告知型参与治理模式的概率分别降低 39.46%、55.82%、41.87% 和 27.43%。此外，"心理资本 * 场域"对居民选取告知型参与治理模式的系数为 −0.652，且 $p<0.05$，表明场域在心理资本对居民参与治理模式之间具有显著的负向调节作用，场域不完善时，心理资本对居民参与治理模式的影响加深；同样地，"社区归属感 * 场域"在社区归属感对居民参与治理模式的选择之间具有显著的负向调节作用。在此基础上，结合前文构建的计算模型和上表中的参数，确定采取告知型参与治理模式与完全型参与治理模式的优势比 Logit 计算公式如下：

$$\ln \frac{\pi_2}{\pi_7} = -0.412 - 1.040(X_7' = 1) - 0.502X_1 - 0.817X_2 - 0.543X_3 -$$
$$0.321X_4 - 0.652X_2 Z - 0.332X_4 Z \tag{5-4}$$

表 5-37　参数估算值

个案聚类编号[a]		B	标准错误	瓦尔德数	自由度	显著性	$\exp(B)$
3	截距	−1.091	0.481	5.137	1	0.023	
	M_FE	−0.576	0.130	19.651	1	0.000	0.562
	M_SC	−0.420	0.126	11.046	1	0.001	0.657
	M_PC	−0.731	0.126	33.758	1	0.000	0.481
	M_HE	−0.548	0.105	27.212	1	0.000	0.578

表 5-37（续）

个案聚类编号[a]	B	标准错误	瓦尔德数	自由度	显著性	exp(B)
M_CA	−0.151	0.124	1.492	1	0.222	0.860
SCXFE	−0.165	0.111	2.208	1	0.137	0.848
PCXFE	−0.539	0.113	22.643	1	0.000	0.584
HEXFE	−0.219	0.100	4.757	1	0.029	0.803
CAXFE	−0.151	0.114	1.763	1	0.184	0.860
［工作状况＝1.00］	−0.688	0.422	2.663	1	0.103	0.502
［工作状况＝2.00］	−0.417	0.390	1.143	1	0.285	0.659
［工作状况＝3.00］	0[b]			0		
［收入＝1.00］	0.388	0.422	0.846	1	0.358	1.474
［收入＝2.00］	0.334	0.339	0.968	1	0.325	1.396
［收入＝3.00］	−0.149	0.344	0.188	1	0.665	0.862
［收入＝4.00］	−0.219	0.354	0.382	1	0.537	0.804
［收入＝5.00］	0[b]			0		

注：a 代表参考类别，即类别 7——完全型参与治理模式；b 代表此参数冗余，设置为零。

　　由表 5-37 可知，相较于参与治理水平最高的完全型参与治理模式，第 3 类非参与型参与治理模式受到社会资本、心理资本、惯习和场域的影响；同时场域在心理资本与非参与型参与治理模式之间、惯习与非参与型参与治理模式之间存在调节作用。具体而言，社会资本、心理资本、惯习和场域每增加一个单位，居民采取告知型参与治理模式的概率分别降低 34.28%、51.87%、42.18% 和 43.79%。此外，"心理资本＊场域"对居民选取非参与型参与治理模式的系数为 −0.539，且 $p < 0.05$，表明场域在心理资本对居民参与治理模式的选择之间具有显著的负向调节作用，场域不完善时，心理资本对居民参与治理模式的影响加深；同样地，"惯习＊场域"的系数为 −0.219，且 $p < 0.05$，表明场域不完善时惯习对居民参与治理模式的影响相对于心理资本较弱。在此基础上，结合前文构建的计算模型和上表中的参数，确定采取非参与型参与治理模式与完全型参与治理模式的优势比 Logit 计算公式如下：

$$\ln \frac{\pi_3}{\pi_7} = -1.091 - 0.420X_1 - 0.731X_2 - 0.548X_3 -$$
$$0.576Z - 0.539X_2Z - 0.219X_3Z \tag{5-5}$$

表 5-38　参数估算值

个案聚类编号[a]	B	标准错误	瓦尔德数	自由度	显著性	exp(B)
截距	−0.744	0.497	2.240	1	0.134	
M_FE	−0.208	0.100	4.296	1	0.038	0.812
M_SC	−0.106	0.100	1.124	1	0.289	0.900
M_PC	−0.276	0.101	7.464	1	0.006	0.759
M_HE	−0.010	0.095	0.010	1	0.919	0.990
M_CA	−0.134	0.100	1.792	1	0.181	0.874

表 5-38（续）

个案聚类编号[a]		B	标准错误	瓦尔德数	自由度	显著性	exp(B)
4	SCXFE	−0.307	0.101	9.286	1	0.002	0.736
	PCXFE	−0.437	0.102	18.337	1	0.000	0.646
	HEXFE	−0.265	0.097	7.518	1	0.006	0.767
	CAXFE	−0.095	0.105	0.811	1	0.368	0.910
	［工作状况＝1.00］	−0.284	0.491	0.335	1	0.563	0.753
	［工作状况＝2.00］	0.027	0.453	0.004	1	0.952	1.027
	［工作状况＝3.00］	0[b]			0		
	［收入＝1.00］	−0.507	0.411	1.519	1	0.218	0.602
	［收入＝2.00］	0.005	0.291	0.000	1	0.987	1.005
	［收入＝3.00］	−0.294	0.267	1.216	1	0.270	0.745
	［收入＝4.00］	−0.214	0.276	0.600	1	0.438	0.808
	［收入＝5.00］	0[b]			0		

注：a 代表参考类别，即类别 7——完全型参与治理模式；b 代表此参数冗余，设置为零。

由表 5-38 可知，相较于参与治理水平最高的完全型参与治理模式，第 4 类态度消极型参与治理模式受到心理资本和场域的影响；同时场域在心理资本与态度消极型参与治理模式之间存在调节作用。具体而言，心理资本和场域每增加一个单位，居民采取态度消极型参与治理模式的概率分别降低 24.13％ 和 18.76％。此外，"社会资本＊场域"对居民选取态度消极型参与治理模式的系数为−0.307，且 $p<0.05$，表明场域在社会资本对居民参与治理模式的选择之间具有显著的负向调节作用；同样地，"心理资本＊场域"和"惯习＊场域"的系数分别为−0.437、−0.265，且均显著，场域不完善时心理资本和惯习对居民参与治理模式的影响加深。在此基础上，结合前文构建的计算模型和上表中的参数，确定采取态度消极型参与治理模式与完全型参与治理模式的优势比 Logit 计算公式如下：

$$\ln \frac{\pi_4}{\pi_7} = -0.744 - 0.276X_2 - 0.208Z - 0.307X_1Z -$$
$$0.437X_2Z - 0.265X_3Z \tag{5-6}$$

表 5-39 参数估算值

个案聚类编号[a]		B	标准错误	瓦尔德数	自由度	显著性	exp(B)
5	截距	−3.434	1.118	9.428	1	0.002	
	M_FE	0.057	0.172	0.110	1	0.740	1.059
	M_SC	−0.271	0.161	2.839	1	0.092	0.763
	M_PC	−0.090	0.166	0.292	1	0.589	0.914
	M_HE	0.068	0.164	0.174	1	0.676	1.071
	M_CA	−0.108	0.158	0.471	1	0.493	0.898
	SCXFE	−0.048	0.161	0.089	1	0.765	0.953

表 5-39（续）

个案聚类编号[a]		B	标准错误	瓦尔德数	自由度	显著性	$\exp(B)$
5	PCXFE	−0.551	0.169	10.681	1	0.001	0.576
	HEXFE	−0.310	0.165	3.538	1	0.060	0.734
	CAXFE	−0.152	0.165	0.851	1	0.356	0.859
	［工作状况＝1.00］	1.112	1.095	1.031	1	0.310	3.041
	［工作状况＝2.00］	1.246	1.058	1.386	1	0.239	3.475
	［工作状况＝3.00］	0[b]			0		
	［收入＝1.00］	−0.249	0.684	0.133	1	0.716	0.779
	［收入＝2.00］	0.699	0.445	2.469	1	0.116	2.012
	［收入＝3.00］	−0.160	0.457	0.122	1	0.727	0.852
	［收入＝4.00］	−0.285	0.487	0.342	1	0.559	0.752
	［收入＝5.00］	0[b]			0		

注：a 代表参考类别，即类别 7——完全型参与治理模式；b 代表此参数冗余，设置为零。

由表 5-39 可知，相较于参与治理水平最高的完全型参与治理模式，第 5 类配合型参与治理模式受到"心理资本 * 场域"的影响，即场域在心理资本与配合型参与治理模式之间存在调节作用。具体而言，"心理资本 * 场域"对居民选取配合型参与治理模式的系数为−0.551，且 $p<0.05$，表明场域在心理资本对居民参与治理模式的选择之间具有显著的负向调节作用，场域不完善时心理资本对居民参与治理模式的影响加深。在此基础上，结合前文构建的计算模型和上表中的参数，确定采取配合型参与治理模式与完全型参与治理模式的优势比计算公式如下：

$$\ln \frac{\pi_5}{\pi_7} = -3.434 - 0.551 X_2 Z \tag{5-7}$$

表 5-40　参数估算值

个案聚类编号[a]		B	标准错误	瓦尔德数	自由度	显著性	$\exp(B)$
6	截距	−1.420	0.451	9.922	1	0.002	
	M_FE	−0.146	0.108	1.811	1	0.178	0.864
	M_SC	0.050	0.097	0.264	1	0.608	1.051
	M_PC	−0.002	0.102	0.000	1	0.983	0.998
	M_HE	0.229	0.098	5.463	1	0.019	1.258
	M_CA	0.270	0.103	6.852	1	0.009	1.310
	SCXFE	−0.072	0.092	0.615	1	0.433	0.931
	PCXFE	0.083	0.098	0.724	1	0.395	1.087
	HEXFE	0.164	0.092	3.205	1	0.073	1.178
	CAXFE	−0.032	0.101	0.102	1	0.750	0.968
	［工作状况＝1.00］	−1.522	0.482	9.981	1	0.002	0.218
	［工作状况＝2.00］	−0.327	0.396	0.681	1	0.409	0.721

表 5-40(续)

个案聚类编号[a]		B	标准错误	瓦尔德数	自由度	显著性	$\exp(B)$
6	[工作状况=3.00]	0^{b}			0		
	[收入=1.00]	0.444	0.377	1.389	1	0.239	1.559
	[收入=2.00]	0.568	0.297	3.655	1	0.056	1.765
	[收入=3.00]	0.506	0.258	3.828	1	0.050	1.658
	[收入=4.00]	0.978	0.240	16.567	1	0.000	2.660
	[收入=5.00]	0^{b}			0		

注:a 代表参考类别,即类别 7——完全型参与治理模式;b 代表此参数冗余,设置为零。

根据表 5-40 可知,相较于参与治理水平最高的完全型参与治理模式,第 6 类意愿微弱型参与治理模式受到工作状况、收入、惯习和社区归属感的影响,而场域在自变量与参与治理模式之间的调节效应不显著。具体而言,无工作或找工作的人相较于退休的人采取意愿微弱型参与治理模式参与老旧小区海绵化改造的概率降低 78.17%,收入水平在 6 000~7 999元的居民采取意愿微弱型参与治理模式的可能性是收入水平在 8 000 元及以上居民的 2.660 倍。此外,惯习和社区归属感每增加一个单位,居民采取意愿微弱型参与治理模式的概率分别增加 25.77% 和 31.02%,说明惯习的改善和社区归属感的增强,居民倾向于形成意愿微弱型参与治理模式。在此基础上,结合前文构建的计算模型和上表中的参数,确定采取意愿微弱型参与治理模式与完全型参与治理模式的优势比 logit 计算公式如下:

$$\ln\frac{\pi_6}{\pi_7} = -1.420 - 1.522 * (X_7' = 1) + 0.978 * (X_8' = 4) + 0.229 * X_3 + 0.270 * X_4$$

$$(5-8)$$

上述分析发现,场域在自变量与老旧小区海绵化改造的居民参与治理模式之间关系的调节作用较为明显。社区内涝不经常发生、居民参与渠道的单一、与社区人员缺乏沟通、政府或社区等有关部门对居民参与老旧小区海绵化改造持消极态度、居民参与热情降低、社区居民普遍否定政府对老旧小区海绵化改造治理的方式、老旧小区海绵化改造信息的不对称等场域不完善情况的出现,使得自变量对居民参与治理模式的影响程度加深,居民采取完全型参与治理模式的可能性降低。例如,在镇江老旧小区改造过程中,部分居民认为海绵化改造是一种浪费时间、金钱和资源的行为,不但没有看到明显的成效,反而带来了许多不便,居民对老旧小区海绵化改造认知和判断受限,居民参与治理较为被动。

5.5 本章小结

首先,对心理学领域常见的行为理论进行梳理,结合老旧小区海绵化改造的居民参与治理模式特征,选择计划行为理论作为研究框架,提出影响居民参与治理行为的相关假设,构建老旧小区海绵化改造居民参与治理模式内在逻辑分析的研究框架。

其次,以长三角地区试点海绵城市中的老旧小区居民为调研对象,利用 SEM 对调研数据进行验证分析,研究发现老旧小区海绵化改造的居民参与治理认知显著正向影响其参与治理态度和行为,但对居民参与治理行为意向影响不显著;居民参与治理态度显著正向影响其参与治理行为意向和行为;居民参与治理行为意向显著正向影响其参与治理行为;除居民参与治理行为意愿在居民参与治理认知和行为之间的中介作用不显著之外,其余 3 个中介效应均被证实。

再次,对参与治理模式影响机理相关理论和影响因素进行归纳,初步确定居民的基本特征、场域、社会资本、心理资本、惯习和社区归属感等对居民参与模式有显著影响,利用对上海、宁波、嘉兴、镇江和池州的预调研数据对居民参与治理模式影响因素观测变量进行筛选,在此基础上,以场动力理论、社会实践理论、社会行动理论和社会资本理论等为理论基础,提出老旧小区海绵化改造的居民参与治理模式影响因素理论框架及相关假设,设计对应的调研问卷并构建计算模型。

最后,依旧选取长三角地区 5 个试点海绵城市中的典型老旧小区为调研地点,利用无序 Logistic 回归模型研究发现相较于参与治理水平最高的完全型参与治理模式,各类居民参与治理模式的影响因素略有区别,但场域在自变量与老旧小区海绵化改造的居民参与治理模式之间关系的调节作用较为明显。

本章通过对居民参与治理模式内在逻辑和外在影响因素的分析,从内部和外部分析了老旧小区海绵化改造的居民参与治理模式影响机理,为下一步仿真研究提供了思路。

第6章
老旧小区海绵化改造的居民参与治理动态仿真研究

研究表明,居民参与治理行为受到居民参与治理认知、态度和行为意向的影响,居民工作状况、月可支配收入、心理资本、社区归属感、社会资本、惯习和场域等变量对居民参与治理模式也会产生影响。然而,前述居民参与治理影响机理的研究主要遵循一定时间内和特定背景下的影响因素识别、影响因素模型构建和影响作用分析等过程,对居民参与的研究趋向于静态分析,缺少对其动态模拟及预测的研究。因此,本章充分考虑时间和居民参与情境在居民参与治理过程中的影响,基于多智能体建模(MAB)和系统动力学模型(SD)构建居民参与治理动态仿真模型,以长三角地区 5 个试点海绵城市老旧小区海绵化改造中居民为研究对象,再现居民参与活动的情境、微观层面居民参与治理模式的转变及相互关联,以此分析和演示老旧小区海绵化改造的居民参与治理演化规律,在此基础上提出相应的居民参与治理水平提升对策。

6.1 基于 MAB-SD 的居民参与治理动态仿真研究思路

6.1.1 基于 MAB-SD 的计算实验

multi-agent 是多个 agent 的集合,为了实现特定情境中各 agent 的连接,通常构建多个 agent 且定义其个体决策行为的方式来建模,大量 agent 的变化可以呈现出一种涌现现象[346]。由于对系统洞察力的增加、建模技术的快速发展和 CPU 性能的快速增长,基于多智能体建模(MAB)为研究人员提供了新型系统观察方式。本书主要是针对老旧小区海绵化改造中居民个体参与治理模式建模,居民为模型中的 agent。由于居民参与治理模式被划分为 7 类,且这 7 类模式之间以概率相互影响,每一类的 agent 属性固定,当其他参与治理模式的 agent 受到影响因素影响之后转变为相应居民参与治理模式的 agent。因此,对于个体行为的建模,人们一般选择基于概率的建模方式。在仿真系统中,每一个 agent 都具有自主行为,且它们可以实时、自主和动态地对外部环境刺激做出相应的反应,从而实现由微观到宏观的涌现过程。

系统动力学模型则是一种通过结构-功能分析,分析复杂信息反馈系统动态行为的综合性和交叉性学科,其被广泛应用于经济、环境、军事等多个领域[347]。本书中系统动力学包括 5 个步骤:

（1）系统分析被研究对象。本书研究的对象为老旧小区海绵化改造中的居民，通过调研其相关信息，利用聚类分析发现居民常采取的 7 类参与治理模式，确定了相关内生变量、外生变量与输入变量。

（2）进行系统结构分析，在收集数据的基础上，进一步分析居民参与治理模式影响机理，确定了系统总体与局部反馈机制、变量的种类及其相互关系、回路间的反馈耦合关系等。

（3）构建系统动力学模型。建立居民参与治理模式与其影响因素之间的逻辑关系，确定各类非线性表函数与参数，为方程和表函数赋值。

（4）模型模拟与评估，通过对老旧小区海绵化改造的居民参与治理放在模型的运行，发现存在的问题并进行修改，并进行模型的评估。

（5）最后使用修改后的模型解决实际居民参与治理问题。

计算实验是将计算机作为实验载体，以集成方法论为指导，综合考虑复杂系统理论、计算机技术和演化理论等理论与方法，演示复杂管理活动的情景及微观主体的变化规律[348-349]。其对计算模型有效性和等价性的验证主要通过两种途径：一是比较现实系统输出结果与计算模型输出的统计数据；二是在放弃验证模型有效性的基础上，挖掘计算模型的潜在结论。在涉及社会系统的实验问题中，通常包括个体行为的建模（可选取基于概率建模、演化博弈建模、基于规则建模等三者之一作为 agent 划分依据）、组织结构的建模（社会网络的建模）和环境的建模（综合考虑 agent 和环境，按照计算实验中环境的来源分为从假设出发的设计型和从实际数据出发的分析型）[348]。在很多情况下，可以使用基于 MAB 和 SD 的方法来模拟 agent 的内部动态性和外部环境的动态性。一方面，将过程流图放置在智能体内部；另一方面，将环境的改变规则放在智能体外部，实现综合仿真过程[346]。

因此，本书采用基于 MAB-SD 的方法来构建老旧小区海绵化改造的居民参与治理计算实验，相应的计算实验范式为（图 6-1）：① 对老旧小区海绵化改造的居民参与治理问题和环境进行分析，确定本书的研究对象、视角、目的和环境等；② 根据老旧小区海绵化改造的居民参与治理定量评价和影响机理进行问题描述与基本假设，对多类 agent 在老旧小区海绵化改造中参与规则或策略进行设定与描述；③ 建立基于 MAB-DS 的可计算仿真模型，包括多智能体和系统动力学模型；④ 构建老旧小区海绵化改造的居民参与治理计算实验平台，设定实验的环境，定义 agent 属性，构建主程序模块、图像显示模块、结构模块、agent 模块和环境模块等，并对居民参与治理进行计算实验研究；⑤ 对实验结果进行分析与比较，明确老旧小区海绵化改造的居民参与治理水平优化方向。

6.1.2 居民参与治理仿真要素分析

对于老旧小区海绵化改造项目而言，居民参与治理模式和参与治理水平应当是随着时间变化的动态变量，某一时刻的居民参与治理水平是前一时刻居民参与治理模式影响因素综合作用的结果，同时该结果又作为影响因素作用于后一时刻居民参与治理水平。因此，老旧小区海绵化改造的居民参与治理水平等于某一时刻特定情境下居民参与治理模式受影响的结果与发生概率的结果。

老旧小区海绵化改造的居民参与治理模式、居民参与治理模式影响因素和居民参与治理的情景是居民参与治理仿真的三大要素，三者相互作用实现老旧小区海绵化改造的居民

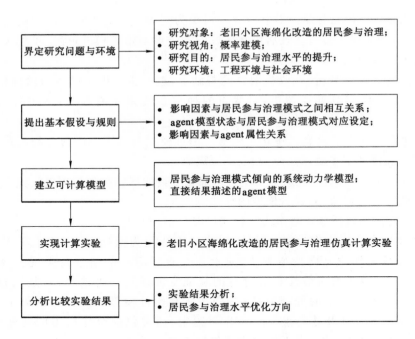

图 6-1　本书中计算实验研究的范式

参与治理水平变化。居民参与治理模式包括控制型参与治理模式、告知型参与治理模式、非参与型参与治理模式、态度消极型参与治理模式、配合型参与治理模式、意愿微弱型参与治理模式和完全型参与治理模式等模式，它们是在特定情景里居民采取的参与治理策略；居民参与治理影响因素指的是居民基本特征、社会资本、心理资本、惯习、社区归属感和场域等，其决定了居民参与治理模式的决策；居民参与治理情景是居民参与治理模式与其影响因素发生的背景与客观情景，三者的相互关系见图 6-2。本书以老旧小区海绵化改造的居民参与治理模式决策为路径，根据特定参与治理情景下居民采取不同参与治理模式后参与治理状态的变化来评估居民参与治理水平。

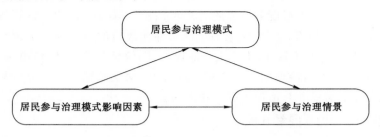

图 6-2　老旧小区海绵化改造的居民参与治理仿真三大要素的相互作用

6.1.3　居民参与治理仿真思路

由于老旧小区海绵化改造的居民参与治理具有非线性、多因素影响且不确定性较高等特性，本书结合 MAB 和 SD 构建老旧小区海绵化改造的居民参与治理仿真 MAB-SD 模型，实现对居民参与治理水平的优化。具体研究思路如下：

（1）分析基于 MAB 的居民参与治理模式演化系统，确定影响老旧小区海绵化改造的居民参与治理模式的因素、居民面对不同情景采取的参与治理模式和不同参与治理模式策略间的转换路径。

（2）基于 SD 构建老旧小区海绵化改造中居民各参与治理模式倾向（控制型参与治理模式倾向、告知型参与治理模式倾向、非参与型参与治理模式倾向、态度消极型参与治理模式倾向、配合型参与治理模式倾向、意愿微弱型参与治理模式倾向和完全型参与治理模式倾向）的测算模型，确定相关测算指标和求解模型的参数，根据测算出的指标及其影响因素之间的逻辑关系构建居民参与治理模式倾向系统动力学模型。

（3）建立居民参与治理模式转变路径与居民参与治理模式倾向系统动力学模型之间的对应关系，构建老旧小区海绵化改造的居民参与治理仿真平台。

（4）在老旧小区海绵化改造的居民参与治理仿真平台中设置仿真的环境并进行相关参数的假设，在特定居民参与治理情景下进行仿真的计算。

（5）提取特定居民参与治理情景下居民的参与治理模式状态及相应人群数量变化，分析特定情境下的居民参与治理效果。

6.2　基于 MAB 的居民参与治理模式演化系统

6.2.1　居民参与治理网络假设

社会网络是居民进行信息沟通的基础，通常包括规则网络、随机网络、小世界网络和基于距离网络等不同的网络结构[350]。在早期研究中，有学者提出使用规则网络（将网络看作节点与连线的集合，节点按照确定的规则连接得到规则的网络）和随机网络（将网络看做节点与连线的集合，节点按照随机方式连接得到随机网络）来分析人际关系，然而实际情况中，人与人之间的联系既不是完全规则也不是完全随机的[351]。随后，Watts 等[352]构建了"WS 小世界模型"，该模型同时具有较大聚集系数和较小平均距离，被称作"小世界效应"，从规则网络到随机网络的变化过程见图 6-3。可以看出，从规则网络到小世界网络再到随机网络，边的重连概率 P 不断增加。在此基础上，纽曼（Newman）等提出改进的"NW 小世界模型"，用"随机化加边"代替了"WS 小世界模型"构造中的"随机化重连"[350]。近年来，小世界网络

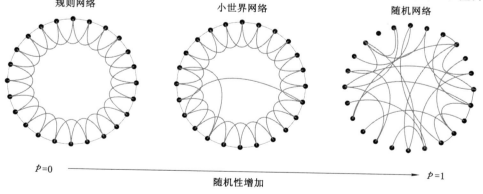

图 6-3　规则网络-WS 小世界网络-随机网络的演化过程

模型在计算机病毒传播、互联网控制、舆情演化和知识网络演化等方面得到应用,能够较好地描述实际社会中的人际关系,多数社会网络模型被证实为小世界网络。此外,提出"六度分隔"理论[351-353],认为世界上任意两个人之间所间隔的人数不超过 6 个,人类社会呈现聚类性与平均距离较短的特性,与小世界模型相呼应。本书研究对象是老旧小区海绵化改造中的居民,其联系即社会中人与人之间的关系,因此选择小世界网络来描述居民的社会网络沟通情况。

小世界网络具有集聚程度,表示两节点之间通过各自相邻节点连接在一起的可能性,本书采用随机连接概率(P)和平均沟通效率($e_{沟通}$)来反映小世界网络的集聚程度[352]。其中,P 表示居民在社会网络中的关系紧密程度,即在社会网络中可与某一居民产生联系并沟通的人数所占比例,通常 P 的取值区间为[0,0.1],步长 0.01。当 P 取值为 0.1 时,网络中任意两个居民之间存在联系且沟通的概率为 0.1,此时整个网络中的所有居民联系非常紧密。$e_{沟通}$ 表示居民之间联系沟通后将自己观点传递给另一方的有效程度,通常 e 的取值区间为[0,1],步长 0.1。当 e 的取值为 1 时,代表采取某一参与治理模式的居民在接收到其他类型居民传递的信息后,认同该信息并继续传播的可能性达到最大。因此,在居民参与治理仿真模型中,信息传递的速率为:

$$S = 平均沟通效率 \times 随机连接概率 \times 总人数 \qquad (6\text{-}1)$$

6.2.2 居民参与治理模式策略分析

老旧小区海绵化改造过程中居民受到居民个体特征、社会资本、心理资本、惯习、社区归属感和场域等因素的影响,往往表现出不同的居民参与治理模式倾向或策略。具体如下:选择非参与型参与治理模式的居民定义为非参与型居民;采取控制型参与治理模式的居民定义为控制型居民;选择告知型参与治理模式的居民定义为告知型居民;采取配合型参与治理模式的居民定义为配合型居民;选择态度消极型参与治理模式的居民定义为态度消极型居民;采取意愿微弱型参与治理模式的居民定义为意愿微弱型居民;选择完全型参与治理模式的居民定义为完全型居民。

由于各类参与治理模式的治理水平高低,所以低水平居民参与治理模式有向高一个等级水平居民参与治理模式转变的可能性,且初始居民参与治理模式为非参与型或控制型,最终都将转化成完全型。因此,老旧小区海绵化改造中共有 17 条最终指向参与的居民参与治理模式演化路径:

Transition 0:⋯→非参与型,⋯→控制型;(居民初始参与治理模式)

Transition 1:非参与型→控制型;

Transition 2:非参与型→完全型;

Transition 3:控制型→非参与型;

Transition 4:控制型→告知型;

Transition 5:控制型→完全型;

Transition 6:告知型→非参与型;

Transition 7:告知型→配合型;

Transition 8:告知型→完全型;

Transition 9:配合型→非参与型;

Transition 10:配合型→态度消极型;

Transition 11：配合型→完全型；

Transition 12：态度消极型→非参与型；

Transition 13：态度消极型→意愿微弱型；

Transition 14：态度消极型→完全型；

Transition 15：意愿微弱型→非参与型；

Transition 16：意愿微弱型→完全型。

6.2.3　居民参与治理模式决策路径模型

通过居民参与治理模式策略分析可知,老旧小区海绵化改造的居民参与治理模式之间存在 17 条演化路径,即居民需要通过 16 条策略演化路径来转变。本节将针对居民参与治理模式转变进行逐步分析,并将其解析后作为计算实验中 agent 策略转变条件。其中 Transition 表示理论分析中居民可能采取的转变策略,而 transition 表示计算实验模型中不同 agent 之间采取的策略转变。在计算实验中,两种不同状态的 agent 之间转变路径可能有多种,因此 Transition 与 transition 的编号并不是完全一致的。

6.2.3.1　"Transition 0：…→非参与型,…→控制型"参与治理模式决策

在个体参与治理初始阶段,其面临两个参与治理模式选择,即非参与型和控制型参与治理模式,并且由控制型倾向($p_{控制} \in [0,1]$)决定。

（1）p_{t01} 表示居民进入控制型参与治理模式状态的可能性大小;p_{t1} 为居民从控制型转变为告知型的感知临界值;p_{t2} 为居民从控制型转变为完全型的感知临界值;p_{t3} 为居民从告知型转变为配合型的感知临界值;p_{t4} 为居民从告知型转变为完全型的感知临界值;p_{t5} 为居民从配合型转变为态度消极型的感知临界值;p_{t6} 为居民从配合型转变为完全型的感知临界值;p_{t7} 为居民从态度消极型转变为意愿微弱型的感知临界值;p_{t8} 为居民从态度消极型转变为完全型的感知临界值;p_{t9} 为居民从意愿微弱型转变为完全型的感知临界值。

（2）当 $0 < p_{t01} < p_{控制} < 1$ 时,执行 transition 01,居民参与治理状态转变为控制型参与治理模式;当 $0 < p_{控制} < p_{t01} < 1$ 时,执行 transition 02,居民参与治理状态转变为非参与型参与治理模式;否则执行 transition 03,进入结束状态。

6.2.3.2　"Transition 1：非参与型→控制型"、"Transition 2：非参与→完全型"参与治理模式决策

非参与型居民通常控制型倾向较低,其受到他人影响后实现参与治理模式转变,经过被动型决策后转变为控制型参与治理模式或完全型参与治理模式。因此,非参与型居民决策主要由当前的其他类型居民传递的信息及自身控制型倾向决定。

（1）当前其他类型居民将信息传递给非参与型居民的影响机制。首先,控制型居民随机向与其直接相连的居民传达"控制型"信息,告知型居民随机向与其直接相连的居民传达"告知型"信息,配合型居民随机向与其直接相连的居民传达"配合型"信息,态度消极型居民随机向与其直接相连的居民传达"态度消极型"信息,意愿微弱型居民随机向与其直接相连的居民传达"意愿微弱型"信息,完全型居民随机向与其直接相连的居民传达"完全型"信息。其次,非参与型居民有效接收到"控制型""告知型""配合型""态度消极型""意愿微弱型"和"完全型"信息后将进入控制型状态(执行 transition 12,)或完全型状态(执行 transition 17)。

（2）此外,当系统中所有的控制型居民、告知型居民、配合型居民、态度消极型居民和意

愿微弱型居民数量都为 0 时,非参与者将主动参与治理。如果参与治理时间为 $d_{参与}$,则 $v_{参与}$＝非参与型居民总数$/d_{参与}$。

6.2.3.3 "Transition 3:控制型→非参与型""Transition 4:控制型→告知型""Transition 5:控制型→完全型"参与治理模式决策

控制型参与治理模式状态转变主要有两种方式:一是自发的决策,即对控制型参与治理模式结果的期望和其他因素的影响而主动地采取高一级治理水平的参与治理模式;二是被动的决策,即受到其他类型居民的影响而采取下一步决策。因此,控制型居民采取告知型参与治理模式受告知型决策时间($t_{告知}\in[1,\infty]$)、已有的配合型居民、态度消极型居民、意愿微弱型居民、完全型居民传递的信息以及告知型倾向($p_{告知}\in[0,1]$)的影响。

(1)$p_{告知}$表示控制型居民转变为告知型居民的概率,通常受到采取控制型参与治理模式的难度、结果是否得到回应及外界环境的影响。当 $0<p_{t1}<p_{告知}<1$ 时,执行 transition 23,居民参与治理状态转变为告知型参与治理模式;当 $0<p_{告知}<p_{t2}<1$ 时,执行 transition 27,居民参与治理状态转变为完全型参与治理模式;否则执行 transition 21,居民参与治理状态转变为非参与型模式;

(2)$t_{告知}$表示控制型状态居民执行转变所用的时间(天),其受到 $p_{告知}$ 的影响,二者为反比状态。当 $p_{告知}＝0$ 时,居民不会采取对策进行参与治理模式转换,此时 $t_{告知}＝\infty$;当 $p_{告知}＝1$时,居民立即转换参与治理模式,此时 $t_{告知}＝0$。因此,假设 $t_{告知}$ 的关系表达式采用自然对数,则 $t_{告知}＝-b\ln p_{告知}$。由于 7 类参与治理模式发生概率之和为 1,所以某一类参与治理模式发生概率约为 0.14。一般情况下,当 $p_{告知}＝0.14$ 时,$t_{告知}＝a_{告知}$,则:

$$t_{告知} = \frac{a_{告知}}{\ln 0.14}\ln p_{告知} \tag{6-2}$$

(3)告知型、配合型、态度消极型、意愿微弱型和完全型居民通过居民之间的信息沟通实现对居民决策的影响,其影响机制为:首先,告知型居民随机向与其直接相连的居民传达"告知型"信息,配合型居民随机向与其直接相连的居民传达"配合型"信息,态度消极型居民随机向与其直接相连的居民传达"态度消极型"信息,意愿微弱型居民随机向与其直接相连的居民传达"意愿微弱型"信息,完全型居民随机向与其直接相连的居民传达"完全型"信息。其次,控制型居民有效接收到"告知型""配合型""态度消极型""意愿微弱型"和"完全型"信息后并被有效影响则有可能采取告知型或完全参与型策略。

6.2.3.4 "Transition 6:告知型→非参与型""Transition 7:告知型→配合型""Transition 8:告知型→完全型"参与治理模式决策

告知型参与治理模式状态转变可通过自发的决策或被动的决策实现参与治理模式的转变,并由配合型决策时间($t_{配合}\in[1,\infty]$)、已有的态度消极型居民、意愿微弱型居民、完全型居民传递的信息以及配合型倾向($p_{配合}\in[0,1]$)的影响。

(1)$p_{配合}$表示告知型居民转变为配合型居民的概率,通常受到采取告知型参与治理模式的难度、结果是否得到回应及外界环境的影响。当 $0<p_{t3}<p_{配合}$ 时,执行 transition 34,居民参与治理状态转变为配合型参与治理模式;当 $0<p_{配合}<p_{t4}<1$ 时,执行 transition 37,居民参与治理状态转变为完全型参与治理模式;否则执行 transition 31,居民参与治理状态转变为非参与型模式。

(2)$t_{配合}$表示告知型状态居民执行转变所用的时间(天),其受到 $p_{配合}$ 的影响,二者为反比状态。当 $p_{配合}=0$ 时，居民不会采取对策进行参与治理模式转换，此时 $t_{配合}=\infty$；当 $p_{配合}=1$ 时，居民立即转换参与治理模式，此时 $t_{配合}=0$。因此，假设 $t_{配合}$ 的关系表达式采用自然对数，则 $t_{配合}=-b\ln p_{配合}$。一般情况下，当 $p_{配合}=0.14$ 时，$t_{配合}=a_{配合}$，则：

$$t_{配合}=\frac{a_{配合}}{\ln 0.14}\ln p_{配合} \tag{6-3}$$

（3）配合型、态度消极型、意愿微弱型和完全型居民通过居民之间的信息沟通实现对居民决策的影响，其影响机制为：首先，配合型居民随机向与其直接相连的居民传达"配合型"信息，态度消极型居民随机向与其直接相连的居民传达"态度消极型"信息，意愿微弱型居民随机向与其直接相连的居民传达"意愿微弱型"信息，完全型居民随机向与其直接相连的居民传达"完全型"信息。其次，告知型居民有效接收到"配合型""态度消极型""意愿微弱型"和"完全型"信息后并被有效影响则有可能采取配合型或完全参与型策略。

6.2.3.5 "Transition 9：配合型 → 非参与型""Transition 10：配合型 → 态度消极型""Transition 11：配合型 → 完全型"参与治理模式决策

配合型参与治理模式状态转变可通过自发的决策或被动的决策实现参与治理模式的转变，并由态度消极型决策时间（$t_{态度消极}\in[1,\infty]$）、已有的意愿微弱型居民、完全型居民传递的信息以及态度消极型倾向（$p_{态度消极}\in[0,1]$）的影响。其中：

（1）$p_{态度消极}$ 表示配合型居民转变为态度消极型居民的概率，通常受到采取配合型参与治理模式的难度、结果是否得到回应及外界环境的影响。当 $0<p_{t5}<p_{态度消极}<1$ 时，执行 transition 45，居民参与治理状态转变为态度消极型参与治理模式；当 $0<p_{态度消极}<p_{t6}<1$ 时，执行 transition 47，居民参与治理状态转变为完全型参与治理模式；否则执行 transition 41，居民参与治理状态转变为非参与型参与治理模式。

（2）$t_{态度消极}$ 表示配合型状态居民执行转变所用的时间（天），受 $p_{态度消极}$ 的影响，二者为反比状态。当 $p_{态度消极}=0$ 时，居民不会采取对策进行参与治理模式转换，此时 $t_{态度消极}=\infty$；当 $p_{态度消极}=1$ 时，居民立即转换参与治理模式，此时 $t_{配合}=0$。因此，假设 $t_{态度消极}$ 的表达式采用自然对数，则 $t_{态度消极}=-b\ln p_{态度消极}$。一般情况下，当 $p_{态度消极}=0.14$ 时，$t_{态度消极}=a_{态度消极}$，则：

$$t_{态度消极}=\frac{a_{态度消极}}{\ln 0.14}\ln p_{态度消极} \tag{6-4}$$

（3）态度消极型、意愿微弱型和完全型居民通过居民的信息沟通实现对居民决策的影响，其影响机制为：首先，态度消极型居民随机向与其直接相连的居民传达"态度消极型"信息，意愿微弱型居民随机向与其直接相连的居民传达"意愿微弱型"信息，完全型居民随机向与其直接相连的居民传达"完全型"信息。其次，配合型居民有效接收到"态度消极型""意愿微弱型"和"完全型"信息后并被有效影响则有可能采取态度消极型或完全参与型策略。

6.2.3.6 "Transition 12：态度消极型 → 非参与型""Transition 13：态度消极型 → 意愿微弱型""Transition 14：态度消极型 → 完全型"参与治理模式决策

态度消极型参与治理模式状态转变可通过自发的决策或被动的决策实现参与治理模式的转变，并由意愿微弱型决策时间（$t_{意愿微弱}\in[1,\infty]$）、已有的完全型居民传递的信息以及意愿微弱型倾向（$p_{意愿微习}\in[0,1]$）的影响。其中：

（1）$p_{意愿微弱}$ 表示态度消极型居民转变为意愿微弱型居民的概率，通常受到采取态度消极参与治理模式的难度、结果是否得到回应及外界环境的影响。当 $0<p_{t7}<p_{意愿微弱}<1$ 时，

执行 transition 56，居民参与治理状态转变为意愿微弱型参与治理模式；当 $0 < p_{意愿微弱} < p_{t8} < 1$ 时，执行 transition 57，居民参与治理状态转变为完全型参与治理模式；否则执行 transition 51，居民参与治理状态转变为非参与型参与治理模式。

（2） $t_{意愿微弱}$ 表示态度消极型居民执行转变所用的时间（天），其受到 $p_{意愿微弱}$ 的影响，二者为反比状态。当 $p_{意愿微弱} = 0$ 时，居民不会采取对策转换参与治理模式，此时 $t_{意愿微弱} = \infty$；当 $p_{意愿微弱} = 1$ 时，居民立即转换参与治理模式，此时 $t_{意愿微弱} = 0$。因此，假设 $t_{意愿微弱}$ 的表达式采用自然对数，则 $t_{意愿微弱} = -b \ln p_{意愿微弱}$。一般情况下，当 $p_{意愿微弱} = 0.14$ 时，$t_{意愿微弱} = a_{意愿微弱}$，则：

$$t_{意愿微弱} = \frac{a_{意愿微弱}}{\ln 0.14} \ln p_{意愿微弱} \tag{6-5}$$

（3）意愿微弱型和完全型居民通过居民之间的信息沟通实对居民决策的影响，其影响机制为：首先，意愿微弱型居民随机向与其直接相连的居民传达"意愿微弱型"信息，完全型居民随机向与其直接相连的居民传达"完全型"信息。其次，态度消极型居民有效接收到"意愿微弱型"和"完全型"信息后并被有效影响则有可能采取意愿微弱型或完全参与型策略。

6.2.3.7 "Transition 15：意愿微弱型→非参与型""Transition 16：意愿微弱型→完全型"参与治理模式决策

意愿微弱型参与治理模式状态转变可通过自发的决策或被动的决策实现参与治理模式的转变，并由完全型决策时间（$t_{完全} \in [1, \infty]$）、已有的完全型居民传递的信息以及完全型倾向（$p_{完全} \in [0, 1]$）的影响。

（1） $p_{完全}$ 表示意愿微弱型居民转变为完全型居民的概率，通常受到采取意愿微弱参与治理模式的难度、结果是否得到回应及外界环境的影响。当 $0 < p_{t9} < p_{完全} < 1$ 时，执行 transition67，居民参与治理状态转变为完全型参与治理模式；否则执行 transition61，居民参与治理状态转变为非参与型参与治理模式；

（2） $t_{完全}$ 表示意愿微弱型居民执行转变所用的时间（天），其受到 $p_{完全}$ 的影响，二者为反比状态。当 $p_{完全} = 0$ 时，居民不会采取对策进行参与治理模式转换，此时 $t_{完全} = \infty$；当 $p_{完全} = 1$ 时，居民立即转换参与治理模式，此时 $t_{完全} = 0$。因此，假设 $t_{完全}$ 的关系表达式采用自然对数，则 $t_{完全} = -b \ln p_{完全}$。一般情况下，当 $p_{完全} = 0.14$ 时，$t_{完全} = a_{完全}$，则：

$$t_{完全} = \frac{a_{完全}}{\ln 0.14} \ln p_{完全} \tag{6-6}$$

（3）完全型居民通过居民之间的信息沟通实现对居民决策的影响，其影响机制为：首先，完全型居民随机向与其直接相连的居民传达"完全型"信息。其次，意愿微弱型居民有效接收到"完全型"信息后并被有效影响则有可能采取完全参与型策略。

本书利用 AnyLogic 软件中的状态度表示老旧小区海绵化改造的居民参与治理模式决策路径转变图，最终的路径见图 6-4。

居民个体参与治理模式决策 agent 模型中的输入变量设定见表 6-1。

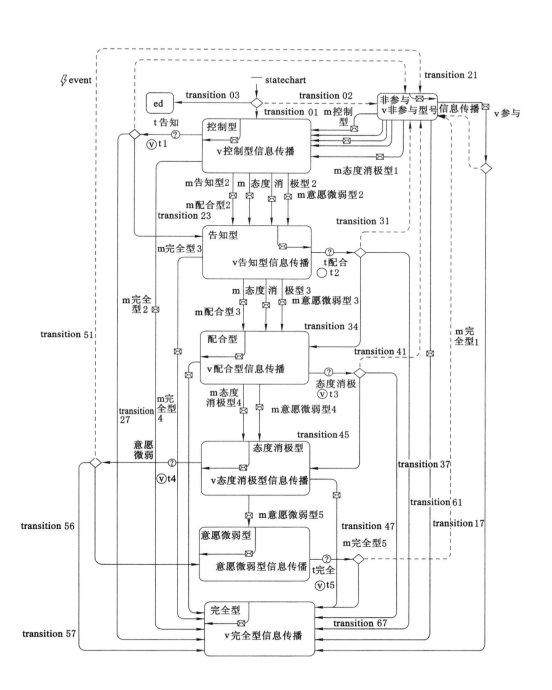

图 6-4　老旧小区海绵化改造的居民参与治理模式决策路径转变图

表 6-1　居民个体参与治理模式决策 agent 模型中的主要变量与含义

序号	变量	含义	说明
1	p_{t01}	居民进入控制型参与治理模式状态的可能性大小	依据居民参与治理水平的情况进行设定,共划分为 6 个等级:倾向很低时为 0.1,倾向较低时为 0.3,倾向一般时为 0.5,倾向较高时为 0.7,倾向很高为 0.8,倾向极高为 0.9
2	p_{t1}	居民从控制型转变为告知型的感知临界值	
3	p_{t2}	居民从控制型转变为完全型的感知临界值	
4	p_{t3}	居民从告知型转变为配合型的感知临界值	
5	p_{t4}	居民从告知型转变为完全型的感知临界值	
6	p_{t5}	居民从配合型转变为态度消极型的感知临界值	
7	p_{t6}	居民从配合型转变为完全型的感知临界值	
8	p_{t7}	居民从态度消极型转变为意愿微弱型的感知临界值	
9	p_{t8}	居民从态度消极型转变为完全型的感知临界值	
10	p_{t9}	居民从意愿微弱型转变为完全型的感知临界值	
11	$p_{控制}$	最初主动选择控制型参与治理模式的概率	受到居民工作状况、月平均收入、社会资本、心理资本、惯习、社区归属感和场域等因素的影响,由现实情况决定
12	$p_{告知}$	控制型居民转变为告知型居民的概率	
13	$p_{配合}$	告知型居民转变为配合型居民的概率	
14	$p_{态度消极}$	配合型居民转变为态度消极型居民的概率	
15	$p_{意愿微弱}$	态度消极型居民转变为意愿微弱型居民的概率	
16	$p_{完全}$	意愿微弱型居民转变为完全型居民的概率	
17	$a_{告知}$	居民采取告知型的概率一般时,该类居民从告知型到配合型转变平均所需时间	居民参与治理模式转变平均所需的时间根据实际情况判断给出,单位为天
18	$a_{配合}$	居民采取配合型的概率一般时,该类居民从配合型到态度消极型转变平均所需时间	
19	$a_{态度消极}$	居民采取态度消极型的概率一般时,该类居民从态度消极型到意愿微弱型转变平均所需时间	
20	$a_{意愿微弱}$	居民采取意愿微弱型的概率一般时,该类居民从意愿微弱型到完全型转变平均所需时间	
21	$a_{完全}$	居民采取完全型的概率一般时,该类居民从意愿微弱到完全型转变平均所需时间	
22	$d_{参与}$	除了非参与型和完全型居民以外的居民都参与时,非参与者参与所需要的时间	
23	$e_{沟通}$	居民的平均沟通效率	根据实际情况确定,取值区间为 $[0,1]$,步长为 0.1
24	$f_{沟通}$	沟通频率(每人每天沟通的次数),由与其直接联系的人数确定	在网络中表现为"度"
25	网络类型	包括随机、基于距离、环形和小世界等 4 种布局形式	小世界网络中的参数根据居民参与治理水平情况确定
26	布局类型	网络的布局形式	
27	随机连接概率	用来定义小世界网络,网络中的点用概率 p 随机连接	
28	个体平均连接	每个人平均连接的人数,用来定义小世界、随机和环形网络	
29	最大连接距离	网络中两点之间的最大连接距离,用来定义基于距离的网络	
30	网络密度	网络中实际与理论的连接数比值	

6.3　基于 SD 的居民参与治理模式倾向模型

6.3.1　基于 SD 的居民参与治理模式倾向系统分析

5.4 节利用无序 Logistic 回归模型分析了居民参与治理模式的影响因素,发现工作状况、月平均收入、社会资本、心理资本、惯习、社区归属感和场域等因素对居民参与治理模式产生影响,进而得到 7 类居民参与治理模式的计算公式。本章在此基础上选择离散选择模型构建居民参与治理模式倾向测算模型,估算居民采取某一类参与治理模式的倾向。

6.3.1.1　居民参与治理模式倾向测算模型

（1）选择变量

根据居民参与治理模式聚类和治理水平(由低到高)评价结果可知,老旧小区海绵化改造的居民参与治理模式倾向分别为非参与型参与治理模式倾向(以下简称为非参与型倾向)、控制型参与治理模式倾向(以下简称为控制型倾向)、告知型参与治理模式倾向(以下简称为告知型倾向)、配合型参与治理模式倾向(以下简称为配合型倾向)、态度消极型参与治理模式倾向(以下简称为态度消极型倾向)、意愿微弱型参与治理模式倾向(以下简称为意愿微弱型倾向)、完全型参与治理模式倾向(以下简称为完全型倾向),其表达式如下:

$$y_i = \begin{cases} \pi_1: \text{控制型倾向} \\ \pi_2: \text{告知型倾向} \\ \pi_3: \text{非参与型倾向} \\ \pi_4: \text{态度消极型倾向} \\ \pi_5: \text{配合型倾向} \\ \pi_6: \text{意愿微弱型倾向} \\ \pi_7: \text{完全型倾向} \end{cases} \quad (6\text{-}7)$$

式中,y_i 代表第 i 位居民选择的参与治理模式类别,通常取 $\max \pi_i$ 对应的参与治理模式类别,$\sum_{i=1}^{7} \pi_i = 7$。

（2）解释变量

居民参与治理模式的选择受到工作状况、月平均收入、社会资本、心理资本、惯习、社区归属感和场域等因素的影响,因此选取这几项指标作为解释变量。考虑到心理资本、惯习、社区归属感和场域等因素由多个观测变量组成,指标项的增加一方面增加了最终结果分析的难度,另一方面超过了 AnyLogic 软件对参数设置的上限。因此,本书将这 5 项指标进行简化,仅取综合的心理资本、惯习、社区归属感和场域指标进行计算,具体见表 6-2。

表 6-2　老旧小区海绵化改造的居民参与治理模式倾向测算指标及说明

居民参与治理模式倾向影响因素	具体指标	指标说明
个体特征	x_{17}	$x_{17}=1$,无工作或者在找工作;$x_{17}=2$,有工作;$x_{17}=3$,退休
	x_{18}	$x_{18}=1$,月收入 2 000 元以下;$x_{18}=2$,月收入 2 000 元至 3 999 元;$x_{18}=3$,月收入 4 000 至 5 999 元;$x_{18}=4$,月收入 6 000 至 7 999 元;$x_{18}=5$,月收入 8 000 元及以上

表 6-2(续)

居民参与治理模式倾向影响因素	具体指标	指标说明
场域	x_{21}	$x_{21}=1$,非常不同意;$x_{21}=2$,不同意;$x_{21}=3$,中立;$x_{21}=4$,同意;$x_{21}=5$,非常同意
社会资本	x_{31}	$x_{31}=1$,非常不同意;$x_{31}=2$,不同意;$x_{31}=3$,中立;$x_{31}=4$,同意;$x_{31}=5$,非常同意
心理资本	x_{41}	$x_{41}=1$,非常不同意;$x_{41}=2$,不同意;$x_{41}=3$,中立;$x_{41}=4$,同意;$x_{41}=5$,非常同意
惯习	x_{51}	$x_{51}=1$,非常不同意;$x_{51}=2$,不同意;$x_{51}=3$,中立;$x_{51}=4$,同意;$x_{51}=5$,非常同意
社区归属感	x_{61}	$x_{61}=1$,非常不同意;$x_{61}=2$,不同意;$x_{61}=3$,中立;$x_{61}=4$,同意;$x_{61}=5$,非常同意
社会资本 * 场域	x_{31_21}	$x_{31}x_{21}$
心理资本 * 场域	x_{41_21}	$x_{41}x_{21}$
惯习 * 场域	x_{51_21}	$x_{51}x_{21}$
社区归属感 * 场域	x_{61_21}	$x_{61}x_{21}$

根据无序 Logistic 回归结果,可以得到各类居民参与治理模式倾向的计算公式为:

$$
\begin{cases}
\pi_1 = \dfrac{e^{X_{ia}B_{11}}}{1+e^{X_{ia}B_{11}}+e^{X_{ib}B_{21}}+e^{X_{ic}B_{31}}+e^{X_{id}B_{41}}+e^{X_{ie}B_{51}}+e^{X_{ie}B_{61}}} \\[3mm]
\pi_2 = \dfrac{e^{X_{ib}B_{21}}}{1+e^{X_{ia}B_{11}}+e^{X_{ib}B_{21}}+e^{X_{ic}B_{31}}+e^{X_{id}B_{41}}+e^{X_{ie}B_{51}}+e^{X_{ie}B_{61}}} \\[3mm]
\pi_3 = \dfrac{e^{X_{ic}B_{31}}}{1+e^{X_{ia}B_{11}}+e^{X_{ib}B_{21}}+e^{X_{ic}B_{31}}+e^{X_{id}B_{41}}+e^{X_{ie}B_{51}}+e^{X_{ie}B_{61}}} \\[3mm]
\pi_4 = \dfrac{e^{X_{id}B_{41}}}{1+e^{X_{ia}B_{11}}+e^{X_{ib}B_{21}}+e^{X_{ic}B_{31}}+e^{X_{id}B_{41}}+e^{X_{ie}B_{51}}+e^{X_{ie}B_{61}}} \\[3mm]
\pi_5 = \dfrac{e^{X_{ie}B_{51}}}{1+e^{X_{ia}B_{11}}+e^{X_{ib}B_{21}}+e^{X_{ic}B_{31}}+e^{X_{id}B_{41}}+e^{X_{ie}B_{51}}+e^{X_{ie}B_{61}}} \\[3mm]
\pi_6 = \dfrac{e^{X_{if}B_{61}}}{1+e^{X_{ia}B_{11}}+e^{X_{ib}B_{21}}+e^{X_{ic}B_{31}}+e^{X_{id}B_{41}}+e^{X_{ie}B_{51}}+e^{X_{ie}B_{61}}} \\[3mm]
\pi_7 = \dfrac{1}{1+e^{X_{ia}B_{11}}+e^{X_{ib}B_{21}}+e^{X_{ic}B_{31}}+e^{X_{id}B_{41}}+e^{X_{ie}B_{51}}+e^{X_{ie}B_{61}}}
\end{cases}
\tag{6-8}
$$

式中,i 表示第 i 个居民$(i=1,2,\cdots,n)$;$X_{ij}(j=a,b,c,d,e,f)$表示第 i 个居民采取某类居民参与治理模式倾向的解释变量向量;$B_{l1}(l=1,2,\cdots,6)$表示这些解释变量的系数向量。

$X_{ia}=\{1,x_{31},x_{41},x_{51},x_{61},x_{31\_21},x_{41\_21},x_{61\_21}\}$;

$X_{ib}=\{1,x_{17},x_{31},x_{41},x_{51},x_{61},x_{41\_21},x_{61\_21}\}$;

$X_{ic}=\{1,x_{31},x_{41},x_{51},x_{21},x_{41\_21},x_{51\_21}\}$;

$X_{id}=\{1,x_{41},x_{21},x_{31\_21},x_{41\_21},x_{51\_21}\}$;

$X_{ie}=\{1,x_{41\_21}\}$;

$X_{if}=\{1,x_{17},x_{18},x_{51},x_{61}\}$;

$B_{11}=\{\beta_{1\_1\_0},\beta_{1\_1\_1},\beta_{1\_1\_2},\beta_{1\_1\_3},\beta_{1\_1\_4},\beta_{1\_1\_5},\beta_{1\_1\_6},\beta_{1\_1\_7}\}$;

$B_{21}=\{\beta_{2\_1\_0},\beta_{2\_1\_1},\beta_{2\_1\_2},\beta_{2\_1\_3},\beta_{1\_1\_4},\beta_{1\_1\_5},\beta_{1\_1\_6},\beta_{1\_1\_7}\}$;

$B_{31}=\{\beta_{3\_1\_0},\beta_{3\_1\_1},\beta_{3\_1\_2},\beta_{3\_1\_3},\beta_{3\_1\_4},\beta_{3\_1\_5},\beta_{3\_1\_6}\}$;

$B_{41}=\{\beta_{4\_1\_0},\beta_{4\_1\_1},\beta_{4\_1\_2},\beta_{4\_1\_3},\beta_{4\_1\_4},\beta_{4\_1\_5}\}$;

$B_{51} = \{\beta_{5\_1\_0}, \beta_{5\_1\_1}\}$;

$B_{61} = \{\beta_{6\_1\_0}, \beta_{6\_1\_1}, \beta_{6\_1\_2}, \beta_{6\_1\_3}, \beta_{6\_1\_4}\}$。

根据长三角地区试点海绵城市老旧小区中的 1 657 个样本,通过无序 Logistic 回归计算出各解释变量的系数向量,见表 6-3。

表 6-3　居民参与治理模式倾向测算模型中解释变量的系数向量

系数向量	系数							
B_{11}	$\beta_{1\_1\_0}$	$\beta_{1\_1\_1}$	$\beta_{1\_1\_2}$	$\beta_{1\_1\_3}$	$\beta_{1\_1\_4}$	$\beta_{1\_1\_5}$	$\beta_{1\_1\_6}$	$\beta_{1\_1\_7}$
	−1.097	−0.362	−0.926	−0.442	−0.509	−0.277	−0.792	−0.236
B_{21}	$\beta_{2\_1\_0}$	$\beta_{2\_1\_1}$	$\beta_{2\_1\_2}$	$\beta_{2\_1\_3}$	$\beta_{2\_1\_4}$	$\beta_{2\_1\_5}$	$\beta_{2\_1\_6}$	$\beta_{2\_1\_7}$
	−0.412	−1.04	−0.502	−0.817	−0.543	−0.321	−0.652	−0.332
B_{31}	$\beta_{3\_1\_0}$	$\beta_{3\_1\_1}$	$\beta_{3\_1\_2}$	$\beta_{3\_1\_3}$	$\beta_{3\_1\_4}$	$\beta_{3\_1\_5}$	$\beta_{3\_1\_6}$	
	−1.091	−0.42	−0.731	−0.548	−0.576	−0.539	−0.219	
B_{41}	$\beta_{4\_1\_0}$	$\beta_{4\_1\_1}$	$\beta_{4\_1\_2}$	$\beta_{4\_1\_3}$	$\beta_{4\_1\_4}$	$\beta_{4\_1\_5}$		
	−0.744	−0.276	−0.208	−0.307	−0.437	−0.265		
B_{51}	$\beta_{5\_1\_0}$	$\beta_{5\_1\_1}$						
	−3.434	−0.551						
B_{61}	$\beta_{6\_1\_0}$	$\beta_{6\_1\_1}$	$\beta_{6\_1\_2}$	$\beta_{6\_1\_3}$	$\beta_{6\_1\_4}$			
	−1.42	−1.522	0.978	0.229	0.27			

6.3.1.2　居民参与治理模式倾向测算系统参数解释

居民参与治理模式倾向系统包括参与治理模式倾向 11 个测算指标(表 6-2)。

(1) 由于老旧小区海绵化改造的居民参与治理仿真过程较短(一般为 30 天),因此假设每位居民在较短时间内个体基本特征(居民的性别、年龄、工作状况和月平均收入)不发生改变,各项测算指标的初始数值由调研结果确定。例如当调研收集数据中居民为 1 000 人时,男女比例为 5∶5($\mu_{11}=50\%$,$\mu_{12}=50\%$),则对应仿真系统中男性为 500 人,女性为 400 人。

表 6-4　居民参与治理模式倾向测算指标人数分布占比

测算指标		居民数量分布百分比/%				
x11	性别	女	男			
			μ_{11}	μ_{12}		
x_{12}	年龄	20 岁以下	20~34 岁	35~49 岁	50~64 岁	65 岁及以上
		μ_{21}	μ_{22}	μ_{23}	μ_{24}	μ_{25}
x_{17}	工作状况	无工作或在找工作	有工作	退休		
		μ_{31}	μ_{32}	μ_{33}		
x_{18}	月收入	2 000 元以下	2 000~3 999 元	4 000~5 999 元	6 000~7 999 元	8 000 元及以上
		μ_{41}	μ_{42}	μ_{43}	μ_{44}	μ_{45}
x_{21}	场域	非常不同意	不同意	中立	同意	非常同意
		μ_{51}	μ_{52}	μ_{53}	μ_{54}	μ_{55}

表 6-4(续)

测算指标		居民数量分布百分比/%				
x_{31}	社会资本	非常不同意	不同意	中立	同意	非常同意
		μ_{61}	μ_{62}	μ_{63}	μ_{64}	μ_{65}
x_{41}	心理资本	非常不同意	不同意	中立	同意	非常同意
		μ_{71}	μ_{72}	μ_{73}	μ_{74}	μ_{75}
x_{51}	惯习	非常不同意	不同意	中立	同意	非常同意
		μ_{81}	μ_{82}	μ_{83}	μ_{84}	μ_{85}
x_{61}	社会归属感	非常不同意	不同意	中立	同意	非常同意
		μ_{91}	μ_{92}	μ_{93}	μ_{94}	μ_{95}

(2) 在一个老旧小区内实施海绵化改造项目时,可以通过向居民调研的方式,确定场域、社会资本、心理资本、惯习和社会归属感等在不同选项上居民所占比例。例如当调研收集数据中居民为 1 000 人时,对"场域较好"这一测量指标非常不同意、不同意、中立、同意和非常同意的居民人数比例为 1:2:2:3:2($\mu_{\zeta1}=10\%$,$\mu_{\zeta2}=20\%$,$\mu_{\zeta3}=20\%$,$\mu_{\zeta4}=30\%$,$\mu_{\zeta5}=20\%$),则对应仿真系统中非常不同意、不同意、中立、同意和非常同意的居民人数分别为 100 人、200 人、200 人、300 人和 200 人。

(3) 其他问题定义与界线划分

① 每位居民同一个时刻只可能采取一种居民参与治理模式。

② 居民参与治理模式发生的先后顺序遵循参与治理水平由低到高的规则,即非参与型居民参与治理模式最先发生,随后控制型、告知型、配合型、态度消极型、意愿微弱型和完全型居民参与治理模式依次发生。

③ 只有最初受到居民参与治理模式相关因素影响的非参与型居民才可能具有控制型倾向,只有控制型居民才有可能有告知型倾向,只有告知型居民才有可能有配合型倾向,只有配合型居民才有可能有态度消极型倾向,只有态度消极型居民才有可能有意愿微弱型倾向,只有意愿微弱型居民才有可能有完全型倾向。

④ 最初受到居民参与治理模式相关因素影响的非参与型居民、控制型居民、告知型居民、配合型居民、态度消极型居民、意愿微弱型居民的参与决策分别由对应的居民参与治理模式倾向决定。

⑤ 居民参与治理模式的发生与转变需要一定的时间及条件。

6.3.2 基于 SD 的居民参与治理模式倾向模型构建

在对基于 SD 的居民参与治理模式倾向系统分析的基础上,构建基于 SD 的居民参与治理模式倾向模型,并建立与不同参与治理模式的居民(agent)之间的关系。

6.3.2.1 控制型参与治理模式倾向 SD 模型

控制型参与治理模式倾向由场域、社会资本、心理资本、惯习、社区归属感、场域与社会资本的交乘项、场域与心理资本的交乘项、场域与社区归属感的交乘项所决定,利用 AnyLogic 软件构建控制型参与治理模式倾向 SD 流图与模型(图 6-5)。模型中变量由调研结果最终确定,作为输入变量代入模型中,并且假设这些指标不随时间变化。

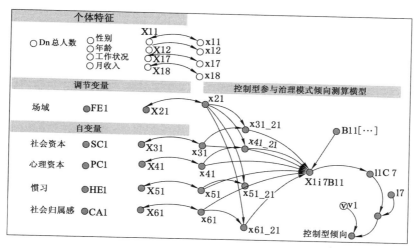

图 6-5 控制型参与治理模式倾向流图与模型

在该 SD 模型中,控制型参与治理模式倾向的表达式为:

$$X1i7B11 = B11.get(\beta1\_1\_0) + x31 * B11.get(\beta1\_1\_1) + x41 * B11.get(\beta1\_1\_2) + x51 * B11.get(\beta1\_1\_3) + x61 * B11.get(\beta1\_1\_4) + x31\_21 * B11.get(\beta1\_1\_5) + x41\_21 * B11.get(\beta1\_1\_6) + x61\_21 * B11.get(\beta1\_1\_7)$$

式中,B11[…]为居民参与治理模式倾向测算模型参数向量;X1i7B11 代表 π_3。

6.3.2.2 告知型参与治理模式倾向 SD 模型

告知型参与治理模式倾向由工作状况、社会资本、心理资本、惯习、社区归属感、场域与心理资本的交乘项、场域与社区归属感的交乘项所决定,利用 AnyLogic 软件构建告知型参与治理模式倾向 SD 流图与模型(图 6-6)。模型中变量由调研结果最终确定,作为输入变量带入模型中,并且假设这些指标不随时间变化。

在该 SD 模型中,告知型参与治理模式倾向的表达式为:

$$X2i7B21 = B21.get(\beta2\_1\_0) + x17\_11 * B21.get(\beta2\_1\_1) + x31 * B21.get(\beta2\_1\_2) + x41 * B21.get(\beta2\_1\_3) + x51 * B21.get(\beta2\_1\_4) + x61 * B21.get(\beta2\_1\_5) + x41\_21 * B21.get(\beta2\_1\_6) + x61\_21 * B21.get(\beta2\_1\_7)$$

式中,B21[…]为居民参与治理模式倾向测算模型参数向量;X2i7B21 代表 π_4。

6.3.2.3 非参与型参与治理模式倾向 SD 模型

非参与型参与治理模式倾向由社会资本、心理资本、惯习、场域、场域与心理资本的交乘项、场域与惯习的交乘项所决定,利用 AnyLogic 软件构建非参与型参与治理模式倾向 SD 流图与模型(图 6-7)。模型中变量由调研结果确定,作为输入变量带入模型中,并且假设这些指标不随时间变化。

在该 SD 模型中,告知型参与治理模式倾向的表达式为:

$$X3i7B31 = B31.get(\beta3\_1\_0) + x31 * B31.get(\beta3\_1\_1) + x41 * B31.get(\beta3\_1\_2) + x51 * B31.get(\beta3\_1\_3) + x21 * B31.get(\beta3\_1\_4) + x41\_21 * B31.get(\beta3\_1\_5) + x51\_21 * B31.get(\beta3\_1\_6)$$

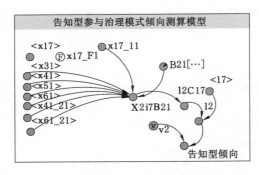

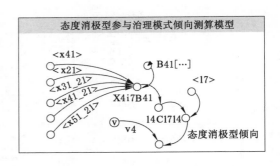

图 6-6　告知型参与治理模式倾向流图与模型　　　图 6-7　非参与型参与治理模式倾向流图与模型

式中,B31[···]为居民参与治理模式倾向测算模型参数向量;X3i7B31 代表 π_3。

6.3.2.4　态度消极型参与治理模式倾向 SD 模型

态度消极型参与治理模式倾向由心理资本、场域、场域与社会资本的交乘项、场域与心

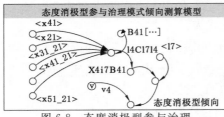

图 6-8　态度消极型参与治理
模式倾向流图与模型

理资本的交乘项、场域与惯习的交乘项所决定,利用 AnyLogic 软件构建态度消极型参与治理模式倾向 SD 流图与模型(图 6-8)。模型中变量由调研结果最终确定,作为输入变量带入模型中,并且假设这些指标不随时间变化。

在该 SD 模型中,态度消极型参与治理模式倾向的表达式为:

$$X4i7B41 = B41.get(\beta4\_1\_0) + x41 * B41.get(\beta4\_1\_1) + x21 * B41.get(\beta4\_1\_2) +$$
$$x31\_21 * B41.get(\beta4\_1\_3) + x41\_21 * B41.get(\beta4\_1\_4) +$$
$$x51\_21 * B41.get(\beta4\_1\_5)$$

式中,B41[···]为居民参与治理模式倾向测算模型参数向量;X4i7B41 代表 π_4。

6.3.2.5　配合型参与治理模式倾向 SD 模型

配合型参与治理模式倾向由场域与心理资本的交乘项所决定,利用 AnyLogic 软件构建配合型参与治理模式倾向 SD 流图与模型(图 6-9)。模型中变量由调研结果最终确定,作为输入变量带入模型中,并且假设这些指标不随时间变化。

在该 SD 模型中,配合型参与治理模式倾向的表达式为:

$$X5i7B51 = B51.get(\beta5\_1\_0) + x41\_21 * B51.get(\beta5\_1\_1)$$

式中,B51[···]为居民参与治理模式倾向测算模型参数向量;X5i7B51 代表 π_4。

6.3.2.6　意愿微弱型参与治理模式倾向 SD 模型

意愿微弱型参与治理模式倾向由工作状况、月平均收入、惯习、社区归属感所决定,利用 AnyLogic 软件构建意愿微弱型参与治理模式倾向 SD 流图与模型(图 6-10)。模型中变量由调研结果最终确定,作为输入变量带入模型中,并且假设这些指标不随时间变化。

在该 SD 模型中,意愿微弱型参与治理模式倾向的表达式为:

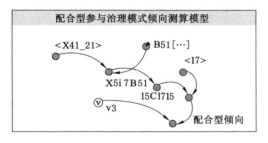
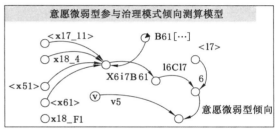

图 6-9　配合型参与治理模式倾向流图与模型　　图 6-10　意愿微弱型参与治理模式倾向流图与模型

$$X6i7B61 = B61.\,get(\beta 6\_1\_0) + x17\_11 * B61.\,get(\beta 6\_1\_1) + x18\_4 * B61.\,get(\beta 6\_1\_2) +$$
$$x51 * B61.\,get(\beta 6\_1\_3) + x61 * B61.\,get(\beta 6\_1\_4)$$

式中，B61[…]为居民参与治理模式倾向测算模型参数向量；X6i7B61 代表 π_6。

6.3.2.7　完全型参与治理模式倾向 SD 模型

完全型参与治理模式倾向由前述六类参与治理模式倾向所决定，利用 AnyLogic 软件构建完全型参与治理模式倾向 SD 流图与模型（图 6-11）。

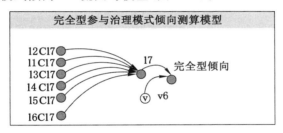

图 6-11　完全型参与治理模式倾向流图与模型

在该 SD 模型中，完全型参与治理模式倾向的表达式为：

$$I7 = 1/(I1CI7 + I2CI7 + I3CI7 + I4CI7 + I5CI7 + I6CI7 + 1)$$

式中，IiCI7（i＝1,2,…,6）分别为控制型、告知型、非参与型、态度消极型、配合型、意愿微弱型居民参与治理模式倾向；I7 代表 π_7。

6.4　老旧小区海绵化改造的居民参与治理动态仿真实证分析

6.4.1　居民参与治理动态仿真平台

老旧小区海绵化改造的居民参与治理动态仿真平台的构建在 AnyLogic 8（个人学习版）上完成，仿真平台共有 6 个部分的输入变量，包括居民关系网络、模式转变条件、转变平均所需时间、居民基本情况、影响居民参与治理模式的自变量和居民参与治理模式的调节变量,见图 6-12。

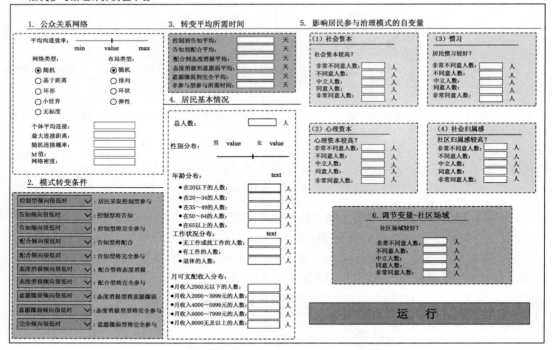

图 6-12　老旧小区海绵化改造的居民参与治理动态仿真平台

6.4.2　动态仿真相关输入变量调查与设置

在确定老旧小区海绵化改造的居民参与治理相关输入变量时,通过对实际老旧小区中居民的调查及其所在地的社会环境调研获得相关信息。考虑到数据的连贯性,本小节仍然使用在上海、宁波、嘉兴、镇江和池州等地调研的 1 657 份数据,从而确定初始输入变量值。

6.4.2.1　居民基本情况

居民基本情况包括居民的性别、年龄、工作状况和月平均收入等个体特征变量,也包括场域这一调节变量,以及社会资本、心理资本、惯习和社区归属感等自变量。由 1 657 份调研数据可以得到居民基本情况分布百分比,见表 6-5。

表 6-5　居民基本情况分布百分比

测算指标		居民数量分布百分比/%				
x_{11}	性别	女	男			
		$\mu_{11}=47.4\%$	$\mu_{12}=52.6\%$			
x_{12}	年龄	20 岁以下	20～34 岁	35～49 岁	50～64 岁	65 岁及以上
		$\mu_{21}=8.0\%$	$\mu_{22}=44.4\%$	$\mu_{23}=25.3\%$	$\mu_{24}=16.1\%$	$\mu_{21}=6.2\%$
x_{17}	工作状况	无工作或在找工作	有工作	退休		
		$\mu_{31}=12.4\%$	$\mu_{32}=81.0\%$	$\mu_{33}=6.6\%$		

表 6-5（续）

测算指标		居民数量分布百分比/%				
x_{18}	月收入	2 000 元以下	2 000～3 999 元	4 000～5 999 元	6 000～7 999 元	8 000 元及以上
		$\mu_{41}=10.3\%$	$\mu_{42}=20.4\%$	$\mu_{43}=25.0\%$	$\mu_{44}=25.5\%$	$\mu_{45}=18.8\%$
x_{21}	场域	非常不同意	不同意	中立	同意	非常同意
		$\mu_{51}=8.9\%$	$\mu_{52}=23.5\%$	$\mu_{53}=18.7\%$	$\mu_{54}=34.3\%$	$\mu_{55}=14.5\%$
x_{31}	社会资本	非常不同意	不同意	中立	同意	非常同意
		$\mu_{61}=13.0\%$	$\mu_{62}=29.0\%$	$\mu_{63}=17.3\%$	$\mu_{64}=33.0\%$	$\mu_{65}=7.7\%$
x_{41}	心理资本	非常不同意	不同意	中立	同意	非常同意
		$\mu_{71}=11.8\%$	$\mu_{72}=26.0\%$	$\mu_{73}=18.6\%$	$\mu_{74}=34.5\%$	$\mu_{75}=9.1\%$
x_{51}	惯习	非常不同意	不同意	中立	同意	非常同意
		$\mu_{81}=10.7\%$	$\mu_{82}=18.1\%$	$\mu_{83}=11.4\%$	$\mu_{84}=43.9\%$	$\mu_{85}=15.9\%$
x_{61}	社会归属感	非常不同意	不同意	中立	同意	非常同意
		$\mu_{91}=11.3\%$	$\mu_{92}=11.6\%$	$\mu_{93}=27.2\%$	$\mu_{94}=40.6\%$	$\mu_{95}=9.2\%$

　　由于计算机等硬件条件限制，当初始总人数较多时往往无法获取结果，因此假设待仿真老旧小区总人数有 400 人，则居民基本情况分布输入变量见表 6-6。本书对居民基本情况对应的输入设置见图 6-13。

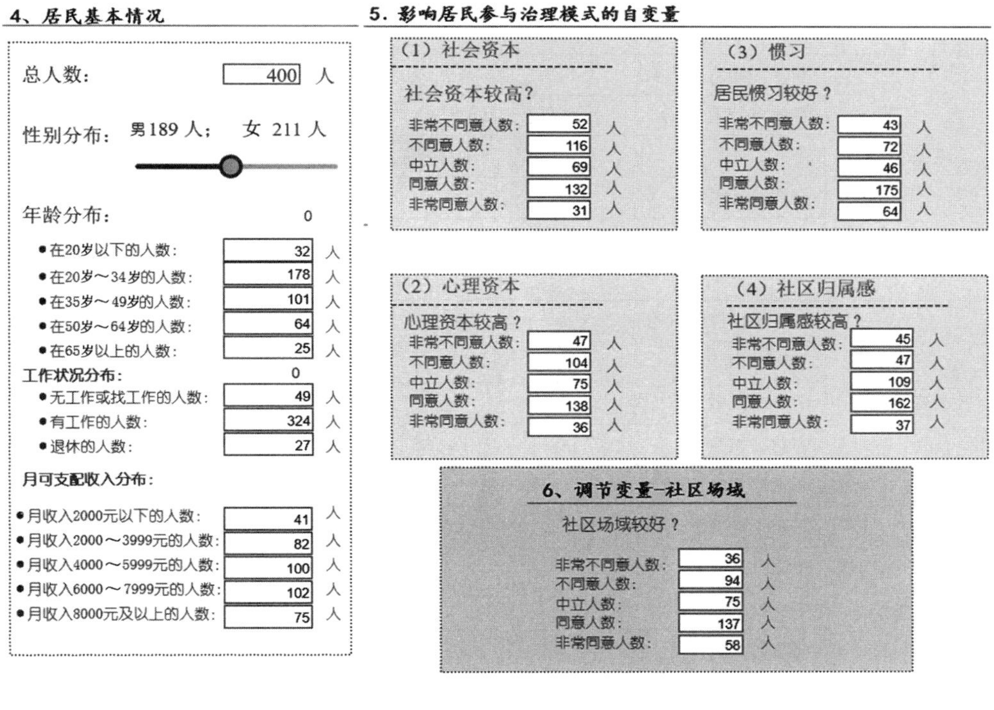

图 6-13　居民基本情况输入变量设置图

表 6-6　居民基本情况分布输入变量设置

指标	输入变量	变量值	值的类型
	总人数	400	整数型
	个体特征		
性别	男性人数	189	整数型
	女性人数	211	整数型
年龄	在 20 岁以下的人数	32	整数型
	在 20～34 岁的人数	178	整数型
	在 35～49 岁的人数	101	整数型
	在 50～64 岁的人数	64	整数型
	在 65 及以上的人数	25	整数型
工作状况	无工作或在找工作的人数	49	整数型
	有工作的人数	324	整数型
	退休的人数	27	整数型
月平均收入	月收入 2 000 元以下的人数	41	整数型
	月收入 2 000～3 000 元的人数	82	整数型
	月收入 4 000～5 999 元的人数	100	整数型
	月收入 6 000～7 999 元的人数	102	整数型
	月收入 8 000 元及以上的人数	75	整数型
	调节变量		
场域	非常不同意的人数	36	整数型
	不同意的人数	94	整数型
	中立的人数	75	整数型
	同意的人数	137	整数型
	非常同意的人数	58	整数型
	自变量		
社会资本	非常不同意的人数	52	整数型
	不同意的人数	116	整数型
	中立的人数	69	整数型
	同意的人数	132	整数型
	非常同意的人数	31	整数型
心理资本	非常不同意的人数	47	整数型
	不同意的人数	104	整数型
	中立的人数	75	整数型
	同意的人数	138	整数型
	非常同意的人数	36	整数型

表 6-6（续）

指标	输入变量	变量值	值的类型
惯习	非常不同意的人数	43	整数型
	不同意的人数	72	整数型
	中立的人数	46	整数型
	同意的人数	175	整数型
	非常同意的人数	64	整数型
社区归属感	非常不同意的人数	45	整数型
	不同意的人数	47	整数型
	中立的人数	109	整数型
	同意的人数	162	整数型
	非常同意的人数	37	整数型

6.4.2.2　居民关系网络

居民关系网络的输入变量有居民平均沟通效率、网络类型、布局类型、随机连接概率、个体平均连接数量、最大连接距离、M 值等，见表 6-7。

表 6-7　居民关系网络输入变量设置

居民关系网络输入变量	变量值	值的类型	居民关系网络输入变量	变量值	值的类型
居民平均沟通效率	0.1	双精度浮点型	个体平均连接数量	20	双精度浮点型
网络类型	小世界	文本型	最大连接距离	null	双精度浮点型
布局类型	随机	文本型	M	null	双精度浮点型
随机连接概率	0.02	双精度浮点型			

6.4.2.3　居民参与治理模式转变条件与平均所需时间

在老旧小区海绵化改造居民参与治理动态仿真模型中，通常依据现实情况主观判断给出居民参与治理模式转变条件和平均所需时间，这两类输入变量决定了居民参与治理模式转变的触发条件与速度，见表 6-8 和表 6-9。

表 6-8　居民参与治理模式转变条件输入变量设置

指标	输入变量	变量值	值的类型
居民参与治理模式转变条件	居民进入控制型参与治理模式状态的可能性大小	控制倾向很低时	文本型
	居民从控制型转变为告知型的感知临界值	告知倾向很低时	文本型
	居民从控制型转变为完全型的感知临界值	告知倾向较低时	文本型
	居民从告知型转变为配合型的感知临界值	配合倾向很低时	文本型
	居民从告知型转变为完全型的感知临界值	配合倾向较低时	文本型
	居民从配合型转变为态度消极型的感知临界值	态度消极倾向很低时	文本型
	居民从配合型转变为完全型的感知临界值	态度消极倾向较低时	文本型
	居民从态度消极型转变为意愿微弱型的感知临界值	意愿微弱倾向很低时	文本型
	居民从态度消极型转变为完全型的感知临界值	意愿微弱倾向较低时	文本型
	居民从意愿微弱型转变为完全型的感知临界值	完全倾向较低时	文本型

表 6-9　居民参与治理模式转变平均所需时间输入变量设置

指标	输入变量	变量值	值的类型
居民参与治理模式转变平均所需时间（单位：天）	居民采取告知型的概率一般时，该类居民从告知型到配合型转变平均所需时间	2	双精度浮点型
	居民采取配合型的概率一般时，该类居民从配合型到态度消极型转变平均所需时间	2	双精度浮点型
	居民采取态度消极型的概率一般时，该类居民从态度消极型到意愿微弱型转变平均所需时间	2	双精度浮点型
	居民采取意愿微弱型的概率一般时，该类居民从意愿微弱型到完全型转变平均所需时间	2	双精度浮点型
	居民采取完全型的概率一般时，该类居民从意愿微弱到完全型转变平均所需时间	2	双精度浮点型
	除了非参与型和完全型居民以外的居民都参与时，非参与者参与所需要的时间	2	双精度浮点型

居民参与治理模式转变条件共划分为 6 个等级，包括倾向很低、倾向较低、倾向一般、倾向较高、倾向很高和倾向极高。例如，根据对老旧小区海绵化改造项目所在社会环境的判断，认为居民在控制倾向很低时可能转变为控制型居民参与治理模式，在老旧小区海绵化改造的居民参与治理仿真平台对应的输入设置（图 6-14）。此外，为了提高仿真速率，假设本书中居民参与治理模式转变平均所需时间较短，均为 2 天，对居民参与治理模式转变平均所需时间对应的输入设置（图 6-15）。

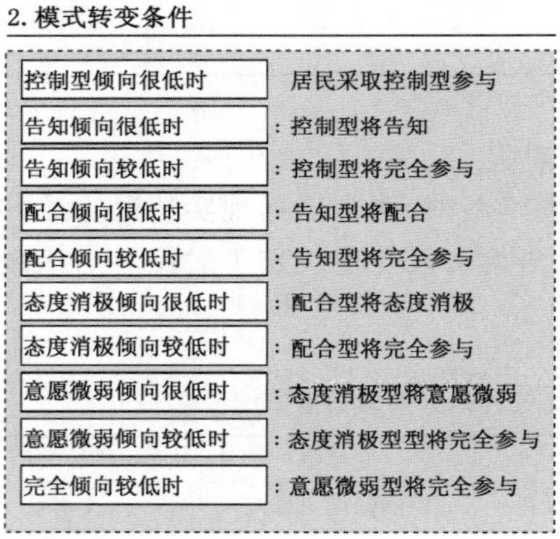

图 6-14　居民参与治理模式
转变条件输入变量设置图

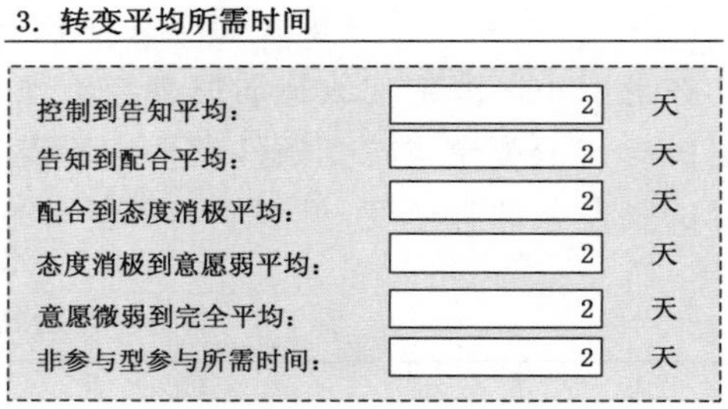

图 6-15　居民参与治理模式转变平均
所需时间输入变量设置图

6.4.3　居民参与治理仿真结果与分析

对老旧小区海绵化改造中居民基本情况、居民关系网络、居民参与治理模式转变条件与平均所需时间进行调查和分析，得出初始输入变量见表 6-6 至表 6-9，在老旧小区海绵化改造的居民参与治理动态仿真平台输入这些变量，见图 6-16。

运行老旧小区海绵化改造居民参与治理仿真（时间设定为 30 天），可以得到在上述条件

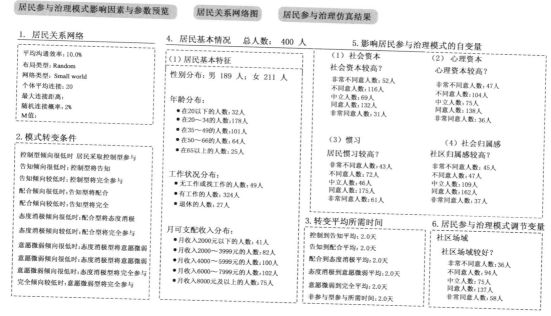

图 6-16　居民参与治理仿真相关输入变量设置结果

下居民参与治理模式状态的可能演化过程,见图 6-17。可以看出,在老旧小区海绵化改造过程中采取各类参与治理模式的居民(非参与型居民、控制型居民、告知型居民、配合型居民、态度消极型居民、意愿微弱型居民和完全型居民)经过 30 天演变之后还有 7 人为意愿微弱型居民,其余居民均转化为完全型。

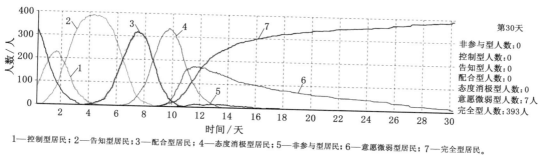

图 6-17　老旧小区海绵化改造的居民参与治理模式状态演变

通过分析不同参与治理模式状态的居民数量、概率密度和累积分布变化,可评估老旧小区海绵化改造项目在特定情景下的居民参与治理水平。如图 6-18 所示,在 30 天之内最多有 352 人采取非参与型居民治理模式,平均每天有 4.2% 的人不参与老旧小区海绵化改造,非参与型居民比例较高,但是较大规模的非参与持续时间较少,说明不参与程度或者影响力比较小。

30 天内控制型居民数量及比例变化分布见图 6-19。结果表明,平均每天有 4.1% 的人处于控制型参与治理模式,该类居民最多的时候有 228 人。在老旧小区海绵化改造的前期,控制型居民数量剧增,随后又骤减。在该情景下,控制型居民受到外部影响并迅速做出反应。

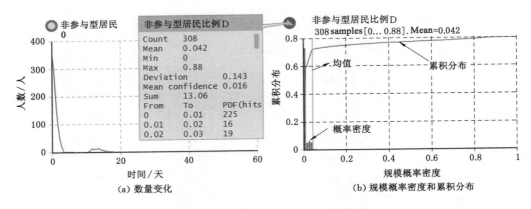

图 6-18　非参与型居民数量及比例变化

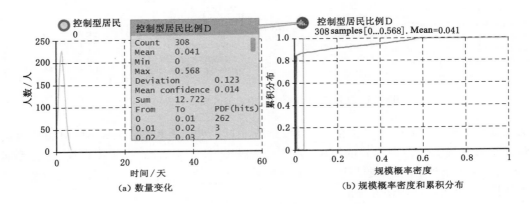

图 6-19　控制型居民数量及比例变化

　　30 天内告知型居民数量及比例变化分布见图 6-20。结果表明，平均每天有 13.1% 的人处于控制型参与治理模式，该类居民最多的时候有 388 人。在老旧小区海绵化改造的前期，告知型居民数量从无到有实现剧增，随后又骤减。因此在该情景下，告知型居民受到外部影响并立即做出反应。

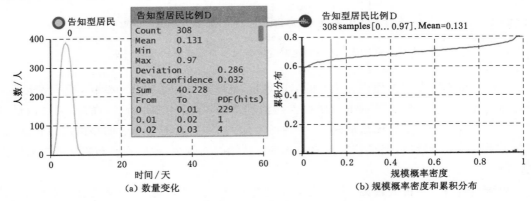

图 6-20　告知型居民数量及比例变化

30 天内配合型居民数量及比例变化分布见图 6-21。结果表明,平均每天有 7.1% 的人处于配合型参与治理模式,该类居民最多的时候有 318 人。在老旧小区海绵化改造的前期,告知型居民数量在第 4 天左右开始增加,短短 3 天左右的时间达到最多,随后又骤减。因此,在该情景下配合型居民受到外部影响并立即做出反应。

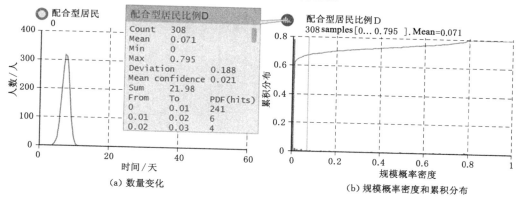

图 6-21　配合型居民数量及比例变化

30 天内态度消极型居民数量及比例变化分布见图 6-22。结果表明,平均每天有 7.6% 的人处于态度消极型参与治理模式,该类居民最多的时候有 336 人。在老旧小区海绵化改造的第 5 天左右,态度消极型居民数量开始突然增加随后又骤减。因此在该情景下,态度消极型居民受到外部影响并立即做出反应。

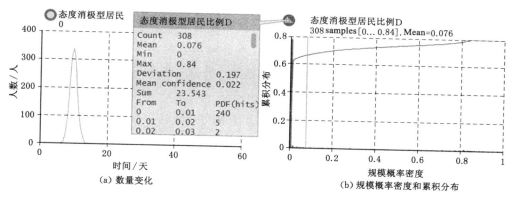

图 6-22　态度消极型居民数量及比例变化

30 天内意愿微弱型居民数量及比例变化分布见图 6-23。结果表明,平均每天有 12.2% 的人处于意愿微弱型参与治理模式,该类居民最多的时候有 176 人。在老旧小区海绵化改造的第 8 天左右,意愿微弱型居民数量开始突然增加,随后慢慢减少。在该情景下,意愿微弱型居民受到外部影响后的反应速度较为迟缓。

30 天内完全型居民数量及比例变化分布见图 6-24。结果表明,平均每天有 51.7% 的人处于完全型参与治理模式,该类居民最多的时候有 394 人,是 7 类人群中所占比例最高的一类参与治理模式。在老旧小区海绵化改造的第 10 天左右,完全型居民数量开始突然增加,且无减少趋势,直到增长到 394 人。在该情景下,所有参与治理模式类型最终都会转化为完全型居民,并且对非参与、控制、告知、配合和态度消极型参与治理关注很快减少,完全型居民在受到外部影响下做出反应的速度由快变慢。

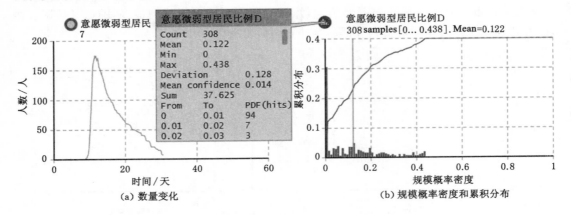

图 6-23　意愿微弱型居民数量及比例变化

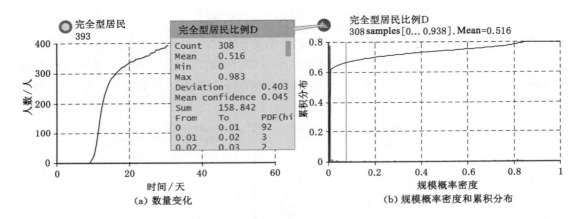

图 6-24　完全型居民数量及比例变化

综上所述,在上述设定的老旧小区海绵化改造情景下,居民在前期可能不参与治理,或者选择控制型、告知型、配合型、态度消极型和意愿微弱型参与治理模式来参与整个过程。但是,由于居民参与治理阻碍降低,受到影响的居民和不合理的参与治理模式也减少,加上其他因素的影响,最终居民会选择参与治理老旧小区海绵化改造项目,该情景下居民参与治理水平也较高。

6.4.4　居民参与治理敏感性因素分析

6.4.4.1　居民参与治理敏感性分析结果判断条件

（1）评判标准

本书中提供的老旧小区海绵化改造的居民参与治理动态仿真平台最终可以展示模拟天数内各参与治理模式的居民人数变化情况。为了对居民参与治理敏感性分析结果进行评价以判断居民参与治理优化方向,本书设定敏感性分析结果评判标准如下:

① 以居民参与治理仿真完成时(30 天结束时)各类居民所占比例作为第一考量因素。

② 以非参与型居民和控制型居民完全参与所需要的时间作为第二考量因素,其中非参与型居民参与时间的评判条件优先于控制型居民完全参与所需要的时间。

③ 以非参与型居民、控制型居民和告知型居民完全参与所需要的时间作为第三考量因素,其中非参与型居民参与时间的评判条件优先于后两类居民完全参与所需要的时间。

④ 以非参与型居民、控制型居民、告知型居民和配合型居民完全参与所需要的时间作为第四考量因素,其中非参与型居民参与时间的评判条件优先于后 3 类居民参与所需要的时间。

⑤ 以非参与型居民、控制型居民、告知型居民、配合型居民和态度消极型居民完全参与所需要的时间作为第五考量因素,其中非参与型居民参与时间的评判条件优先于后 4 类居民完全参与所需要的时间。

⑥ 以非参与型居民、控制型居民、告知型居民、配合型居民、态度消极型居民和意愿微弱型居民完全参与所需要的时间作为第二考量因素,其中非参与型居民参与时间的评判条件优先于后 5 类居民完全参与所需要的时间。

⑦ 以完全参与型居民人数的增长趋势作为第三类考量因素。

（2）判断顺序

假设在拟进行模拟的某一老旧小区海绵化改造的居民参与治理情景下,调整任一或组合影响因素后,非参与型居民数量为 W_1,控制型居民数量为 W_2,告知型居民数量为 W_3,配合型居民数量为 W_4,态度消极型居民数量为 W_5,意愿微弱型居民数量为 W_6,完全型居民数量为 W_7,所有居民完全转变为完全型居民所需时间为 T,非参与型居民完全参与所需时间为 T_1,控制型居民完全参与所需时间为 T_2,告知型居民完全参与所需时间为 T_3,配合型居民完全参与所需时间为 T_4,态度消极型居民完全参与所需时间为 T_5,意愿微弱型居民完全参与所需时间为 T_6,则按如下的顺序逐个判断最佳居民参与治理调整结果:

① 当居民参与治理时间达到 30 天时,居民参与治理水平最高对应的调整因素为最优调整因素。

② 若模拟时间内非参与型居民与控制型居民均完全参与,即 $W_1 = W_2 = 0$,$W_3 > 0$ 时,则非参与型和控制型两种状态的居民完全参与时对应的时间最短,即 $\min\{\max\{T_1, T_2\}\}$ 对应的调整因素为最优调整因素。

③ 若模拟时间内 $W_1 = W_2 = W_3 = 0$,$W_4 > 0$ 时,则 $\min\{\max\{T_1, T_2, T_3\}\}$ 对应的调整因素为最优调整因素。

④ 若模拟时间内 $W_1 = W_2 = W_3 = W_4 = 0$,$W_5 > 0$ 时,则 $\min\{\max\{T_1, T_2, T_3, T_4\}\}$ 对应的调整因素为最优调整因素。

⑤ 若模拟时间内 $W_1 = W_2 = W_3 = W_4 = W_5 = 0$,$W_6 > 0$ 时,则 $\min\{\max\{T_1, T_2, T_3, T_4, T_5\}\}$ 对应的调整因素为最优调整因素。

⑥ 若模拟时间内仅非参与型居民完全参与,即 $W_1 = 0$,$W_2 > 0$,$W_3 > 0$ 时,$T_{1\min}$ 对应的调整因素为最优调整因素。

⑦ 若模拟时间内仅控制型居民完全参与,即 $W_2 = 0$,$W_1 > 0$,$W_3 > 0$ 时,$T_{2\min}$ 对应的调整因素为最优调整因素。

⑧ 若模拟时间内非参与型居民和控制型居民均为完全参与,即 $W_1 > 0$,$W_2 > 0$,$W_3 > 0$ 时,以完全参与人数 W_7 的增长趋势判断,完全型居民人数增长趋势最快对应的调整因素为

最优调整因素。

6.4.4.2 居民参与治理模式影响因素敏感性计算结果分析

为了提供居民参与治理水平提升的方向,本书对居民参与治理模式影响因素进行敏感性分析,分为单因素(仅改变其中一个影响因素)、两因素(同时改变两个影响因素)和多因素敏感性分析(同时改变3个及以上影响因素)。

(1) 单因素敏感性分析

① 平均沟通效率敏感性分析结果。在初始状态下,平均沟通效率为0.1,现模拟平均沟通效率为最大(取值为1)时居民参与治理模式状态的变化情况,见图6-25。与图6-17对比可知,平均沟通效率整体提高时,经过30天的参与治理,完全型人数达到400人,且在第9天左右全部居民转变为完全型居民,老旧小区海绵化改造的居民参与治理水平显著提高。

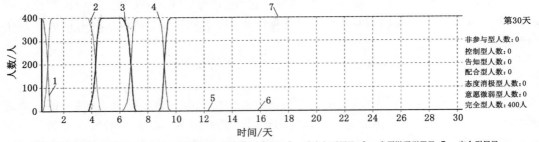

1—控制型居民;2—知型居民;3—配合型居民;4—态度消极型居民;5—非参与型居民;6—意愿微弱型居民;7—完全型居民。

图6-25 平均沟通效率最高时居民数量变化

② 网络类型敏感性分析结果。在初始状态下,网络类型为小世界网络,现模拟网络类型分别为随机网络、基于距离的网络和环形网络,见图6-26至图6-28。与图6-17对比可知,网络类型为随机网络时,居民参与治理水平的提高最快,而网络类型为基于距离的网络时,非参与型居民的持续期较长,居民参与治理水平较低。

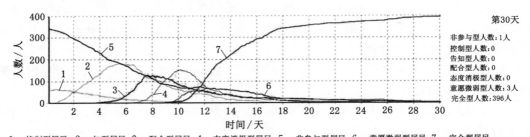

1—控制型居民;2—知型居民;3—配合型居民;4—态度消极型居民;5—非参与型居民;6—意愿微弱型居民;7—完全型居民。

图6-26 网络类型为随机网络时居民数量变化

③ 工作状况敏感性分析结果。在初始数据中,有工作的居民占比最高(81.0%),其次为无工作或在找工作的居民(12.4%),退休的居民占比最少,仅为6.6%。目前,我国已进入老龄化社会,社区内老年人群比例会不断增长,假设居民全部为已退休的老年人,现模拟该状态下居民参与治理模式状态的变化情况,见图6-29。与图6-17对比可知,全为退休的老年人时,经过30天的参与治理,完全型人数达到399人,超过初始的393人,居民参与治

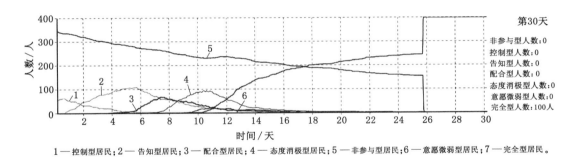

1—控制型居民；2—告知型居民；3—配合型居民；4—态度消极型居民；5—非参与型居民；6—意愿微弱型居民；7—完全型居民。

图 6-27　网络类型为基于距离的网络时居民数量变化

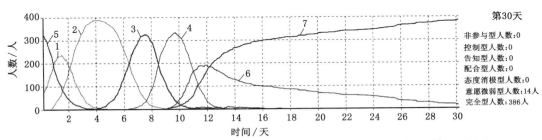

1—控制型居民；2—告知型居民；3—配合型居民；4—态度消极型居民；5—非参与型居民；6—意愿微弱型居民；7—完全型居民。

图 6-28　网络类型为环形网络时居民数量变化

理水平得到一定的提升；此外，控制型居民的增长数量相较于初始状态有所降低，告知型居民转变为完全参与型时间缩短，意愿微弱型居民的增长数量显著降低，在治理中后期非参与型居民的数量显著减少；完全型居民相较于初始状态，在参与初期增长的速率变大，4 天之内快速达到平稳状态。

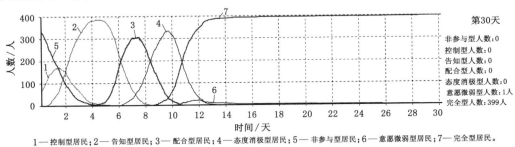

1—控制型居民；2—告知型居民；3—配合型居民；4—态度消极型居民；5—非参与型居民；6—意愿微弱型居民；7—完全型居民。

图 6-29　全为退休居民时居民数量变化

（4）月平均收入敏感性分析结果。在初始数据中，月收入水平在 4 000～5 999 元和 6 000～7 999 元的较多，均超过 100 人，现模拟居民月平均收入均在 8 000 元及以上时居民参与治理模式状态的变化情况，见图 6-30。与图 6-17 对比可知，居民收入水平整体提高时，经过 30 天的参与治理，完全型人数达到 397 人，超过初始的 393 人，居民参与治理水平得到一定的提升；此外，非参与型居民完全参与的时间增加 1 天，控制型居民的增长数量相较于初始状态有所降低，意愿微弱型居民的增长数量显著降低，在治理中后期非参与型居民的数

— 199 —

量显著减少;完全型居民相较于初始状态在初期增长的速率变大,快速达到平稳状态。

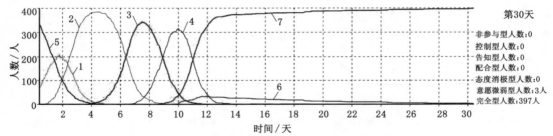

1——控制型居民;2——告知型居民;3——配合型居民;4——态度消极型居民;5——非参与型居民;6——意愿微弱型居民;7——完全型居民。

图 6-30　居民收入均较高时居民数量变化

（5）社会资本敏感性分析结果。在初始数据中,同意"社会资本较高"的居民占比达到33.0%,占比最高,其次为不同意这一说法的居民,占比为29.0%,现模拟居民全部非常同意"社会资本较高"时居民参与治理模式状态的变化情况(图6-31)。与图6-17对比可知,当社会资本整体提高时,经过30天的参与治理,完全型人数达到384人,略低于初始的393人,居民参与治理水平在仿真结束时并没有得到预期的提升;控制型居民的增长数量相较于初始状态降低较为明显,在治理初期居民参与治理水平有所改变;意愿微弱型居民的增长数量略有增加,在治理中后期非参与型居民的数量显著减少;完全型居民相较于初始状态在初期增长的速率略有提高。

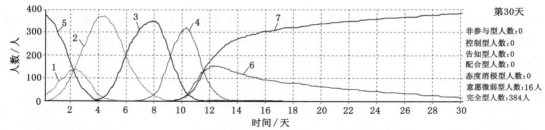

1——控制型居民;2——告知型居民;3——配合型居民;4——态度消极型居民;5——非参与型居民;6——意愿微弱型居民;7——完全型居民。

图 6-31　社会资本最高时居民数量变化

（6）心理资本敏感性分析结果。在初始数据中,同意"心理资本较高"的居民占比达到34.5%,占比最高,其次为不同意这一说法的居民,占比为26.0%,现模拟居民全部非常同意"心理资本较高"时居民参与治理模式状态的变化情况,见图6-32。与图6-17对比可知,心理资本整体提高时,经过30天的参与治理,完全型人数达到356人,低于初始的393人,居民参与治理水平在仿真结束时有所下降;非参与型居民的增长数量相较于初始状态增加较为明显,且持续时间较久,在治理初期居民参与治理水平相对较低;意愿微弱型居民和配合型居民的增长略有降低,在治理中后期非参与型居民的数量显著减少;完全型居民相较于初始状态在初期增长的速率略有降低。

（7）惯习敏感性分析结果。在初始数据中,同意"惯习较好"的居民占比达到43.9%,占比最高,其次为不同意这一说法的居民,占比为18.1%,现模拟居民全部非常同意"惯习较

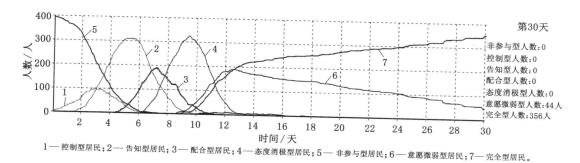

1—控制型居民；2—告知型居民；3—配合型居民；4—态度消极型居民；5—非参与型居民；6—意愿微弱型居民；7—完全型居民。

图 6-32　心理资本最高时居民数量变化

好"时居民参与治理模式状态的变化情况，见图 6-33。与图 6-17 对比可知，当惯习整体改善时，经过 30 天的参与治理，完全型人数达到 373 人，低于初始的 393 人，居民参与治理水平在仿真结束时有所下降；态度消极型居民的增长数量略有降低，非参与型居民在 10 天之后又一次出现且在 18 天左右完全转变，说明在居民参与治理的过程中由于改善惯习措施的不当，致使再次出现非参与型居民；完全型居民相较于初始状态在初期增长的速率略有降低。

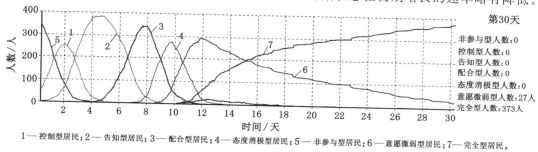

1—控制型居民；2—告知型居民；3—配合型居民；4—态度消极型居民；5—非参与型居民；6—意愿微弱型居民；7—完全型居民。

图 6-33　惯习最高时居民数量变化

（8）社区归属感敏感性分析结果。在初始数据中，同意"社区归属感较强"的居民占比达到 40.6%，占比最高，其次为对这一说法中立的居民，占比为 27.2%，现模拟居民全部非常同意"社区归属感较强"时居民参与治理模式状态的变化情况，见图 6-34。与图 6-17 对比可知，社区归属感整体增强时，经过 30 天的参与治理，完全型人数达到 394 人，比初始完全型居民多 1 人，居民参与治理水平在仿真结束时变化不大；非参与型居民在参与治理初期数量相较于初始状态较高，中期配合型居民的数量显著减少，在治理中后期非参与型居民和意愿微弱型居民的数量显著减少；完全型居民相较于初始状态在初期增长的速率略有提高，在 12 天之后逐步达到稳定状态。

（9）场域敏感性分析结果。在初始数据中，同意"场域较高"的居民占比达到 34.3%，占比最高，其次为不同意这一说法的居民，占比为 23.5%，现模拟居民全部非常同意"场域较高"时居民参与治理模式状态的变化情况，见图 6-35。与图 6-17 对比可知，场域整体提高时，经过 30 天的仿真，完全型人数达到 356 人，居民参与治理水平在结束时略有降低；控制型居民在参与治理初期数量相较于初始状态较少，中期配合型居民的数量显著增加，在治理中后期意愿微弱型居民的数量显著增加；完全型居民相较于初始状态增长的速率下降明显，在 20 天之后仍未达到稳定状态。

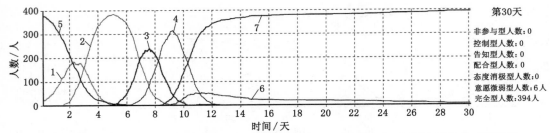

图 6-34 社区归属感最强时居民数量变化

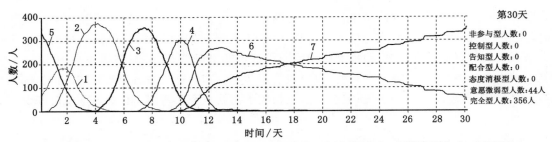

图 6-35 场域最高时居民数量变化

综上所述,当单独调节平均沟通效率、网络类型、工作状况、月平均收入、社会资本、心理资本、惯习、社区归属感和场域时,居民参与治理模式状态会发生不同的变化,从而导致居民参与治理水平有高有低。考虑目前平均沟通效率、网络类型、工作状况和月平均收入与个体之间关系较为紧密,调节的可能性较小,本书将重点对社会资本、心理资本、惯习、社区归属感和场域等自变量及调节变量进行调整。根据上述仿真结果,对单因素进行调节时,对参与治理水平提升有显著贡献的分别是社区归属感、社会资本和惯习。

(2)两因素敏感性分析

场域作为调节变量,可以与任一自变量进行两两组合做敏感性分析,模拟居民全部非常同意"社会资本较高"与"场域较高""心理资本较高"与"场域较高""惯习较好"与"场域较高""社区归属感较强"与"场域较高"时居民参与治理模式状态的变化情况,见图 6-36 至图 6-39。与图 6-17 对比可知,当心理资本与场域同时整体增强时,居民参与治理水平在初期便迅速升高,对居民参与治理水平的提升最强;当社区归属感与场域同时提高时,尽管前期非参与型和控制型居民显著增加,中后期完全型居民迅速增加,在 14 天左右开始达到平稳,居民参与治理水平有所提升;当社会资本与场域、惯习与场域同时调整时,居民参与治理整体水平不升反降,该类因素不适宜进行调整。根据上述仿真结果,对两因素进行调节,其参与治理水平提升有显著贡献的分别是心理资本与场域、社区归属感与场域。

(3)多因素敏感性分析

① 3 个因素敏感性分析。场域作为调节变量,可以与任意 2 个自变量进行三三组合做敏感性分析,模拟居民全部非常同意"社会资本较高+心理资本较高+场域较高"(情景

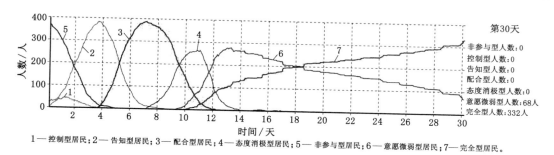

1—控制型居民；2—告知型居民；3—配合型居民；4—态度消极型居民；5—非参与型居民；6—意愿微弱型居民；7—完全型居民。

图 6-36　社会资本与场域同时最高时居民数量变化

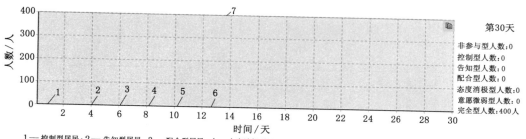

1—控制型居民；2—告知型居民；3—配合型居民；4—态度消极型居民；5—非参与型居民；6—意愿微弱型居民；7—完全型居民。

图 6-37　心理资本与场域同时最高时居民数量变化

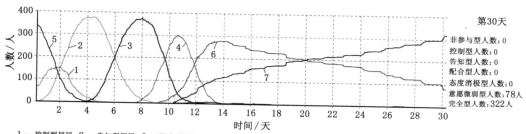

1—控制型居民；2—告知型居民；3—配合型居民；4—态度消极型居民；5—非参与型居民；6—意愿微弱型居民；7—完全型居民。

图 6-38　惯习与场域同时最高时居民数量变化

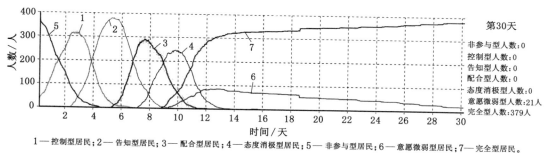

1—控制型居民；2—告知型居民；3—配合型居民；4—态度消极型居民；5—非参与型居民；6—意愿微弱型居民；7—完全型居民。

图 6-39　社区归属感与场域同时最高时居民数量变化

3A）、"社会资本较高＋惯习较好＋场域较高"（情景 3B）、"社会资本较高＋社区归属感较强
＋场域较高"（情景 3C）、"心理资本较高＋惯习较好＋场域较高"（情景 3D）、"心理资本较高

＋社区归属感较强＋场域较高”(情景 3E)、“惯习较好＋社区归属感较强＋场域较高”(情景 3F)居民参与治理模式状态的变化情况，见图 6-40 至图 6-42。与图 6-17 对比可知，在情景 3A、情景 3C、情景 3D、情景 3E 下，居民参与治理水平在初期便迅速升高，对居民参与治理水平的提升最强；而在情景 3B 和情景 3F 下，居民参与治理整体水平不升反降，该类因素不适宜进行调整。根据上述仿真结果，对 3 个因素进行调节时，对参与治理水平提升有显著贡献的分别是“社会资本＋心理资本＋场域”“社会资本＋社区归属感＋场域”“心理资本＋惯习＋场域”“心理资本＋社区归属感＋场域”。

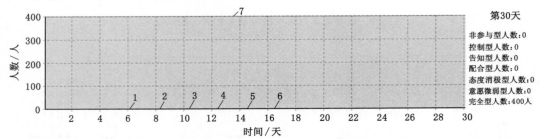

第30天
非参与型人数：0
控制型人数：0
告知型人数：0
配合型人数：0
态度消极型人数：0
意愿微弱型人数：0
完全型人数：400人
人数／人
时间／天
1—控制型居民；2—告知型居民；3—配合型居民；4—态度消极型居民；5—非参与型居民；6—意愿微弱型居民；7—完全型居民。

图 6-40 情景 3A、情景 3C、情景 3D、情景 3E 下居民数量变化

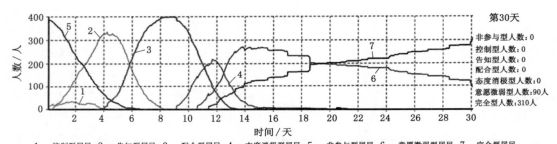

第30天
非参与型人数：0
控制型人数：0
告知型人数：0
配合型人数：0
态度消极型人数：0
意愿微弱型人数：90人
完全型人数：310人
人数／人
时间／天
1—控制型居民；2—告知型居民；3—配合型居民；4—态度消极型居民；5—非参与型居民；6—意愿微弱型居民；7—完全型居民。

图 6-41 情景 3B 下居民数量变化

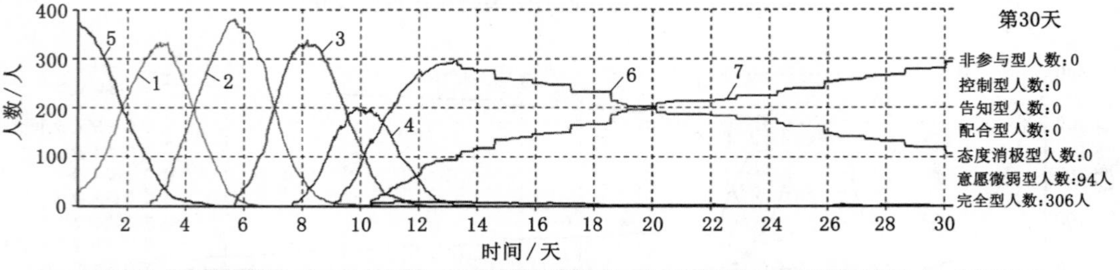

第30天
非参与型人数：0
控制型人数：0
告知型人数：0
配合型人数：0
态度消极型人数：0
意愿微弱型人数：94人
完全型人数：306人
人数／人
时间／天
1—控制型居民；2—告知型居民；3—配合型居民；4—态度消极型居民；5—非参与型居民；6—意愿微弱型居民；7—完全型居民。

图 6-42 情景 3F 下居民数量变化

② 3 个以上因素敏感性分析。场域作为调节变量，可以与任意 3 个自变量进行 4 个及以上组合做敏感性分析，模拟居民全部非常同意“社会资本较高＋心理资本较高＋惯习较好＋场域较高”(情景 4A)、“社会资本较高＋心理资本较高＋社区归属感较强＋场域较高”(情景 4B)、“社会资本较高＋惯习较好＋社区归属感较强＋场域较高”(情景 4C)、“心理资本较

高＋惯习较好＋社区归属感较强＋场域较高"(情景 4D)、"社会资本较高＋心理资本较高＋惯习较好＋社区归属感较强＋场域较高"(情景 5A)时居民参与治理模式状态的变化情况，见图 6-43。与图 6-17 对比可知，在情景 4A、情景 4B、情景 4C、情景 4D、情景 5A 下，居民参与治理水平在初期便迅速升高，对居民参与治理水平的提升最强。根据上述仿真结果可知，当采取措施提升任意 3 个以上因素时，老旧小区海绵化改造的居民参与治理水平均有显著提升。然而，考虑到现实中资源的有限性，在采取措施时，可能无法实现对 3 个以上影响因素的调节，此时要结合社区实际情况提出有针对性的对策。

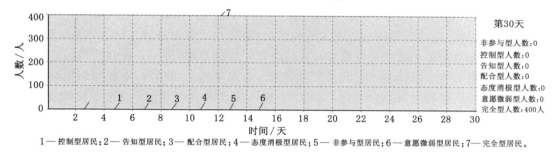

1—控制型居民；2—告知型居民；3—配合型居民；4—态度消极型居民；5—非参与型居民；6—意愿微弱型居民；7—完全型居民。

图 6-43　情景 4A、情景 4B、情景 4C、情景 4D、情景 5A 下居民数量变化

6.5　老旧小区海绵化改造居民参与治理水平的提升对策

在对老旧小区海绵化改造的居民参与治理动态仿真之后，可以发现单独对社区归属感、社会资本和惯习进行调整，或者对"心理资本＋场域""社区归属感＋场域"两两组合进行调整，或者对"社会资本＋心理资本＋场域""社会资本＋社区归属感＋场域""心理资本＋惯习＋场域""心理资本＋社区归属感＋场域"及 3 个以上因素同时进行调整时，居民参与治理水平相较于初始状态得到显著提升。因此，本节重点从社区场域、居民惯习、社会资本、心理资本和社区认同 5 个方面入手，结合参与式治理理论提出具体解决方案及措施建议，且这些策略适用于处于决策、实施和运维等各海绵化改造阶段的老旧小区中居民参与治理水平的提升。不同老旧小区可以结合其具体海绵化改造的情况及社区特征，采取单一或组合策略来改善居民参与治理状况。例如，在对社区软硬件设施普遍不满的老旧小区，应将提升居民社区归属感作为首要任务，辅之以完善社区场域、增加社会资本或强化心理资本等。

6.5.1　加大宣传力度，完善社区场域

社区场域对老旧小区海绵化改造的居民参与治理水平提升有显著正向影响，这表明居民所在社区关系场域、文化场域、信息场域和空间场域的提升，居民参与治理水平也得到相应的改善。研究发现，现有老旧小区中的文化场域和信息场域得分相对较低，因此重点通过加大宣传力度来完善社区场域。

在当前老旧小区海绵化改造过程中，媒体(网络、电视和手机等)对居民参与治理有着切实的影响，政府部门要善用媒体来引导居民参与治理。首先，鼓励媒体部门采用直观性较强的现场直播、采访报道和新闻图片等形式，向居民宣传老旧小区后海绵化改造的目标、内容

和施工计划等,增强居民对老旧小区海绵化改造项目的理解,从而提高其积极性;其次,通过电视新闻评论、施工现场采访、居民意见箱、专栏访谈等方式进行改造进度信息发布和分析,吸引各参与方的注意力,搭建沟通平台;再次,利用互联网等技术引导居民参与老旧小区海绵化改造中具体问题的讨论并提出相应的对策建议,增加居民参与的渠道,让居民有路参与;最后,在实施和维护的过程中及时解决居民投诉问题,对后续解决情况进行实施监督,并通过政务公开等手段披露社区治理相关信息,提升居民对政府治理方式的满意度。

此外,社区教育的深化也是加大宣传力度的手段之一,它指的是对社区居民所开展的一系列教育活动,目的是为社区服务和促进社区发展。当前,社区教育表面上呈现出一派繁荣的景象,但实际上存在管控缺位与主体不明情况,使得社区教育开展工作效率低下。因此,一方面应当培养老旧小区居民争取参与社区教育发展的权利,另一方面政府部门应当将为居民提供社区教育发展作为自己的义务和责任。在此基础上,将老旧小区海绵化改造的相关知识融入社区教育中,由居民"自下而上"地参与,提升居民对老旧小区海绵化改造的关注度和理解度,激发其参与改造全过程的积极性。

6.5.2 营造参与氛围,培育居民惯习

参与式治理依赖居民参与治理意识的树立和习惯的培养,居民惯习对老旧小区海绵化改造的居民参与治理水平提升有显著正向影响。研究发现,现有老旧小区中的居民惯习水平一般,因此重点通过完善居民参与治理激励机制来营造参与氛围,培育居民良好的惯习。

在目标激励上,可以通过宣传和教育的方式让社区居民深入了解老旧小区海绵化改造的总体目标,激发居民参与治理的积极性、主动性和创造性。此外,在老旧小区海绵化改造过程中,社区层面的政府管理人员应当自觉遵守参与的相关规章制度,以良好的精神状态、思想作风和工作方法等来引导社区居民参与。

在物质激励上,不断改善老旧小区的居住环境,尤其是针对居民反映较多的违规圈占公共用地、搭设违章建筑和社区卫生状况差等问题进行处理,在老旧小区海绵化改造的同时,清除违章建筑,重新划分公共区域,获取居民对海绵化改造的支持。此外,老旧小区海绵化改造过程中应用了大量的雨水花园、下沉式绿地和雨水桶等海绵设施,需要日常维护和定期检修。除了政府部门委托专门园林公司进行维护外,可以发动社区居民参与简单维护工作并向其提供一定补贴,从而提升居民参与海绵设施维护的热情。

在精神激励上,大力开展评选积极参与分子,利用各种形式宣传居民参与老旧小区海绵化改造的典型事迹,以提高社区居民的整体素质。对于居民个体而言,通过评选"热心参与奖"等来激励居民参与治理模式的转变,强化精神激励,启发社区居民向更高层次不懈追求。对于老旧小区海绵化改造中做出突出贡献的单位和个人,向其授予荣誉称号,以此激励全社区人员踊跃参与老旧小区海绵化改造。

6.5.3 健全参与制度,增加社会资本

社会资本对老旧小区海绵化改造的居民参与治理水平提升有显著正向影响,这表明居民参与规范、网络和公共精神的提升,居民参与治理水平也得到相应的改善,因此重点通过健全参与制度来增加社会资本。

在居民参与规范的提升上,可以通过构建老旧小区海绵化改造的多方权责分配机制(图 6-44),规定居民参与的范围、内容和手段等,确保居民参与老旧小区海绵化改造不会受

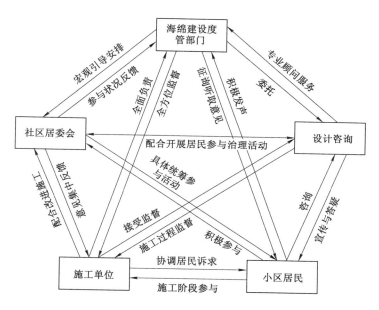

图 6-44　老旧小区海绵化改造中多方权责分配机制[354]

到任何部门或组织的干预,保障居民的参与权。其中,海绵建设主管部门主要负责制定宏观层面政策,委托设计单位进行设计咨询,征询听取居民意见,针对工程质量和施工中居民参与程度对施工单位进行考核,同时将权力下放至社区居委会,引导居委会安排居民参与治理事宜;社区居委会将参与状况反馈给建设主管部门,同时对施工单位的意见进行答复,组织开展居民参与治理活动;设计咨询单位主要是为海绵城市建设主管部门提供专业的咨询服务,协助社区居委会开展居民参与治理活动,为居民宣传海绵化改造知识并提供答疑服务;施工单位一方面配合社区居委会工作,另一方面协调居民诉求,并接受设计单位的监督;而居民在整个权责分配机制中处于建议和监督的作用,与各个部门协作实现对海绵化改造的治理。

在居民参与网络的改善上,可以通过建立有效的多方沟通体系提升老旧小区居民平均沟通效率。在老旧小区海绵化改造的过程中,多数小区通过召开社区议事会的形式来保证居民参与,为了强化参与各方的信息沟通,建议以小区议事会为中心,促进老旧小区海绵化改造相关政府部门、海绵化改造施工单位、老旧小区居民共同参与的多方沟通体系。其中,对于政府方而言,通过安排专人来组织学习海绵城市建设相关政策文件并向居民传达海绵化改造信息;对于居民而言,记录出席小区议事会居民的意见和需求,将有用信息反馈给老旧小区海绵化改造相关政府部门;对于施工方而言,组织施工单位安排工程师参与会议,尽可能当面为居民解决争议问题。此外,在会议结束后也可将施工方的处理结果反馈给居民,在听取下一轮意见后不断进行调整,从而保证沟通的顺畅和连续性。

通过简化登记程序、增加资金投入、整合社区资源和培养专业人才等方式加大对社会组织的培育和扶持力度,在规范其管理方式的同时,充分发挥功能以吸引更多居民参与到实际的改造活动中,增强社区与居民之间的互动,为居民之间的交往创造良好的条件,进一步提升居民的公共精神。

6.5.4　树立居民信心，强化心理资本

　　政府管理是影响居民参与治理信心高低的标志之一，在老旧小区海绵化改造过程中，是否满足居民的诉求是造成居民参与治理信心高或低的首要原因，优化居民参与治理的投诉与监督机制成为重中之重。当前，仅有少数城市在进行老旧小区海绵化改造时设立了居民意见受理渠道，但是这些渠道又往往流于形式，居民投诉无门的情况下通常选择在当地城市论坛或者其他网络平台上发表观点，以期维护自身权益。例如，在嘉兴市姚江花园的海绵化改造中，居民反映物业部门与海绵城市工程项目部相互推诿责任，多数情况下投诉无果。因此，需要建立自监督、相关方监督、媒体监督的三重监督机制，给居民正面信息激励，使得居民在老旧小区海绵化改造持积极乐观的心态并对参与治理充满信心，从而更好地参与治理。

　　其中，自监督由老旧小区各参与方从自身的具体任务着手，社区居委会的自监督应将重心放在居民投诉矛盾处理、为居民参与治理提供途径、为各参与方搭建沟通渠道等方面，施工方与设计咨询单位的自监督将重心放在处理居民投诉、减少对环境与居民的影响、与居民协商等方面，居民的自监督应当是将重心放在参与相关制度遵循情况、是否正当诉求、是否客观评价老旧小区海绵化改造的效果等方面。

　　互相监督则是指两两互相监督，需严格按照监督范围执行，不可干预监督范围之外的活动。例如，社区居委会在对施工单位进行监督时应当限定在是否积极回应居民的诉求并处理、是否影响居民日常生活等，不能干预施工企业的生产经营过程。同样地，海绵城市建设主管部门应当设置专门的居民投诉通道，当发现社区居委会层面无法处理现有情况或某一方存在失职行为使得协商无法进行时，可以直接向海绵城市建设主管部门申请解决。

　　媒体监督则是指充分发挥媒体的作用对老旧小区海绵化改造全过程进行监督，例如邀请当地电视台、报社、论坛等媒体对海绵化改造全过程不定期进行报道，设立专栏报道其改造的进展，同时实施反馈居民的意见或建议，将反馈整改后的效果进行报道。此外，还可通过设立专门为微信公众号的形式，提供居民意见反馈网络接口，每周定期推送海绵化改造进展和整改情况。

6.5.5　加强社区建设，提升社区认同

　　社区归属感作为社区存在和发展的基础条件，是一种联系居民与居民、居民与社区的情感要素。在老旧小区海绵化改造过程中，社区归属感包含邻里归属感和环境归属感，二者的提升对于居民参与治理水平的改善有着重要意义。然而，随着"单位制"的及城市人口流动性的增强，居民对社区的疏离使得其社区归属感不断淡薄，因此提升居民社区认同成为老旧小区海绵化改造的基础性工程。

　　第一，应通过完善社区内医疗卫生设施、教育设施、公共交通设施、购物与商业服务及娱乐设施等社区基础设施，落实国家对基本公共服务项目的要求。其中，重点加强休闲场所和学习场地的建设，增加社区绿化面积，不断改善社区环境，使之成为居民参与治理老旧小区海绵化改造的载体与依托，从而提升社区居民对其所在生活空间的满意度。

　　第二，改变原有行政主导下社区居民对政府的依赖局面，通过民意调查的方式及时了解居民在老旧小区海绵化改造方面的需求，通过民意调查来监督老旧小区海绵化改造项目的执行情况，充分激发社区居民参与治理老旧小区海绵化改造的热情，发挥其主体作用，不断提高居民对包括海绵化改造在内的社区公共事务决策和处理的满意度。

假以时日,在一个环境优美、设施齐全、互动频繁的现代社区里,居民们的社区归属感会不断增强,其在老旧小区海绵化改造上的参与治理水平热情也会高涨,从而带来参与治理水平的提升。

6.6　本章小结

本章充分考虑时间和居民参与情境在居民参与治理过程中的影响,基于多智能体建模和系统动力学模型构建居民参与治理动态仿真模型,从居民参与治理模式、居民参与治理模式影响因素和居民参与治理的情景 3 个角度对老旧小区海绵化改造的居民参与治理进行动态仿真研究。

首先,假设居民参与治理网络为小世界网络,分析基于 MAB 的居民参与治理模式演化系统,确定老旧小区海绵化改造居民参与治理模式之间存在的 17 条演化路径和主要变量含义。其次,分析居民参与治理模式倾向系统,选择离散选择模型构建居民参与治理模式倾向测算模型,利用长三角地区试点海绵城市调研结果确定居民参与治理模式倾向测算系统参数,在此基础上构建基于 SD 的 7 类居民参与治理模式倾向模型。再次,通过 AnyLogic 仿真软件完成了 MAB-SD 模型编译,并构建了老旧小区海绵化改造的居民参与治理动态仿真平台,设置模型的初始输入变量,模拟 30 天内所有居民的参与治理模式变化,分析该情景下居民参与治理水平并进行单因素、两因素和多因素敏感性分析。最后,结合敏感性分析的结果,从加大宣传力度、营造参与氛围、健全参与制度、树立居民信心和加强社区建设等 5 个方面提出老旧小区海绵化改造居民参与治理水平提升的对策。

第7章
结论与展望

7.1 主要研究结论

　　本书将参与式治理理论引入老旧小区海绵化改造，按照"政府主导、居民参与、互动合作"的思想，综合使用了定性与定量结合的研究方法，包括文献分析法、质性分析法、层次聚类分析-K均值聚类分析法、ANP-PROMETHEE Ⅱ法、结构方程模型、无序多分类Logistic回归、MAB-SD等多种研究方法，系统分析了老旧小区海绵化改造的居民参与治理模式、居民参与治理水平、居民参与治理影响机理和居民参与治理动态仿真，并提出提升对策，主要研究结论如下：

　　（1）本书通过文献分析和实地走访等方法，深入探讨了老旧小区海绵化改造的内涵和居民参与治理的内涵。在此基础上，界定了老旧小区海绵化改造的居民参与治理概念，即"老旧小区海绵化改造的居民参与治理"是指社区居民本着个体需要和公共精神，通过一定的参与治理模式参与到老旧小区海绵化改造全过程，从而影响政府部门在老旧小区海绵化改造上的决策和执行，实现政府与居民对老旧小区海绵化改造的合作治理。随后分析了老旧小区海绵化改造的居民参与治理主体、客体和过程等基本要素，梳理出居民参与治理在国内外老旧小区海绵化改造中的应用，从赋权、参与、协作、网络和效度等5个方面总结了老旧小区海绵化改造的居民参与治理特征，为后续研究提供了清晰的研究框架。

　　（2）本书基于扎根理论识别了老旧小区海绵化改造中居民常采取的获取信息、协同规划、自我决策、投诉、提出建议、提供帮助、鼓励他人和阻碍8类行为，并利用PROMETHEE Ⅱ方法对这些行为的参与水平进行排序，而后确定了包含认知、情感和行为等3个维度的老旧小区海绵化改造的居民参与治理模式概念框架，建立了基于层次聚类分析-K均值聚类分析法的居民参与治理模式分类计算模型，通过对长三角地区5个试点海绵城市的实证分析，得到控制型参与治理模式、告知型参与治理模式、非参与型参与治理模式、态度消极型参与治理模式、配合型参与治理模式、意愿微弱型参与治理模式和完全型参与治理模式等7类居民参与治理模式，此部分研究有助于将理论与实践结合客观分析居民参与治理情况。

　　（3）本书分析了老旧小区海绵化改造的居民参与治理水平评价内涵，明确了老旧小区海绵化改造的居民参与治理水平评价作用、内容和过程。在此基础上，对社会治理研究领域和社区治理研究领域涉及参与水平评价的指标进行整理,构建老旧小区海绵化改造的居民参与治理水平评价初步指标体系,再根据相关专家访谈结果对指标体系进行了优化筛选,确定最终的老旧小区海绵化改造的居民参与治理水平评价指标体系。随后,构建了基于ANP-PROMETHEE Ⅱ 的老旧小区海绵化改造居民参与治理水平评价模型,以长三角地区5个试点海绵城市为例,计算发现整体老旧小区海绵化改造居民参与治理水平由高到低分别为上海、宁波、嘉兴、镇江、池州,有助于判断老旧小区海绵化改造的居民参与治理绩效,同时为居民参与治理影响机理的分析提供研究方向。

（4）本书对心理学领域常见的行为理论进行梳理,结合老旧小区海绵化改造的居民参与治理模式的特征,基于计划行为理论构建了老旧小区海绵化改造居民参与治理模式内在逻辑分析的研究框架,利用 SEM 对长三角地区试点海绵城市的调研数据进行实证分析,发现老旧小区海绵化改造的居民参与治理认知、态度和行为意向显著影响其行为,除居民参与治理行为意愿在居民参与治理认知和行为之间的中介作用不显著之外,其余 3 个中介效应均被证实。此外,以场动力理论、社会实践理论、社会行动理论和社会资本理论等为理论基础,构建了老旧小区海绵化改造的居民参与治理模式影响因素分析理论框架,利用无序Logistic回归模型对长三角地区试点海绵城市的调研数据进行分析,发现相较于参与治理水平最高的完全型参与治理模式,各类居民参与治理模式的影响因素略有区别,但场域在自变量与老旧小区海绵化改造的居民参与治理模式之间关系的调节作用较为明显。本书从内部和外部两个方面分析了老旧小区海绵化改造的居民参与治理模式影响机理,为下一步仿真研究提供了思路。

（5）本书分析了基于 MAB-SD 的居民参与治理动态仿真研究思路,确定了老旧小区海绵化改造的居民参与治理模式、居民参与治理模式影响因素和居民参与治理这 3 大仿真要素。在此基础上,探究基于 MAB 的居民参与治理模式演化系统,确定了老旧小区海绵化改造的居民参与治理模式之间存在 17 条演化路径;同时,选择离散选择模型构建居民参与治理模式倾向测算模型,利用长三角地区试点海绵城市调研结果确定居民参与治理模式倾向测算系统参数,构建了基于 SD 的 7 类居民参与治理模式倾向模型。而后,通过 AnyLogic仿真软件设计了基于 MAB-SD 老旧小区海绵化改造的居民参与治理动态仿真平台,利用调研数据设置模型的初始输入变量,分析了该情景下居民参与治理水平并进行单因素、两因素和多因素敏感性分析,发现不同因素调整下居民参与治理水平提升情况有所差异。最后,结合敏感性分析的结果,从加大宣传力度、营造参与氛围、健全参与制度、树立居民信心和加强社区建设 5 个方面提出老旧小区海绵化改造居民参与治理水平提升的对策。

7.2　研究创新点

（1）创新地建立了基于聚类分析的居民参与治理模式分类计算模型。国内外学者在居民参与的划分上多采用定性的方式,缺乏对居民参与治理模式的定量表述,尤其是缺乏对老旧小区海绵化改造的居民参与治理模式研究。本书引入教育心理学领域的参与框架,确定了老旧小区海绵化改造居民参与治理模式概念模型,而后对居民认知参与、情感参与和行为参与的相关指标进行系统梳理,设计老旧小区海绵化改造的居民参与治理模式量表并对其进行优化,利用构建的基于层次聚类-K 均值聚类分析的居民参与治理模式分类计算模型,对长三角地区 5 个试点海绵城市进行实证分析,将老旧小区海绵化改造的居民参与治理模式分为 7 类典型参与治理模式。此部分研究有助于将理论与实践结合客观分析居民参与治理情况,丰富参与框架的相关研究。

(2)系统地提出了老旧小区海绵化改造的居民参与治理水平评价模型。已有研究虽从不同角度构建了社会治理、项目治理和社区治理等指标体系,但在老旧小区海绵化改造居民参与治理水平评价上的研究尚属空白。本书以文献分析和专家访谈的方式,完整且严谨地选取了老旧小区海绵化改造的居民参与治理水平评价指标,使用 ANP 和 PROMETHEE Ⅱ 结合的方法来构建老旧小区海绵化改造的居民参与治理水平评价模型,最终对老旧小区海绵化改造的居民参与治理模式进行排序,并对长三角地区 5 个试点海绵城市的综合参与治理水平进行计算。这部分研究有助于判断居民参与治理绩效,创新居民参与治理水平评估方法。

(3)全面地探究了老旧小区海绵化改造的居民参与治理模式内在逻辑与外在影响因素。尽管已有研究在居民参与影响因素和参与治理的影响因素上开展了较多工作,但仍缺乏对老旧小区海绵化改造居民参与治理影响机理的系统探索。本书根据老旧小区海绵化改造居民参与治理模式的内涵,结合计划行为理论确定老旧小区海绵化改造居民参与治理模式内在逻辑框架并提出相应假设,使用 SEM 对调研数据进行实证分析,挖掘居民参与治理模式内在逻辑。在此基础上,系统梳理居民参与治理模式影响因素,进一步使用无序多分类 Logistic 回归量化居民个体特征、自变量与调节变量对居民参与治理模式的影响,识别各类居民参与治理模式的关键影响因素。这部分研究有助于探究居民参与治理的影响机理,丰富计划行为理论、社会实践理论和社会资本理论等理论的应用研究。

(4)集成地提出了基于 MAB-SD 的老旧小区海绵化改造居民参与治理动态仿真方法。已有研究对居民参与的研究趋向于静态分析,缺少对其动态模拟进而预测的研究。本书将居民参与治理模式分类、居民参与治理水平评价和居民参与治理影响机理的相关研究成果进行整合,分析基于 MAB 的居民参与治理模式演化系统,构建基于 SD 的居民参与治理模式倾向模型,设计了老旧小区海绵化改造的居民参与治理动态仿真平台,并对自变量和调节变量进行多次敏感性分析,为老旧小区海绵化改造的居民参与治理水平提升提供了方向。这部分研究有助于揭示居民参与治理的演化规律,推动计算实验技术在居民参与领域的应用。

7.3 研究展望

本书将参与式治理理论引入老旧小区海绵化改造,围绕居民参与治理问题,紧扣关键环节,对老旧小区海绵化改造的居民参与治理模式、居民参与治理水平评价、居民参与治理影响机理和居民参与治理动态仿真进行了较为系统与深入的研究,对促进参与式治理理论发展与在老旧小区海绵化改造中的拓展应用具有指导意义。由于居民参与治理活动的复杂性,涉及研究领域诸多,因此对于老旧小区海绵化改造的居民参与治理理论发展与应用研究还有许多问题值得探索。未来可以在以下几个方面开展研究:

（1）本书问卷调查的范围局限于长三角地区 5 个试点海绵城市，需要进一步将研究范围扩大。在老旧小区海绵化改造的居民参与治理相关实证分析环节，采用随机抽样的方法在长三角地区 5 个试点海绵城市中经历海绵化改造的老旧小区进行发放。长三角地区整体经济发展状况较好，对数据的采集可能存在一定的影响，缺少城市间或区域间差异的研究。因此，在进一步研究中，结合区位因素，分析不同经济社会发展水平或不同地理位置中老旧小区海绵化改造居民参与治理模式、居民参与治理水平及居民参与治理影响机理的差异，以及这些差异是否与所在地理位置存在一定的空间相关性。

（2）本书从老旧小区海绵化改造全过程的角度对居民参与治理认知和情感进行分析，需要进一步分阶段对居民参与治理模式分析。在构建老旧小区海绵化改造居民参与治理模式分类模型时，尽管分阶段对居民参与治理行为进行识别，但是受研究重点的限制，本书未把老旧小区海绵化改造阶段考虑在居民参与治理认知和参与治理情感相关数据的获取上，而是对居民参与治理模式进行整体分析。因此，下阶段要根据老旧小区海绵化改造的阶段，对决策、实施和运维环节的居民参与治理模式分别进行识别并对其影响机理进行分析。

（3）本书受到计算实验条件限制未能将自变量和调节变量的具体题项考虑在内，需要在软硬件条件达到要求时对居民参与治理进行更精确的仿真分析。在进行老旧小区海绵化改造的居民参与治理动态仿真模型构建时，受软件参数的限制，本书只选取了总的场域、社会资本、心理资本、惯习和社区归属感得分作为最终变量得分来进行敏感性分析，缺少对各变量具体题项的考虑。因此，未来在仿真实验条件允许的情况下，在仿真平台中加入更多自变量和调节变量具体题项，提高对老旧小区海绵化改造的居民参与治理仿真的精度。

附　录

附录 1　老旧小区海绵化改造的居民参与治理行为度量调查问卷

尊敬的专家/学者：

非常荣幸邀请您参与我们的研究工作，本书课题组正在进行老旧小区海绵化改造居民参与治理的相关调研，以提高居民在老旧小区海绵化改造过程中的参与积极性。我们向您保证，本次调研资料仅用于学术研究，绝不会泄露您的个人信息，再次感谢您的参与！

Section A-个人信息

1. 您的性别？

A. 男　　　　　B. 女

2. 在"海绵城市"或"老旧小区海绵化改造"或"城市治理"领域,您的从业年限？

A. 5 年以上　　B. 3～5 年　　　C. 1～3 年　　　　D. 1 年以内

3. 您是来自业界（企业），还是学界（高校或科研机构）？

A. 学界　　　　B. 业界

4. 您的职称？

A. 教授　　　B. 副教授　　　C. 正高　　D. 副高　　E. 其他

5. 您的学历？

A. 博士　　　B. 硕士　　　C. 其他

Section B-行为参与度打分

请您对下列行为的参与度进行 1～5 打分,1 分代表该类居民参与治理行为在老旧小区海绵化改造过程中属于参与程度非常低的一类,5 分代表参与程度非常高。

表 A1　老旧小区海绵化改造的居民参与治理行为打分

参与行为	非常低（1 分）	低（2 分）	一般（3 分）	高（4 分）	非常高（5 分）
B1:获取信息					
B2:协同规划					
B3:自我决策					

参与行为	非常低（1分）	低（2分）	一般（3分）	高（4分）	非常高（5分）
B4：投诉					
B5：提出建议					
B6：提供帮助					
B7：鼓励他人					
B8：阻碍					

表 A2　老旧小区海绵化改造的居民参与治理行为内涵

主要行为	内涵
获取信息	获取老旧小区海绵化改造的相关信息
协同规划	参加有关老旧小区海绵化改造规划的会议
	对老旧小区海绵化改造的规划提出建议
自我决策	提出老旧小区海绵化改造的规划
投诉	投诉老旧小区海绵化改造项目的建设问题
	投诉老旧小区改造效果的问题
提出建议	对老旧小区海绵化改造的建造提出建议
	对老旧小区海绵化改造的效果提出建议
提供帮助	帮助建造老旧小区海绵化设施
	帮助维护老旧小区海绵化设施
	帮助宣传老旧小区海绵化改造
鼓励他人	鼓励他人参与老旧小区海绵化改造
阻碍	阻碍老旧小区海绵化改造

附录 2　老旧小区海绵化改造居民参与治理模式度量专家访谈大纲

一、访谈者基本信息

1. 受访者的性别?

A. 男　　　　　　B. 女

2. 受访者从事本领域研究年限?

A. 5 年以上　　　B. 3～5 年　　　　C. 1～3 年　　　　D. 1 年以内

3. 受访者从事领域?

A. 学界（高校、科研院所等）　　　　B. 业界（企业、社会组织等）

4. 受访者的职称?

A. 正高级　　　B. 副高级　　　C. 中级　　　D. 初级　　　E. 其他

5. 受访者的受教育程度?

A. 博士　　　　　B. 硕士　　　C. 其他

二、访谈内容

1. 您认为老旧小区海绵化改造居民参与治理模式应该包括哪些维度？现有的维度设置是否合适？

2. 您认为量表中居民参与治理认知维度问题设计得是否合理？如果不合理,那么如何改进？

3. 您认为量表中居民参与治理情感维度问题设计得是否合理？如果不合理,那么如何改进？

4. 您认为量表中居民参与治理行为维度问题设计得是否合理？如果不合理,那么如何改进？

三、设计的初步问卷

表 B1　老旧小区海绵化改造的居民参与治理模式度量的初步问卷

变量	编号	题项内容	度量
居民参与治理认知	ce1	声明性知识:暴雨造成的内涝问题影响我的日常生活	采用1~5打分,1分表示非常不同意,5分表示非常同意
	ce2	声明性知识:对社区进行海绵化改造非常有必要	
	ce3	声明性知识:我了解老旧小区海绵化改造常用的低影响开发技术	
	ce4	声明性知识:对社区进行海绵化改造有很多益处,例如可以改变小区的景观面貌,提升居住舒适度	
	ce5	程序性知识:社区或政府等部门会提供相关渠道让我参与老旧小区海绵化改造	
	ce6	程序性知识:我清楚在老旧小区海绵化改造过程中如何参与治理	
	ce7	程序性知识:对我而言,在老旧小区海绵化改造过程中参与治理比较容易	
	ce8	有效性知识:我的参与对小区海绵化改造有一些帮助,如施工过程减少冲突	
	ce9	有效性知识:如果我参与到小区改造的决策、实施、维护工作中,那么可以学习到很多技术和管理知识	
	ce10	社会性知识:对我而言,重要的人(家人、朋友和邻居等)会参与老旧小区海绵化改造	
	ce11	社会性知识:对我而言,重要的人(家人、朋友和邻居等)希望您参与老旧小区海绵化改造	

变量	编号	题项内容	度量
居民参与治理情感	ee1	我支持在社区进行老旧小区海绵化改造	采用1～5打分,1分表示非常不同意,5分表示非常同意
	ee2	我觉得在社区进行老旧小区海绵化改造意义重大	
	ee3	我关心我们社区海绵化改造的进展	
	ee4	如果政府部门和社区提供机会,那么我愿意参与小区海绵化改造的全过程。例如,参加前期的意见咨询会	
	ee5	我愿意向他人宣传老旧小区海绵化改造的益处并鼓励他人参与	
	ee6	我觉得应当提供渠道让周围居民积极参与小区改造的决策、实施、维护工作中	
	ee7	为了减少社区内涝问题,我愿意支付额外的费用来进行社区海绵化改造	
居民参与治理行为	be1	我在老旧小区海绵化改造决策阶段的参与行为有	多选题,按照选项中排名最高的行为作为最终得分
	be2	我在老旧小区海绵化改造实施阶段的参与行为有	
	be3	我在老旧小区海绵化改造运维阶段的参与行为有	

附录 3　老旧小区海绵化改造居民参与治理模式调研问卷

尊敬的先生/女士:

您好! 非常荣幸邀请您参与我们的研究工作,本书课题组正在进行老旧小区海绵化改造居民参与治理的相关调研,以提高居民在老旧小区海绵化改造过程中的参与积极性。我们向您保证,本次调研资料仅用于学术研究,绝不会泄露您的个人信息,再次感谢您的参与!

所在城市及社区:＿＿＿＿＿＿＿＿＿。

第一部分:基本信息

1. 您的性别?

A. 男　　　　　　B. 女

2. 请问您的年龄是:

A. 小于 20 岁　B. 20～34 岁　C. 35～49 岁　D. 50～64 岁　E. 65 岁及以上

3. 您的文化程度?

A. 小学　　　　B. 初中　　　C. 中职或高中　D. 高职　　　E. 本科及以上

4. 您在这里居住多久了?

A. 1 年以下　　B. 2～5 年　　C. 6～10 年　　D. 10 年以上

5. 您是否一个人居住?

A. 否　　　　　B. 是

6. 您在该小区是否租房子居住?

A. 否　　　　　B. 是

7. 您的工作状况如何？

A. 无工作或者在找工作　　　B. 有工作　　　C. 退休

8. 您的月可支配收入为多少？

A. 小于 2 000 元　　B. 2 000～3 999 元　　　C. 4 000～5 999 元　　D. 6 000～8 000 元

E. 大于 8 000 元

第二部分：居民参与治理认知（单选题）

9. 我了解老旧小区海绵化改造常用的低影响开发技术。

A. 非常不同意　　B. 不同意　　C. 中立　　D. 同意　　E. 非常同意

10. 对社区进行海绵化改造有很多益处，如可以改变小区的景观面貌，提升居住舒适度。

A. 非常不同意　　B. 不同意　　C. 中立　　D. 同意　　E. 非常同意

11. 社区或政府等部门会提供相关渠道让我参与老旧小区海绵化改造。

A. 非常不同意　　B. 不同意　　C. 中立　　D. 同意　　E. 非常同意

12. 我清楚在老旧小区海绵化改造过程中如何参与治理。

A. 非常不同意　　B. 不同意　　C. 中立　　D. 同意　　E. 非常同意

13. 我的参与对小区海绵化改造有一些帮助，例如施工过程减少冲突。

A. 非常不同意　　B. 不同意　　C. 中立　　D. 同意　　E. 非常同意

14. 如果我参与到小区改造的决策、实施、维护工作中，那么我可以学到很多技术和管理知识。

A. 非常不同意　　B. 不同意　　C. 中立　　D. 同意　　E. 非常同意

15. 对我而言，重要的人（家人、朋友和邻居等）会参与老旧小区海绵化改造。

A. 非常不同意　　B. 不同意　　C. 中立　　D. 同意　　E. 非常同意

16. 对我而言，重要的人（家人、朋友和邻居等）希望您参与老旧小区海绵化改造。

A. 非常不同意　　B. 不同意　　C. 中立　　D. 同意　　E. 非常同意

第三部分：居民参与治理态度（单选题）

17. 我支持在社区进行老旧小区海绵化改造。

A. 非常不同意　　B. 不同意　　C. 中立　　D. 同意　　E. 非常同意

18. 我关心我们社区海绵化改造的进展。

A. 非常不同意　　B. 不同意　　C. 中立　　D. 同意　　E. 非常同意

19. 我觉得应当鼓励社区居民积极参加到老旧小区海绵化改造中。

A. 非常不同意　　B. 不同意　　C. 中立　　D. 同意　　E. 非常同意

20. 我觉得应当提供渠道让周围居民积极参加到老旧小区海绵化改造中。

A. 非常不同意　　B. 不同意　　C. 中立　　D. 同意　　E. 非常同意

21. 如果政府部门和社区提供机会，那么我愿意参与小区海绵化改造的决策过程，例如：参加前期的意见咨询会。

A. 非常不同意　　B. 不同意　　C. 中立　　D. 同意　　E. 非常同意

22. 如果政府部门和社区提供机会，那么我愿意参与小区海绵化改造的实施过程。例如，向施工人员提供帮助。

A. 非常不同意　　B. 不同意　　C. 中立　　D. 同意　　E. 非常同意

23. 如果政府部门和社区提供机会,那么我愿意参与小区海绵化改造的维护过程。例如,对后续维护不当进行投诉。

A. 非常不同意　　B. 不同意　　C. 中立　　D. 同意　　E. 非常同意

24. 为了减少社区内涝问题,我愿意付出更多的时间和精力参与社区海绵化改造的相关事项。

A. 非常不同意　　B. 不同意　　C. 中立　　D. 同意　　E. 非常同意

第四部分:居民参与治理行为(多选题)

25. 我在老旧小区海绵化改造决策阶段的参与行为包括(　　　)。

A. 老旧小区海绵化改造的决策是别人的事情,与我无关

B. 我从社区公告栏、施工人员、社区会议上获取老旧小区海绵化改造决策的相关信息

C. 我鼓励他人参与老旧小区海绵化改造的社区宣讲会或听证会

D. 我帮助向他人宣传老旧小区海绵化改造的相关知识

E. 我向街道办事处、施工人员或业主委员会管理人员提出改造的规划

F. 我在社区规划会议或公民论坛上参与老旧小区海绵化改造方案的决策

26. 我在老旧小区海绵化改造实施阶段的参与行为包括(　　　)。

A. 我提了意见也不管用,不能让他们在我家门口施工

B. 老旧小区海绵化改造的实施是别人的事情,与我无关

C. 我从社区公告栏、施工人员、社区会议上获取老旧小区海绵化改造施工阶段的相关信息

D. 我鼓励他人在老旧小区海绵化改造过程中向施工人员或街道办事处提建议

E. 对于老旧小区海绵化改造实施过程中的不合理行为,我会向施工方、业主委员会或者社区投诉

F. 我为老旧小区海绵化改造的实施提供便利,如配合施工

27. 我在老旧小区海绵化改造运维阶段的参与行为包括(　　　)。

A. 老旧小区海绵化改造的维护是别人的事情,与我无关

B. 我从社区公告栏、施工人员、社区会议上获取老旧小区海绵化改造运维阶段的相关信息

C. 我鼓励他人在老旧小区海绵化改造之后对海绵设施进行维护

D. 对于海绵设施的维护,我会向施工方、业主委员会或社区管理人员提出建议

E. 针对海绵设施维护不合理的地方,我会向街道办事处、社区管理人员或政府热线投诉

F. 我协助维护海绵设施,比如定期清理雨水花园中的垃圾,保护好家门口的雨水桶

附录 4　老旧小区海绵化改造居民参与治理水平评价体系专家访谈大纲

一、访谈者基本信息

1. 您的性别？

A. 男　　　　　　　B. 女

2. 您从事本领域研究多少年？

A. 5 年以上　　B. 3～5 年　　　　　C. 1～3 年　　　　　D. 1 年以内

3. 您的职业？

A. 高校教师　　B. 政府工作人员　　C. 企业管理人员　　D. 其他

4. 您的职称？

A. 正高级　　　B. 副高级　　　　　C. 中级　　　　　D. 初级　　　E. 其他

5. 您的受教育程度？

A. 博士　　　　B. 硕士　　　　　　C. 其他

二、访谈内容

1. 您认为老旧小区海绵化改造居民参与治理应该实现怎样的目标？

2. 您认为现阶段老旧小区海绵化改造居民参与治理水平评价存在哪些问题？

3. 您认为老旧小区海绵化改造居民参与治理水平评价指标设计是否合理？如果不合理，那么如何改进？

三、对指标的重要性进行打分

您认为该指标对于老旧小区海绵化改造居民参与治理水平评价的重要程度是：非常不重要打 1 分，不重要打 2 分，一般打 3 分，重要打 4 分，非常重要打 5 分。

表 F1　老旧小区海绵化改造居民参与治理水平评价指标体系

二级指标	编号	三级指标	重要度
赋权	ep1	公民参与治理的法规政策规定较为完善	
	ep2	社区层面相关政府部门直接提供居民参与社区教育的机会	
	ep3	社区层面政府部门制定完善的居民参与治理计划并严格执行	
	ep4	社区层面相关政府部门构建后续的追踪机制来解决居民参与治理的问题	
	ep5	社区层面政府部门配套足够的经济资源让居民参与，如提供举办前期咨询会的经费	
	ep6	社区层面政府部门配置足够的人力资源帮助居民参与治理，如设置专门的治理机构人员	
	ep7	老旧小区海绵化改造的相关信息公开情况	

二级指标	编号	三级指标	重要度
参与	eg1	社区层面政府部门同时向居民提供参与治理其他社区公共事务的渠道	
	eg2	居民有机会参与老旧小区海绵化改造的决策阶段,并提出建议	
	eg3	居民有机会参与老旧小区海绵化改造的实施阶段,进行意见反馈	
	eg4	居民有机会参与老旧小区海绵化改造的维护阶段,监督后续的过程	
协作	cp1	社区层面有专门的政府部门负责协调居民参与治理中的问题	
	cp2	第三方组织等在社区层面有专门机构负责协调居民参与治理中的问题	
	cp3	施工方有专门人员负责协调居民参与治理中的问题	
	cp4	居民代表与协调单位进行沟通,反馈治理过程中的问题	
	cp5	居民配合政府等有关部门共同解决问题	
网络	nw1	政府部门与第三方组织形成伙伴关系	
	nw2	政府部门与施工方形成伙伴关系	
	nw3	第三方组织与施工方形成伙伴关系	
	nw4	政府部门积极引导居民参与治理	
	nw5	第三方组织积极引导居民参与治理	
	nw6	施工方积极引导居民参与治理	
	nw7	居民参与社区治理水平绩效评估工作	
效度	ef1	居民知道老旧小区海绵化改造居民参与治理的重要性	
	ef2	居民清楚地了解居民参与治理老旧小区海绵化改造的目标	
	ef3	该居民参与治理模式提升了居民对老旧小区海绵化改造的满意度	
	ef4	该居民参与治理模式提升了居民对政府的信任	
	ef5	居民认为实现了居民参与治理老旧小区海绵化改造的目标	
	ef6	该居民参与治理模式有效地加快了项目实施的进度,提升了效率	
	ef7	该居民参与治理模式有效地提升了项目实施的质量	
	ef8	该居民参与治理模式有效地减少了居民的投诉,减少了与政府部门的冲突	
	ef9	第三方社会组织得到进一步发展	
	ef10	社区层面管理人员认为实现了居民参与治理老旧小区海绵化改造的目标	
	ef11	施工方认为实现了居民参与治理老旧小区海绵化改造的目标	
	ef12	居民参与有效地改善了环境	

附录5　居民参与治理水平评价指标的关系及重要性调研问卷

尊敬的专家/学者:

您好! 非常荣幸邀请您参与我们的研究工作,本书课题组正在进行老旧小区海绵化改造居民参与治理的相关调研,以提高居民在老旧小区海绵化改造过程中的参与积极性。我们向您保证,本次调研资料仅用于学术研究,绝不会泄露您的个人信息,再次感谢您的参与!

Section A-个人信息

1. 您的性别？

A. 男　　　　B. 女

2. 在"海绵城市"或"老旧小区海绵化改造"或"城市治理"领域,您从业年限？

A. 5 年以上　B. 3～5 年　　C. 1～3 年　　　D. 1 年以内

3. 您的职业？

A. 高校教师　B. 政府工作人员　　C. 企业管理人员　　　D. 其他（ ）

4. 您的职称？

A. 正高级　　　B. 副高级　　C. 中级　　　D. 初级　　E. 其他

5. 您的受教育程度？

A. 博士　　　　B. 硕士　　　C. 其他

Section B-居民参与治理水平评价指标的相互影响关系

表 G1　老旧小区海绵化改造的居民参与治理水平评价指标体系

三级指标	编号	
赋权	EP1	社区层面政府部门为居民提供一定的参与治理决策权力
	EP2	社区层面相关政府部门构建后续的追踪机制来解决居民参与治理的问题
	EP3	社区层面政府部门配套足够的经济资源让居民参与,如提供举办前前期咨询会的经费
	EP4	社区层面政府部门配置足够的人力资源帮助居民参与治理,如设置专门的治理机构人员
参与	EG1	居民有机会参与老旧小区海绵化改造的决策阶段,并提出建议
	EG2	居民有机会参与老旧小区海绵化改造的实施阶段,进行意见反馈
	EG3	居民有机会参与老旧小区海绵化改造的维护阶段,监督后续的过程
协作	CP1	社区层面有专门的政府部门负责协调居民参与治理中的问题
	CP2	第三方组织等在社区层面有专门机构负责协调居民参与治理中的问题
	CP3	施工方有专门人员负责协调居民参与治理中的问题
	CP4	居民代表与协调单位进行沟通,反馈治理过程中的问题
网络	NW1	政府部门积极引导居民参与治理
	NW2	第三方组织积极引导居民参与治理
	NW3	施工方积极引导居民参与治理
效度	EF1	该居民参与治理模式有助于加深对老旧小区海绵化改造重要性的了解
	EF2	该居民参与治理模式有助于加深对老旧小区海绵化改造中技术和目标的了解
	EF3	该居民参与治理模式有助于提升居民对老旧小区海绵化改造的满意度
	EF4	该居民参与治理模式有助于提升居民对政府的信任
	EF5	该居民参与治理模式有效地加快了项目实施的进度,提升了效率
	EF6	该居民参与治理模式有效地减少了居民的投诉,减少了与政府部门的冲突
	EF7	该居民参与治理模式有效地改善了社区的环境

表 4-12　老旧小区海绵化改造的居民参与治理水平指标的相互影响关系

指标	EP1	EP2	EP3	EP4	EG1	EG2	EG3	CP1	CP2	CP3	CP4	NW1	NW2	NW3	EF1	EF2	EF3	EF4	EF5	EF6	EF7
EP1	—	1	1	1	0	0	0	1	0	0	0	1	0	0	1	0	1	1	0	1	0
EP2	1	—	0	0	0	0	1	0	1	0	0	0	0	0	0	0	1	1	0	1	0
EP3	1	0	—	1	1	1	0	0	1	1	1	0	0	0	0	1	1	1	1	1	0
EP4	0	1	0	—	1	0	1	0	0	1	1	0	0	0	1	0	1	1	1	1	0
EG1	0	0	0	1	—	1	1	0	0	0	1	0	0	0	1	0	1	1	1	0	0
EG2	0	0	0	0	0	—	1	0	0	0	1	0	0	0	1	1	1	0	0	1	0
EG3	0	0	0	0	0	0	—	0	1	1	0	0	1	0	1	1	1	0	1	1	0
CP1	1	1	0	0	0	1	1	—	1	1	1	0	1	0	0	0	1	0	0	0	0
CP2	0	0	0	0	0	0	1	—	—	—	0	0	1	1	1	1	1	0	1	0	0
CP3	0	0	0	0	0	0	0	0	0	—	—	0	0	1	1	0	1	0	0	1	0
CP4	0	0	0	1	0	0	0	1	0	0	—	—	0	0	1	1	1	0	1	1	0
NW1	1	1	0	0	0	1	0	0	1	1	1	—	1	0	1	1	1	1	0	1	0
NW2	0	0	0	0	0	0	0	1	0	0	0	0	—	0	1	0	1	0	1	0	0
NW3	0	0	0	0	0	1	0	0	0	1	1	0	0	—	1	1	1	1	0	1	0
EF1	0	0	0	0	0	0	0	0	0	0	0	0	0	0	—	0	1	0	0	1	0
EF2	0	0	0	0	0	0	0	0	0	0	0	0	0	0	0	—	1	1	0	1	0
EF3	0	0	0	0	0	0	0	0	0	0	0	0	0	0	0	0	—	1	1	1	0
EF4	0	0	0	0	0	0	0	0	0	0	0	0	0	0	0	0	1	—	0	1	0
EF5	0	0	0	0	0	0	0	0	0	0	0	0	0	0	0	0	1	1	—	—	0
EF6	0	0	0	0	0	0	0	0	0	0	0	0	0	0	0	0	0	1	1	—	—
EF7	0	0	0	0	0	0	0	0	0	0	0	0	0	0	1	1	0	1	0	1	—

Section C-居民参与治理水平评价指标的相对重要性打分

本部分是对老旧小区海绵化改造的居民参与治理水平评价指标体系中的二级指标和三级指标进行两两比较,具体赋值方法见表 G3。

表 G3 两两比较赋值

指标重要性比较	赋值
比较两指标,两者同等重要	1
某一指标比另一个指标稍微重要	3
某一指标比另一个指标明显重要	5
某一指标比另一个指标强烈重要	7
某一指标比另一个指标至极重要	9
以上相邻标度的中间值	2,4,6,8

表 G4 次准则层比较

指标	赋权	参与	协作	网络	效度
赋权	—				
参与		—			
协作			—		
网络				—	
效度					—

表 G5 赋权维度组内指标比较

指标	EP1	EP2	EP3	EP4
EP1	—			
EP2		—		
EP3			—	
EP4				—

表 G6 参与维度组内指标比较

指标	EG1	EG2	EG3
EG1	—		
EG2		—	
EG3			—

表 G7 协作维度组内指标比较

指标	CP1	CP2	CP3	CP4
CP1	—			
CP2		—		
CP3			—	
CP4				—

表 G8　网络维度组内指标比较

指标	EG1	EG2	EG3
EG1	—		
EG2		—	
EG3			—

表 G9　效度维度组内指标比较

指标	EF1	EF2	EF3	EF4	EF5	EF6	EF7
EF1	—						
EF2		—					
EF3			—				
EF4				—			
EF5					—		
EF6						—	
EF7							—

附录6　老旧小区海绵化改造居民参与治理模式影响因素预调研问卷

尊敬的先生/女士：

您好！非常荣幸邀请您参与我们的研究工作,本书课题组正在进行老旧小区海绵化改造居民参与治理的相关调研,以提高居民在老旧小区海绵化改造过程中的参与积极性。我们向您保证,本次调研资料仅用于学术研究,绝不会泄露您的个人信息,再次感谢您的参与！

所在城市及社区：_____。

第一部分:基本信息

1. 您的性别？

A. 男　　　　　　　B. 女

2. 您的年龄？

A. 小于 20 岁　　B. 20～34 岁　　C. 35～49 岁　　D. 50～64 岁　　E. 65 岁及以上

3. 您的文化程度

A. 小学　　　　　　B. 初中　　　　　C. 中职或高中　　D. 高职　　　　　E. 本科及以上

4. 您在这里居住多久了？

A. 1 年及以下　　B. 2～5 年　　C. 6～10 年　　D. 10 年以上

5. 您是否一个人居住？

A. 否　　　　　　　　B. 是

6. 您在该小区是否租房子居住？

A. 否　　　　　　　B. 是

7. 您的工作状况如何？

A. 无工作或在找工作　　B. 有工作　　C. 退休

8. 您的月可支配收入为多少？

A. 小于 2 000 元　　B. 2 000～3 999 元　　C. 4 000～5 999 元　　D. 6 000～8 000 元

E. 大于 8 000 元

第二部分:居民所在社区场域(单选题)

9. 我所在的社区经常在暴雨后发生内涝,严重影响居民生活。

A. 非常不同意　　B. 不同意　　C. 中立　　D. 同意　　E. 非常同意

10. 社区有专门的场地用于宣传老旧小区海绵化改造。

A. 非常不同意　　B. 不同意　　C. 中立　　D. 同意　　E. 非常同意

11. 在老旧小区海绵化改造的过程中,可以去居委会或者街道办等地方进行投诉。

A. 非常不同意　　B. 不同意　　C. 中立　　D. 同意　　E. 非常同意

12. 我经常与邻居或社区工作人员交流社区发生的事情。

A. 非常不同意　　B. 不同意　　C. 中立　　D. 同意　　E. 非常同意

13. 政府部门及时解决老旧小区海绵化改造中出现的问题。

A. 非常不同意　　B. 不同意　　C. 中立　　D. 同意　　E. 非常同意

14. 老旧小区海绵化改造过程中施工人员与社区居民积极沟通相关问题。

A. 非常不同意　　B. 不同意　　C. 中立　　D. 同意　　E. 非常同意

15. 我所在社区居民普遍有热情参与老旧小区海绵化改造。

A. 非常不同意　　B. 不同意　　C. 中立　　D. 同意　　E. 非常同意

16. 政府对积极参与老旧小区海绵化改造的居民提供一定的物质或者精神奖励。

A. 非常不同意　　B. 不同意　　C. 中立　　D. 同意　　E. 非常同意

17. 在社区很容易获取老旧小区海绵化改造的信息。

A. 非常不同意　　B. 不同意　　C. 中立　　D. 同意　　E. 非常同意

18. 我所在社区居民普遍了解老旧小区海绵化改造的内容、方式和途径。

A. 非常不同意　　B. 不同意　　C. 中立　　D. 同意　　E. 非常同意

第三部分:居民社会资本(单选题)

19. 我相信政府部门/社区工作人员能给我创造机会让我参与老旧小区海绵化改造。

A. 非常不同意　　B. 不同意　　C. 中立　　D. 同意　　E. 非常同意

20. 政府或社区等有关部门会妥善处理我在老旧小区海绵化改造上提出的问题和看法。

A. 非常不同意　　B. 不同意　　C. 中立　　D. 同意　　E. 非常同意

21. 我觉得目前老旧小区海绵化改造的管理制度比较规范。

A. 非常不同意　　B. 不同意　　C. 中立　　D. 同意　　E. 非常同意

22. 我觉得现阶段老旧小区海绵化改造有完善的参与网络,如非政府组织介入帮助居民参与。

A. 非常不同意　　B. 不同意　　C. 中立　　D. 同意　　E. 非常同意

23. 我相信周边的人都积极参加老旧小区海绵化改造项目。

A．非常不同意　　B．不同意　　C.中立　　D．同意　　E．非常同意

第四部分:居民心理资本(单选题)

24．我能抽出时间和精力参与老旧小区海绵化改造。

A．非常不同意　　B．不同意　　C.中立　　D．同意　　E．非常同意

25．如果给我机会,我觉得我有能力通过参与老旧小区改造使改造工程更合理。

A．非常不同意　　B．不同意　　C.中立　　D．同意　　E．非常同意

26．在老旧小区改造前,我能获知相关改造信息。

A．非常不同意　　B．不同意　　C.中立　　D．同意　　E．非常同意

27．如果在老旧小区海绵化改造过程中遇到了困难,那么我能想出很多办法解决这些困难。

A．非常不同意　　B．不同意　　C.中立　　D．同意　　E．非常同意

28．我认为,目前我在老旧小区海绵化改造中的参与非常成功。

A．非常不同意　　B．不同意　　C.中立　　D．同意　　E．非常同意

第五部分:居民惯习(单选题)

29．我时常参加与我息息相关的老旧小区改造项目。

A．非常不同意　　B．不同意　　C.中立　　D．同意　　E．非常同意

30．我时常通知他人关于老旧小区改造的信息。

A．非常不同意　　B．不同意　　C.中立　　D．同意　　E．非常同意

31．我时常与政府\社区工作人员交往。

A．非常不同意　　B．不同意　　C.中立　　D．同意　　E．非常同意

第六部分:居民社区归属感(单选题)

32．我比较关心社区公共事务。

A．非常不同意　　B．不同意　　C.中立　　D．同意　　E．非常同意

33．我对本社区当前公共事务的决策和处理方式较为满意。

A．非常不同意　　B．不同意　　C.中立　　D．同意　　E．非常同意

34．我对本社区基本公共服务设施及硬件条件较为满意。

A．非常不同意　　B．不同意　　C.中立　　D．同意　　E．非常同意

35．我对本社区的绿化、环境及公共区域空间利用较为满意。

A．非常不同意　　B．不同意　　C.中立　　D．同意　　E．非常同意

附录7 老旧小区海绵化改造居民参与治理模式影响因素最终调研问卷

尊敬的先生/女士：

您好！非常荣幸邀请您参与我们的研究工作，本书课题组正在进行老旧小区海绵化改造居民参与治理的相关调研，以提高居民在老旧小区海绵化改造过程中的参与积极性。我们向您保证，本次调研资料仅用于学术研究，绝不会泄露您的个人信息，再次感谢您的参与！

所在城市及社区：_____。

第一部分：基本信息

1. 您的性别？

A. 男　　　　　　B. 女

2. 您的年龄？

A. 小于 20 岁　　B. 20-34 岁　C. 35-49 岁　D. 50-64 岁　E. 65 岁及以上

3. 您的文化程度？

A. 小学　　　　　B. 初中　　　C. 中职或高中 D. 高职　　　E. 本科及以上

4. 您在这里居住多久了？

A. 1 年及以下　　B. 2～5 年　C. 6～10 年　D. 10 年以上

5. 您是否一个人居住？

A. 否　　　　　　B. 是

6. 您在该小区是否租房子居住？

A. 否　　　　　　B. 是

7. 您的工作状况是？

A. 无工作或在找工作　　B. 有工作　　　C. 退休

8. 您的月可支配收入为多少？

A. 小于 2 000 元　　B. 2 000～3 999 元　　C. 4 000～5 999 元　　D. 6 000～8 000 元

E. 大于 8 000 元

第二部分：居民参与治理认知、情感和行为（单选题）

9. 我了解老旧小区海绵化改造常用的低影响开发技术。

A. 非常不同意　　B. 不同意　　C. 中立　　D. 同意　　E. 非常同意

10. 对社区进行海绵化改造有很多益处，如可以改变小区的景观面貌，提升居住舒适度。

A. 非常不同意　　B. 不同意　　C. 中立　　D. 同意　　E. 非常同意

11. 社区或政府等部门会提供相关渠道让我参与老旧小区海绵化改造。

A. 非常不同意　　B. 不同意　　C. 中立　　D. 同意　　E. 非常同意

12. 我清楚在老旧小区海绵化改造过程中如何参与治理。

A. 非常不同意　　B. 不同意　　C. 中立　　D. 同意　　E. 非常同意

13. 我的参与对小区海绵化改造有一些帮助，例如施工过程减少冲突

A．非常不同意　　B．不同意　　C.中立　　D．同意　　E．非常同意

14．如果我参与到小区改造的决策、实施、维护工作中,那么我可以学到很多技术和管理知识。

A．非常不同意　　B．不同意　　C.中立　　D．同意　　E．非常同意

15．对我而言,重要的人(家人、朋友和邻居等)会参与老旧小区海绵化改造。

A．非常不同意　　B．不同意　　C.中立　　D．同意　　E．非常同意

16．对我而言,重要的人(家人、朋友和邻居等)希望您参与老旧小区海绵化改造。

A．非常不同意　　B．不同意　　C.中立　　D．同意　　E．非常同意

17．我支持在社区进行老旧小区海绵化改造。

A．非常不同意　　B．不同意　　C.中立　　D．同意　　E．非常同意

18．我关心我们社区海绵化改造的进展。

A．非常不同意　　B．不同意　　C.中立　　D．同意　　E．非常同意

19．我觉得应当鼓励社区居民积极参加到老旧小区海绵化改造中。

A．非常不同意　　B．不同意　　C.中立　　D．同意　　E．非常同意

20．我觉得应当提供渠道让周围居民积极参加到老旧小区海绵化改造中。

A．非常不同意　　B．不同意　　C.中立　　D．同意　　E．非常同意

21．如果政府部门和社区提供机会,那么我愿意参与小区海绵化改造的决策过程,例如:参加前期的意见咨询会。

A．非常不同意　　B．不同意　　C.中立　　D．同意　　E．非常同意

22．如果政府部门和社区提供机会,那么我愿意参与小区海绵化改造的实施过程,例如:向施工人员提供帮助。

A．非常不同意　　B．不同意　　C.中立　　D．同意　　E．非常同意

23．如果政府部门和社区提供机会,那么我愿意参与小区海绵化改造的维护过程,例如:对后续维护不当进行投诉。

A．非常不同意　　B．不同意　　C.中立　　D．同意　　E．非常同意

24．为了减少社区内涝问题,我愿意付出更多的时间和精力参与社区海绵化改造的相关事项。

A．非常不同意　　B．不同意　　C.中立　　D．同意　　E．非常同意

25．我在老旧小区海绵化改造决策阶段的参与行为包括(　　　　)。

A．老旧小区海绵化改造的决策是别人的事情,与我无关

B．我从社区公告栏、施工人员、社区会议上获取老旧小区海绵化改造决策的相关信息

C．我鼓励他人参与老旧小区海绵化改造的社区宣讲会或者听证会

D．我帮助向他人宣传老旧小区海绵化改造的相关知识

E．我向街道办事处、施工人员或业主委员会管理人员提出改造的规划

F．我在社区规划会议或公民论坛上参与老旧小区海绵化改造方案的决策

26．我在老旧小区海绵化改造实施阶段的参与行为包括(　　　　)。

A．我提了意见也不管用,不让他们在我家门口施工

B．老旧小区海绵化改造的实施是别人的事情,与我无关

C．我从社区公告栏、施工人员、社区会议上获取老旧小区海绵化改造施工阶段的相关

信息

D. 我鼓励他人在老旧小区海绵化改造过程中向施工人员或街道办事处提建议

E. 我对于老旧小区海绵化改造实施过程中的不合理行为,我会向施工方、业主委员会或社区投诉

F. 我为老旧小区海绵化改造的实施提供便利,比如配合施工

27. 我在老旧小区海绵化改造运维阶段的参与行为包括( )。

A. 老旧小区海绵化改造的维护是别人的事情,与我无关

B. 我从社区公告栏、施工人员、社区会议上获取老旧小区海绵化改造运维阶段的相关信息

C. 我鼓励他人在老旧小区海绵化改造之后对海绵设施进行维护

D. 对于海绵设施的维护,我会向施工方、业主委员会或社区管理人员提出建议

E. 针对海绵设施维护不合理的地方,我会向街道办事处、社区管理人员或政府热线投诉

F. 我协助维护海绵设施,如定期清理雨水花园中的垃圾,保护好家门口的雨水桶

第三部分:居民所在社区场域(单选题)

28. 我所在的社区经常在暴雨后发生内涝,严重影响居民生活。

A. 非常不同意   B. 不同意   C. 中立   D. 同意   E. 非常同意

29. 在老旧小区海绵化改造的过程中,可以去居委会或者街道办等地方进行投诉。

A. 非常不同意   B. 不同意   C. 中立   D. 同意   E. 非常同意

30. 我经常与邻居或社区工作人员交流社区发生的事情。

A. 非常不同意   B. 不同意   C. 中立   D. 同意   E. 非常同意

31. 政府部门及时解决老旧小区海绵化改造中出现的问题

A. 非常不同意   B. 不同意   C. 中立   D. 同意   E. 非常同意

32. 我所在社区居民普遍有热情参与老旧小区海绵化改造。

A. 非常不同意   B. 不同意   C. 中立   D. 同意   E. 非常同意

33. 政府对积极参与老旧小区海绵化改造的居民提供一定的物质或者精神奖励。

A. 非常不同意   B. 不同意   C. 中立   D. 同意   E. 非常同意

34. 在社区很容易获取老旧小区海绵化改造的信息。

A. 非常不同意   B. 不同意   C. 中立   D. 同意   E. 非常同意

第四部分:居民社会资本(单选题)

35. 政府或社区等有关部门会妥善处理我在老旧小区海绵化改造上提出的问题和看法。

A. 非常不同意   B. 不同意   C. 中立   D. 同意   E. 非常同意

36. 我觉得目前老旧小区海绵化改造的管理制度比较规范。

A. 非常不同意   B. 不同意   C. 中立   D. 同意   E. 非常同意

37. 我觉得现阶段老旧小区海绵化改造有完善的参与网络,如非政府组织介入帮助居民参与。

A. 非常不同意   B. 不同意   C. 中立   D. 同意   E. 非常同意

38．我相信周边的人都积极参加老旧小区海绵化改造项目。

　　A．非常不同意　　B．不同意　　C．中立　　D．同意　　E．非常同意

第五部分：居民心理资本(单选题)

39．我能抽出时间和精力参与老旧小区海绵化改造。

　　A．非常不同意　　B．不同意　　C．中立　　D．同意　　E．非常同意

40．如果给我机会，我觉得我有能力通过参与老旧小区改造使改造工程更合理。

　　A．非常不同意　　B．不同意　　C．中立　　D．同意　　E．非常同意

41．如果在老旧小区海绵化改造过程中遇到了困难，那么我能想出很多办法解决这些困难。

　　A．非常不同意　　B．不同意　　C．中立　　D．同意　　E．非常同意

42．我认为目前我在老旧小区海绵化改造中的参与非常成功。

　　A．非常不同意　　B．不同意　　C．中立　　D．同意　　E．非常同意

第六部分：居民惯习(单选题)

43．我时常参加与我息息相关的老旧小区改造项目。

　　A．非常不同意　　B．不同意　　C．中立　　D．同意　　E．非常同意

44．我时常通知他人关于老旧小区改造的信息。

　　A．非常不同意　　B．不同意　　C．中立　　D．同意　　E．非常同意

45．我时常与政府/社区工作人员交往。

　　A．非常不同意　　B．不同意　　C．中立　　D．同意　　E．非常同意

第七部分：居民社区归属感(单选题)

46．我比较关心社区公共事务。

　　A．非常不同意　　B．不同意　　C．中立　　D．同意　　E．非常同意

47．我对本社区当前公共事务的决策和处理方式较为满意。

　　A．非常不同意　　B．不同意　　C．中立　　D．同意　　E．非常同意

48．我对本社区基本公共服务设施及硬件条件较为满意。

　　A．非常不同意　　B．不同意　　C．中立　　D．同意　　E．非常同意

49．我对本社区的绿化、环境及公共区域空间利用较为满意。

　　A．非常不同意　　B．不同意　　C．中立　　D．同意　　E．非常同意

参 考 文 献

[1] 王建廷,魏继红. 基于海绵城市理念的既有居住小区绿化改造策略研究[J]. 生态经济, 2016,32(7):220-223.

[2] FOROUGHMAND A H. A typology of urban design theories and its application to the shared body of knowledge[J]. Urban design international,2016,21(1):11-24.

[3] FRANÇOIS C,ALEXANDRE L,JULLIARD R. Effects of landscape urbanization on magpie occupancy dynamics in France[J]. Landscape ecology,2008,23(5):527-538.

[4] 理查德·C. 博克斯. 公民治理:引领 21 世纪的美国社区[M]. 孙柏瑛,等译. 北京:中国人民大学出版社,2005.

[5] MAKSIMOVSKA A,STOJKOV A. Composite indicator of social responsiveness of local governments:an empirical mapping of the networked community governance paradigm[J]. Social indicators research,2019,144(2):669-706.

[6] KONG F H,BAN Y L,YIN H W, et al. Modeling stormwater management at the city district level in response to changes in land use and low impact development[J]. Environmental modelling & software,2017,95:132-142.

[7] DAMODARAM C,GIACOMONI M H,PRAKASH KHEDUN C,et al. Simulation of combined best management practices and low impact development for sustainable stormwater management [J]. JAWRA journal of the American water resources association,2010,46(5):907-918.

[8] ZAHMATKESH Z,BURIAN S J,KARAMOUZ M,et al. Low-impact development practices to mitigate climate change effects on urban stormwater runoff:case study of New York City [J]. Journal of irrigation and drainage engineering,2015,141(1):04014043.

[9] LATIFI M,RAKHSHANDEHROO G,NIKOO M R,et al. A game theoretical low

impact development optimization model for urban storm water management[J]. Journal of cleaner production,2019,241:118323.

[10] PASSEPORT E,VIDON P,FORSHAY K J,et al. Ecological engineering practices for the reduction of excess nitrogen in human-influenced landscapes:a guide for watershed managers[J]. Environmental management,2013,51(2):392-413.

[11] BROWN R A,LINE D E,HUNT W F. LID treatment train:pervious concrete with subsurface storage in series with bioretention and care with seasonal high water tables[J]. Journal of environmental engineering,2012,138(6):689-697.

[12] FLETCHER T D,ANDRIEU H,HAMEL P. Understanding,management and modelling of urban hydrology and its consequences for receiving waters:a state of the art[J]. Advances in water resources,2013,51:261-279.

[13] JACOBSON C R. Identification and quantification of the hydrological impacts of imperviousness in urban catchments:a review[J]. Journal of environmental management,2011,92(6):1438-1448.

[14] MAYER A L,SHUSTER W D,BEAULIEU J J,et al. Environmental reviews and case studies:building green infrastructure via citizen participation:a six-year study in the shepherd creek (Ohio)[J]. Environmental practice,2012,14(1):57-67.

[15] LINE D E,BROWN R A,HUNT W F,et al. Effectiveness of LID for commercial development in north Carolina[J]. Journal of environmental engineering,2012,138(6):680-688.

[16] XU C Q,JIA M Y,XU M,et al. Progress on environmental and economic evaluation of low-impact development type of best management practices through a life cycle perspective[J]. Journal of cleaner production,2019,213:1103-1114.

[17] ARNSTEIN S R. A ladder of citizen participation[J]. Journal of the American institute of planners,1969,35(4):216-224.

[18] HURLBERT M,GUPTA J. The split ladder of participation:a diagnostic,strategic, and evaluation tool to assess when participation is necessary[J]. Environmental science & policy,2015,50:100-113.

[19] FAUST K,ABRAHAM D M,. Assessment of stakeholder perceptions in water infrastructure projects using system-of-systems and binary probit analyses:a case study[J]. Journal of environmental management,2013,128(15):866-876.

[20] FAUST K M,MANNERING F L,ABRAHAM D M. Statistical analysis of public perceptions of water infrastructure sustainability in shrinking cities[J]. Urban water

journal,2016,13(6):618-628.

[21] MOSTAFAVI A,ABRAHAM D,VIVES A. Exploratory analysis of public perceptions of innovative financing for infrastructure systems in the U. S[J]. Transportation research part a policy & practice,2014,70(8):10-23.

[22] DEAN A J,LINDSAY J,FIELDING K S,et al. Fostering water sensitive citizenship-Community profiles of engagement in water-related issues[J]. Environmental science & policy,2016,55(1):238-247.

[23] ZELLNER M L,LYONS L B,HOCH C J,et al. Modeling,learning,and planning together:an application of participatory agent-based modeling to environmental planning[J]. Urisa journal,2012,24(1):77-92.

[24] BUIL R,PIERA M A,GINTERS E. Multi-agent system simulation for urban policy design:open space land use change problem[J]. International journal of modeling,siulation,and scientific computing,2016,7(2):1642002.

[25] ISLAMI I. Modeling socio-ecological structure of local communities participation for managing livestock drinking water using the agent-based approach[J]. Applied ecology and environmental research,2017,15(3):1173-1192.

[26] DE-MORAES-BATISTA A F,. SNA-based reasoning for multi-agent team composition[J]. International journal of artificial intelligence & applications,2015,6(3):51-60.

[27] EMERSON K. Beyond consensus:improving collaborative planning and management [J]. Journal of environmental policy & planning,2012,14(4):472-473.

[28] FLOYD J,IAQUINTO B L,ISON R,et al. Managing complexity in Australian urban water governance:transitioning Sydney to a water sensitive city[J]. Futures,2014,61:1-12.

[29] SHELTON D P,RODIE S N,FEEHAN K A,et al. Integrating extension,teaching,and research for stormwater management education[J]. Journal of contemporary water research & education,2015,156(1):68-77.

[30] 赵光勇. 政府改革:制度创新与参与式治理:地方政府治道变革的杭州经验研究[M]. 杭州:浙江大学出版社,2013.

[31] AWAN S. Rebuilding trust in community colleges through leadership,emotional healing,and participatory governance[J]. Community college enterprise,2014,20(2):45-55.

[32] WHELAN J,OLIVER P. Regional community-based planning:the challenge of participatory environmental governance[J]. Australasian journal of environmental management,2005,12(3):126-135.

［33］MOINI G. How participation has become a hegemonic discursive resource：towards an interpretivist research agenda[J]. Criticalpolicy studies，2011，5(2)：149-168.

［34］SIEGMUND-SCHULTZE M，RODORFF V，KÖPPEL J，et al. Paternalism or participatory governance? Efforts and obstacles in implementing the Brazilian water policy in a large watershed[J]. Land use policy，2015，48：120-130.

［35］XAVIER R，KOMENDANTOVA N，JARBANDHAN V，et al. Participatory governance in the transformation of the South African energy sector：critical success factors for environmental leadership[J]. Journal of cleaner production，2017，154：621-632.

［36］DÍEZ M A，ETXANO I，GARMENDIA E. Evaluating participatory processes in conservation policy and governance：lessons from a Natura 2000 pilot case study[J]. Environmental policy and governance，2015，25(2)：125-138.

［37］KOZOVÁ M，DOBŠINSKÁ Z，PAUDITŠOVÁ E，et al. Network and participatory governance in urban forestry：an assessment of examples from selected Slovakian cities[J]. Forestpolicy and economics，2018，89：31-41.

［38］SMILEY S，DELOË R，KREUTZWISER R. Appropriate public involvement in local environmental governance：a framework and case study [J]. Society & natural resources，2010，23(11)：1043-1059.

［39］朱勇.加强老年宜居环境建设[J].中国国情国力，2014(1)：14-16.

［40］陶希东.中国城市旧区改造模式转型策略研究：从"经济型旧区改造"走向"社会型城市更新"[J].城市发展研究，2015，22(4)：111-116.

［41］仇保兴.城市老旧小区绿色化改造：增加我国有效投资的新途径[J].住宅产业，2016(4)：10-17.

［42］刘承水，刘玲玲，史兵，等.老旧小区管理的现存问题及其解决途径[J].城市问题，2012(9)：83-85.

［43］周亚越，吴凌芳.诉求激发公共性：居民参与社区治理的内在逻辑：基于 H 市老旧小区电梯加装案例的调查[J].浙江社会科学，2019(9)：88-95.

［44］李迎生，杨静，徐向文.城市老旧社区创新社区治理的探索：以北京市 P 街道为例[J].中国人民大学学报，2017，31(1)：101-109.

［45］俞孔坚，李迪华.城市河道及滨水地带的"整治"与"美化"[J].现代城市研究，2003，18(5)：29-32.

［46］车伍，杨正，赵杨，等.中国城市内涝防治与大小排水系统分析[J].中国给水排水，2013，29(16)：13-19.

［47］仇保兴.海绵城市(LID)的内涵、途径与展望[J].建设科技，2015(1)：11-18.

[48] 俞孔坚.论生态治水:"海绵城市"与"海绵国土"[J].人民论坛·学术前沿,2016(21): 6-18.

[49] 李俊奇,任艳芝,聂爱华,等.海绵城市:跨界规划的思考[J].规划师,2016,32(5):5-9.

[50] 马海良,王若梅,訾永成.海绵城市的特征解读和建设路径研究[J].科技管理研究, 2016,36(22):184-189.

[51] 吕红亮,熊林,周霞,等.面向过程管控的海绵城市平台设计思路[J].中国给水排水, 2019,35(16):1-8.

[52] 王诒建.海绵城市控制指标体系构建探讨[J].规划师,2016,32(5):10-16.

[53] 车伍,马震,王思思,等.中国城市规划体系中的雨洪控制利用专项规划[J].中国给水排水,2013,29(2):8-12.

[54] 王虹,李昌志,章卫军,等.城市雨洪基础设施先行的规划框架之探析[J].国际城市规划,2015,30(6):72-77.

[55] 戴慎志.高地下水位城市的海绵城市规划建设策略研究[J].城市规划,2017,41(2): 57-59.

[56] 卓想,岳波,李珂,等.小城市海绵城市规划实践:以四川省华蓥市为例[J].规划师, 2017,33(5):59-65.

[57] 李方正,胡楠,李雄,等.海绵城市建设背景下的城市绿地系统规划响应研究[J].城市发展研究,2016,23(7):39-45.

[58] 车伍,张伟,王建龙,等.低影响开发与绿色雨水基础设施:解决城市严重雨洪问题措施[J].建设科技,2010(21):48-51.

[59] 苏义敬,王思思,车伍,等.基于"海绵城市"理念的下沉式绿地优化设计[J].南方建筑, 2014(3):39-43.

[60] 应君,张青萍.海绵城市理念下城市透水性铺装的应用研究[J].现代城市研究,2016, 31(7):41-46.

[61] 王俊岭,魏江涛,张雅君,等.基于海绵城市建设的低影响开发技术的功能分析[J].环境工程,2016,34(9):56-60.

[62] 石坚韧,肖越,赵秀敏.从宏观的海绵城市理论到微观的海绵社区营造的策略研究[J].生态经济,2016,32(6):223-227.

[63] 于洪蕾,曾坚.适应性视角下的海绵城市建设研究[J].干旱区资源与环境,2017, 31(3):76-82.

[64] 董淑秋,韩志刚.基于"生态海绵城市"构建的雨水利用规划研究[J].城市发展研究, 2011,18(12):37-41.

[65] 马越,甘旭,邓朝显,等.海绵城市考核监测体系涉水核心指标的评价分析方法探

讨[J].净水技术,2016,35(4):42-51.

[66] 郑博一,谢玉霞,刘洪波,等.基于模糊层次分析法的海绵城市措施研究[J].环境科学与管理,2016,41(5):183-186.

[67] 程鸿群,佘佳雪,姬睿,等.基于群组评价的海绵城市建设绩效评价研究[J].科技管理研究,2016,36(24):42-47.

[68] 陈志青.公民参与的诸模式:公共行政理论的观点[J].行政论坛,2009,16(6):10-14.

[69] 康宇.对于当代中国社区参与的理论分析[J].理论与现代化,2007(4):52-55.

[70] 彭惠青.城市社区自治中居民参与的时空变迁与内源性发展探索[J].当代世界与社会主义,2008(3):135-138.

[71] 汪锦军.公共服务中的公民参与模式分析[J].政治学研究,2011(4):51-58.

[72] 杨涛.城市社区参与的分类、组织结构及其有效性分析:以南京市华侨路街道为例[J].河海大学学报(哲学社会科学版),2012,14(3):34-38.

[73] 徐林,杨帆.社区参与的分层检视:基于主体意愿与能力的二维视角[J].北京行政学院学报,2016(6):92-99.

[74] 董石桃.基层协商民主中公民参与模式的理论模型与实践样态[J].探索,2019(4):64-75.

[75] 宋文辉.城市社区文化建设中居民参与认知的困境及其排解[J].行政论坛,2013,20(4):89-92.

[76] 孙旭友.居民参与大多数冷漠的原因与对策[J].河海大学学报(哲学社会科学版),2013,15(4):45-49.

[77] 兰亚春.居民关系网络脱域对城市社区结构的制约[J].吉林大学社会科学学报,2013,53(4):122-128.

[78] 刘佳.城市社区治理中的居民参与状况分析[J].兰州学刊,2013(10):131-134.

[79] 阙祥才,夏梦.城镇居民参与养老保险的态度及其影响因素分析[J].统计与决策,2014(1):96-98.

[80] 张红,张再生.基于计划行为理论的居民参与社区治理行为影响因素分析:以天津市为例[J].天津大学学报(社会科学版),2015,17(6):523-528.

[81] 白永亮,程奥星,成金华.水生态文明建设的公众参与意愿:5个国家级试点城市的1 379份问卷调查[J].资源科学,2019,41(8):1427-1437.

[82] 盛昭瀚,张军,杜建国,等.社会科学计算实验理论与应用[M].上海:上海三联书店,2009.

[83] 胡珑瑛,董靖巍.网络舆情演进过程参与主体策略行为仿真和政府引导[J].中国软科学,2016(10):50-61.

[84] 李乃文,刘祎,黄敏.基于 Multi-agent 的非常规突发事件下个体应激演化模型[J].中国安全生产科学技术,2014,10(10):5-9.

[85] 戴伟,余乐安,汤铃,等.非常规突发事件公共恐慌的政府信息公布策略研究:基于 Multi-Agent 模型[J].系统工程理论与实践,2015,35(3):641-650.

[86] 刘德海,陈静锋.环境群体性事件"信息-权利"协同演化的仿真分析[J].系统工程理论与实践,2014,34(12):3157-3166.

[87] 庹锦峰.城市社区建设中居民参与现状及其途径探讨[J].广州大学学报(社会科学版),2013,12(5):40-44.

[88] 王莹,王义保.社会公共安全治理中公众参与的模式与策略[J].城市发展研究,2015,22(2):101-106.

[89] 袁方成.增能居民:社区参与的主体性逻辑与行动路径[J].行政论坛,2019,26(1):80-85.

[90] 张紧跟.地方政府创新中的参与式治理趋向:以广州为例[J].人文杂志,2013(10):103-112.

[91] 陈亮.治理有效性视域下国家治理的复合结构与功能定位[J].求实,2015(11):24-30.

[92] 赵光勇.参与式治理的实践、影响变量与应用限度[J].甘肃行政学院学报,2015(2):43-51.

[93] 虞伟.社会主体之间关系,主从还是平等?:基于环保公众参与嘉兴模式的思考[J].环境经济,2015(增刊4):26.

[94] 周庆智.论中国社区治理:从威权式治理到参与式治理的转型[J].学习与探索,2016(6):38-47.

[95] 陈剩勇,徐珣.参与式治理:社会管理创新的一种可行性路径:基于杭州社区管理与服务创新经验的研究[J].浙江社会科学,2013(2):62-72.

[96] 傅利平,涂俊.城市居民社会治理满意度与参与度评价[J].城市问题,2014(5):85-91.

[97] 牛菊玲,杨立敏,侯云霞.基于 Logistic 模型的社会安全治理公众参与意愿实证分析[J].计算机与现代化,2019(4):92-97.

[98] 张紧跟.从反应式治理到参与式治理:地方政府危机治理转型的趋向[J].中国人民大学学报,2016,30(5):86-94.

[99] 王素侠,朱方霞.新型城镇化时期社区治理绩效的测度[J].统计与决策,2016(21):100-102.

[100] 蔡轶,夏春萍."五位一体"村级治理评价体系初探[J].南方农业学报,2016,47(5):766-772.

[101] 韩永辉,李青,邹建华.基于 GPCA 模型的中国省域生态文明治理评价研究[J].数理

统计与管理,2016,35(4):603-613.

[102] 南锐,汪大海.基于 TOPSIS 模型的中国省域社会治理水平评价的实证研究[J].东北大学学报(社会科学版),2017,19(3):284-291.

[103] 方卫华,绪宗刚.基层参与式治理的双重困境及其消解[J].新视野,2015(6):78-83.

[104] 黄俊尧.作为政府治理技术的"吸纳型参与":"五水共治"中的民意表达机制分析[J].甘肃行政学院学报,2015(5):29-38.

[105] 庄晓惠,杨胜平.参与式治理的发生逻辑、功能价值与机制构建[J].吉首大学学报(社会科学版),2015,36(5):76-81.

[106] 叶林,宋星洲,邓利芳.从管理到服务:我国城市治理的转型逻辑及发展趋势[J].天津社会科学,2018,9(6):77-81.

[107] 张大维,陈伟东.城市社区居民参与的目标模式、现状问题及路径选择[J].中州学刊,2008(2):115-118.

[108] GUO B,LI Y,WANG J X. The improvement strategy on the management status of the old residence community in Chinese cities:an empirical research based on social cognitive perspective[J]. Cognitivesystems research,2018,52:556-570.

[109] 古小东,夏斌.城市更新的政策演进、目标选择及优化路径[J].学术研究,2017(6):49-55.

[110] 张晓东,胡俊成,杨青,等.老旧住宅区现状分析与更新提升对策研究[J].现代城市研究,2017,32(11):88-92.

[111] 王晓鸣.国外城市旧住宅(区)改善研究[J].城市规划,1999,23(5):54-57.

[112] GAO M L,AHERN J,KOSHLAND C P. Perceived built environment and health-related quality of life in four types of neighborhoods in Xi'an,China[J]. Health & place,2016,39:110-115.

[113] ZHANG C,LU B. Residential satisfaction in traditional and redeveloped inner city neighborhood:a tale of two neighborhoods in Beijing[J]. Travel behaviour and society,2016,5:23-36.

[114] 关宏宇,朱宪辰,章平,等.共享资源治理制度转型中个体规则认同与策略预期调整:基于南京住宅小区老旧电梯更新调查研究[J].管理评论,2015,27(8):13-22.

[115] 高莹,范悦,刘涟涟.既有住区环境再生的目标体系构建研究[J].城市发展研究,2016,23(10):144-149.

[116] 高勇.城市老旧社区重建的新途径[J].城市问题,2008(2):60-64.

[117] 林雪霏.协商民主与老旧社区的"集体危害品"治理[J].国家行政学院学报,2018(2):128-133.

[118] 芦恒,蔡重阳."单位人"再组织化:城市社区重建的治理创新:以长春市 C 社区为例[J].新视野,2015(6):39-45.

[119] 黄珺,孙其昂.城市老旧小区治理的三重困境:以南京市 J 小区环境整治行动为例[J].武汉理工大学学报(社会科学版),2016,29(1):27-33.

[120] 王敏,段渊古,马强,等.城市旧居住区环境改造的思考[J].西北林学院学报,2013,28(3):230-234.

[121] 滕五晓,万蓓蕾,夏剑霉.城市老旧房屋的安全问题及破解方略:以上海市为例[J].城市问题,2011(10):74-79.

[122] 孔娜娜,陈伟东.公民社会的生长机制:政府与社会合作:以老旧城区社区物业服务为解读对象[J].当代世界与社会主义,2011(4):158-162.

[123] 陈铭.城市旧住区更新动力的量化模型研究[J].城市规划,2002,26(12):76-81.

[124] 丁凡,伍江.城市更新相关概念的演进及在当今的现实意义[J].城市规划学刊,2017(6):87-95.

[125] 芦恒.东北老工业基地城市棚户区的类型与社区建设[J].吉林大学社会科学学报,2013,53(5):168-174.

[126] 郑文升,金玉霞,王晓芳,等.城市低收入住区治理与克服城市贫困:基于对深圳"城中村"和老工业基地城市"棚户区"的分析[J].城市规划,2007,31(5):52-56.

[127] 蔡云楠,杨宵节,李冬凌.城市老旧小区"微改造"的内容与对策研究[J].城市发展研究,2017,24(4):29-34.

[128] KEELEY M,KOBURGER A,DOLOWITZ D P,et al. Perspectives on the use of green infrastructure for stormwater management in Cleveland and Milwaukee[J]. Environmental management,2013,51(6):1093-1108.

[129] 王春华,方适明,陈学良.基于海绵城市建设理念的旧小区排涝治理实践[J].给水排水,2017,53(3):45-47.

[130] 方世南,戴仁璋.海绵城市建设的问题与对策[J].中国特色社会主义研究,2017,8(1):88-92.

[131] 郭湘闽,危聪宁.高密度城区分布式海绵化改造策略[J].规划师,2016,32(5):23-28.

[132] 郑昭佩,宋德香.山地城市海绵城市建设的对策研究:以济南市为例[J].生态经济,2016,32(11):161-164.

[133] 霍吉民.小区内涝防治措施的转变及启示:由"排"到"蓄"再到"渗"[J].江西建材,2017(7):28.

[134] 住房和城乡建设部,海绵城市建设技术指南:低影响开发雨水系统构建(试行):建城函〔2014275 号〕[Z].北京:住房和城乡建设部,2014.

[135] 李德智,王艳青,谷甜甜.美国海绵城市建设技术选用及其启示[J].现代城市研究,2018,33(9):109-114.

[136] 王建龙,涂楠楠,席广朋,等.已建小区海绵化改造途径探讨[J].中国给水排水,2017,33(18):1-8.

[137] FLORA C B. Social aspects of small water systems[J]. Journal of contemporary water research & education,2004,128(1):6-12.

[138] COUSINS J J. Infrastructure and institutions:stakeholder perspectives of stormwater governance in Chicago[J]. Cities,2017,66:44-52.

[139] 俞可平.治理与善治[M].北京:社会科学文献出版社,2000.

[140] 蔡定剑.民主是一种现代生活[M].北京:社会科学文献出版社,2010.

[141] 郭小聪,代凯.近十年国内公民参与研究述评[J].学术研究,2013(6):29-35.

[142] 李春梅.城镇居民公众参与认知、态度和行为关系的实证研究[M].北京:中国社会科学出版社,2017.

[143] 李雪萍,陈艾.社区组织化:增强社区参与达致社区发展[J].贵州社会科学,2013(6):150-155.

[144] 彭惠青.内源性发展视角下服务型政府与城市社区自治互动研究[J].科学社会主义,2009(5):99-101.

[145] 赵巧艳."资本—策略"视角下居民参与民族旅游的路径:以龙脊景区为个案[J].中央民族大学学报(哲学社会科学版),2012,39(3):124-132.

[146] PERIS J,ACEBILLO-BAQUÉ M,CALABUIG C. Scrutinizing the link between participatory governance and urban environment management:the experience in Arequipa during 2003-2006[J]. Habitat international,2011,35(1):84-92.

[147] DEBRIE J,RAIMBAULT N. The port-city relationships in two European inland ports:a geographical perspective on urban governance[J]. Cities,2016,50:180-187.

[148] CORRAL S,MONAGAS M C. Social involvement in environmental governance:the relevance of quality assurance processes in forest planning[J]. Land use policy,2017,67:710-715.

[149] 陈剩勇,赵光勇."参与式治理"研究述评[J].教学与研究,2009(8):75-82.

[150] 王锡锌.参与式治理与根本政治制度的生活化:"一体多元"与国家微观民主的建设[J].法学杂志,2012,33(6):94-98.

[151] 张紧跟.参与式治理:地方政府治理体系创新的趋向[J].中国人民大学学报,2014,28(6):113-123.

[152] 绕义军.现代性、"参与式"治理与中国基层民主政治建设[J].南京社会科学,

2013(12):79-84.

[153] 彭惠青.城市社区居民参与研究:以武汉市社区考察为例[M].武汉:华中科技大学出版社,2009.

[154] 申可君.城市社区居民参与机制研究[M].北京:中国传媒大学出版社,2016.

[155] 李雪萍.社区参与在路上[M].北京:中国社会科学出版社,2015.

[156] 樊舒舒.老旧小区改造中居民参与度的定量评价及仿真研究[D].南京:东南大学,2018.

[157] Department of Communities Queensland Government. Engaging Queenslanders:a guide to community engagement methods and techniques[R]. Queensland:Department of Communities Queensland Government,2009.

[158] BARCLAY N,KLOTZ L. Role of community participation for green stormwater infrastructure development [J]. Journal of environmental management, 2019, 251:109620.

[159] The State of Queensland. South East Queensland water strategy[R]. Queensland: Queensland Water Commission,2010.

[160] HONG. Resident participation in urban renewal:focused on Sewoon Renewal Promotion Project and Kwun Tong Town Centre Project[J]. Frontiers of architectural research,2018, 7(2):197-210.

[161] HALL D M,GILBERTZ S J,ANDERSON M B,et al. Beyond "buy-in":designing citizen participation in water planning as research[J]. Journal of cleaner production, 2016,133:725-734.

[162] DEAN A J,FIELDING K S,NEWTON F J. Community knowledge about water: who has better knowledge and is this associated with water-related behaviors and support for water-related policies? [J]. PLoS one,2016,11(7):e0159063.

[163] POLSON E C,KIM Y I,JANG S J,et al. Being prepared and staying connected: scouting's influence on social capital and community involvement[J]. Socialscience quarterly,2013,94(3):758-776.

[164] DRUSCHKE C G,HYCHKA K C. Manager perspectives on communication and public engagement in ecological restoration project success[J]. Ecology and society, 2015,20:art58.

[165] BRODIE R J,HOLLEBEEK L D,JURI B,et al. Customer engagement:conceptual domain,fundamental propositions,and implications for research [J]. Journal of service research,2011,17(3):1-20.

[166] PRADHANANGA A K,DAVENPORT M,OLSON B. Landowner motivations for civic engagement in water resource protection[J]. JAWRA journal of the american water resources association,2015,51(6):1600-1612.

[167] FREDRICKS J A,FILSECKER M,LAWSON M A. Student engagement,context, and adjustment:addressing definitional,measurement,and methodological issues[J]. Learning and instruction,2016,43:1-4.

[168] SAKS A M,GRUMAN J A. What do we really know about employee engagement? [J]. Human resource development quarterly,2014,25(2):155-182.

[169] REISSNER S,PAGAN V. Generating employee engagement in a public-private partnership: management communication activities and employee experiences[J]. The international journal of human resource management,2013,24(14):2741-2759.

[170] HOLLEBEEK L. Exploring customer brand engagement:definition and themes[J]. Journal of strategic marketing,2011,19(7):555-573.

[171] ONES D S,WIERNIK B M,DILCHERT S,et al. Pro-environmental behavior[M]// International Encyclopedia of the Social & Behavioral Sciences. Amsterdam: Elsevier,2015:82-88.

[172] LARSON L R,STEDMAN R C,COOPER C B,et al. Understanding the multi-dimensional structure of pro-environmental behavior[J]. Journal of environmental psychology,2015,43:112-124.

[173] GU T T,LI D Z,ZHU S Y,et al. Does sponge-style old community renewal lead to a satisfying life for residents? An investigation in Zhenjiang, China [J]. Habitat international,2019,90:102004.

[174] BOUDET H S,FLORA J A,ARMEL K C. Clustering household energy-saving behaviours by behavioural attribute[J]. Energypolicy,2016,92:444-454.

[175] GUAN H J,ZHANG Z,ZHAO A W,et al. Research on innovation behavior and performance of new generation entrepreneur based on grounded theory [J]. Sustainability,2019,11(10):2883.

[176] SRDJEVIC Z, FUNAMIZU N, SRDJEVIC B, et al. Public participation in water management of krivaja river,Serbia:understanding the problem through grounded theory methodology[J]. Water resources management,2018,32(15):5081-5092.

[177] JIA H F,WANG Z,ZHEN X Y,et al. China's sponge city construction:a discussion on technical approaches[J]. Frontiers ofenvironmental science & engineering,2017, 11(4):1-11.

[178] WANG H，MEI C，LIU J H，et al. A new strategy for integrated urban water management in China：sponge City[J]. Science China technological sciences，2018，61(3)：317-329.

[179] CASCIO M A，LEE E，VAUDRIN N，et al. A team-based approach to open coding：considerations for creating intercoder consensus[J]. Field methods，2019，31(2)：116-130.

[180] PAPATHANASIOU J，PLOSKAS N. Multiple Criteria Decision Aid[M]. Cham：Springer International Publishing，2018.

[181] HIRANO M. Public participation in the global regulatory governance of water services：global administrative law perspective on the Inspection Panel of the World Bank and amicus curiae in investment arbitration[J]. Utilitiespolicy，2016，43：21-31.

[182] WEHN U，COLLINS K，ANEMA K，et al. Stakeholder engagement in water governance as social learning：lessons from practice[J]. Water international，2018，43(1)：34-59.

[183] 田兴洪. 试论我国社区矫正中的社区参与模式及其优化路径：以中美社区矫正中的社区参与模式比较研究为视角[J]. 湖南师范大学社会科学学报，2015，44(2)：94-100.

[184] 涂志群，黄晖. 居民参与居住环境建设的基本模式[J]. 城市发展研究，2002，9(1)：44-47.

[185] ZEITNER V. Internet use and civic engagement：a longitudinal analysis[J]. Public opinion quarterly，2003，67(3)：311-334.

[186] 徐震. 环境保护公众参与浙江实践与探索[J]. 环境保护，2014，42(23)：27-28.

[187] 杨娱，田明华，黄三祥，等. 公众认知，情感对公众参与古树名木保护与管理的行为意向影响研究：以北京市为例[J]. 干旱区资源与环境，2019，33(7)：49-55.

[188] BEJERHOLM U，EKLUND M. Construct validity of a newly developed instrument：profile of occupational engagement in people with Schizophrenia，POES[J]. Nordic journal of psychiatry，2006，60(3)：200-206.

[189] FAUST K M，ABRAHAM D M，ZAMENIAN H. Statistical modeling of public attitudes towards water infrastructure retooling alternatives in shrinking cities[C]//Proceedings of the Fifth International Construction Specialty Conference (ICSC). Vancouver：University of British Columbia Library，2015.

[190] THAKER J，HOWE P，LEISEROWITZ A，et al. Perceived collective efficacy and trust in government influence public engagement with climate change-related water conservation policies[J]. Environmental communication，2019，13(5)：681-699.

［191］ TRUELOVE H B,GILLIS A J. Perception of pro-environmental behavior［J］. Global environmental change,2018,49:175-185.

［192］ WARNER L A,LAMM A J,RUMBLE J N,et al. Classifying residents who use landscape irrigation:implications for encouraging water conservation behavior［J］. Environmental management,2016,58(2):238-253.

［193］ WANG Y T,SUN M X,SONG B M. Public perceptions of and willingness to pay for sponge city initiatives in China［J］. Resources,conservation and recycling,2017,122:11-20.

［194］ FIELDING K S,THOMPSON A,LOUIS W,et al. Environmental sustainability:understanding the attitudes and behaviour of Australian households［J］. AHURI final report,2010(152):1-132.

［195］ DEAN A,FIELDING K,NEWTON F,et al. Community engagement in the water sector:an outcome-focused review of different engagement approaches［R］. Melbourne:Cooperative Research Centre for Water Sensitive Cities,2016.

［196］ GARCIA-CUERVA L,BERGLUND E Z,BINDER A R. Public perceptions of water shortages,conservation behaviors,and support for water reuse in the U. S. ［J］. Resources,conservation and recycling,2016,113:106-115.

［197］ GAO Y,LI Z G,KHAN K. Effect of cognitive variables and emotional variables on urban residents' recycled water reuse behavior ［J］. Sustainability,2019,11(8):2208.

［198］ KOLLMUSS A,AGYEMAN J. Mind the gap:why do people act environmentally and what are the barriers to pro-environmental behavior? ［J］. Environmental education research,2002,8(3):239-260.

［199］ KAISER F G,FUHRER U. Ecological behavior's dependency on different forms of knowledge［J］. Applied psychology,2003,52(4):598-613.

［200］ FLORESS K,GARCÍA DE JALÓN S,CHURCH S P,et al. Toward a theory of farmer conservation attitudes:dual interests and willingness to take action to protect water quality［J］. Journal of environmental psychology,2017,53:73-80.

［201］ YAZDANPANAH M,HAYATI D,HOCHRAINER-STIGLER S,et al. Understanding farmers' intention and behavior regarding water conservation in the Middle-East and North Africa:a case study in Iran［J］. Journal of environmental management,2014,135:63-72.

［202］ SHI Y,WU R W,CHEN M A,et al. Understanding perceptions of plant landscaping in LID:seeking a sustainable design and management strategy［J］. Journal of sustainable water in the built environment,2017,3(4):05017003.

[203] PRADHANANGA A K,DAVENPORT M A. Community attachment, beliefs and residents' civic engagement in stormwater management[J]. Landscape and urban planning,2017,168:1-8.

[204] SUH D H, KHACHATRYAN H, RIHN A, et al. Relating knowledge and perceptions of sustainable water management to preferences for smart irrigation technology[J]. Sustainability,2017,9(4):607.

[205] 李磊,刘继.面向舆情主题的微博用户行为聚类实证分析[J].情报杂志,2014,33(3):118-121.

[206] 王梦倩,范逸洲,郭文革,等.MOOC学习者特征聚类分析研究综述[J].中国远程教育,2018(7):9-19.

[207] 赵呈领,李敏,疏凤芳,等.在线学习者学习行为模式及其对学习成效的影响:基于网络学习资源视角的实证研究[J].现代远距离教育,2019(4):20-27.

[208] 瞿瑶,李旭东.贵阳市城市居民低碳能源使用群体细分与行为特征研究[J].科技管理研究,2018,38(17):237-242.

[209] 陈可嘉,罗晓莉.基于迂回二次聚类的微博用户细分研究[J].福州大学学报(哲学社会科学版),2016,30(1):42-48.

[210] 张佳丽.老旧小区"海绵化"改造实践:以宁波市姚江花园小区为例[J].城乡建设,2019(10):52-54.

[211] 黄屹.嘉兴市老(旧)住宅小区海绵城市改造经验[J].建设科技,2017(1):35-38.

[212] 吴明隆.结构方程模型:Amos实务进阶[M].重庆:重庆大学出版社,2013.

[213] 徐林,杨帆.社区参与的分层检视:基于主体意愿与能力的二维视角[J].北京行政学院学报,2016(6):92-99.

[214] MAO X H,JIA H F,YU S L. Assessing the ecological benefits of aggregate LID-BMPs through modelling[J]. Ecological modelling,2017,353:139-149.

[215] 尚蕊玲,王华,黄宁俊,等.城市新区低影响开发措施的效果模拟与评价[J].中国给水排水,2016,32(11):141-146.

[216] 栾博,柴民伟,王鑫.绿色基础设施研究进展[J].生态学报,2017,37(15):5246-5261.

[217] ELLIS J B,DEUTSCH J C,MOUCHEL J M,et al. Multicriteria decision approaches to support sustainable drainage options for the treatment of highway and urban runoff[J]. Science of thetotal environment,2004,334:251-260.

[218] 段梦,齐珊娜,屈凯,等.基于水敏感城市框架下城市水系统综合管理评价方法研究:以西咸新区沣西新城为例[J].给水排水,2019,55(1):47-54.

[219] 俞孔坚,李迪华,袁弘,等."海绵城市"理论与实践[J].城市规划,2015,39(6):26-36.

[220] 王思思,李畅,李海燕,等.老城排水系统改造的绿色方略:以美国纽约市为例[J].国际城市规划,2018,33(3):141-147.

[221] 谢映霞.中国的海绵城市建设:整体思路与政策建议[J].人民论坛·学术前沿,2016(21):29-37.

[222] 耿潇,赵杨,车伍.对海绵城市建设 PPP 模式的思考[J].城市发展研究,2017,24(1):125-129.

[223] 徐心一,张晨,朱晓东.海绵城市建设水平评价与分区域控制策略[J].水土保持通报,2019,39(1):203-211.

[224] 王泽阳,关天胜,吴连丰.基于效果评价的海绵城市监测体系构建:以厦门海绵城市试点区为例[J].给水排水,2018,54(3):23-27.

[225] 顾锟辉,郑涛,程炜,等.城市居住社区雨水径流面源污染控制潜力评价[J].给水排水,2019,55(7):102-106.

[226] 糜晶.乡村治理水平与国家政策执行:基于农地流转政策的实证分析[J].江汉论坛,2018(8):25-30.

[227] 彭莹莹.社会治理评估指标体系的设计与应用[J].甘肃行政学院学报,2018(2):89-98.

[228] 过勇,程文浩.城市治理水平评价:基于五个城市的实证研究[J].城市发展研究,2010,17(12):113-118.

[229] 林建平,邓爱珍,赵小敏,等.公众参与度对土地整治项目规划方案满意度的影响分析[J].中国土地科学,2018,32(6):54-60.

[230] 庞英,盛光华,张志远.环境参与度视角下情绪对绿色产品购买意图调节机制研究[J].软科学,2017,31(2):117-121.

[231] 殷惠惠,赵磊,孔维玮,等.影响农村公众环保参与程度的主要因子辨析[J].长江流域资源与环境,2008,17(3):485-489.

[232] 李元书,刘昌雄.试论政治参与水平的量度[J].江苏社会科学,2003(5):63-68.

[233] MARCH M H. Guide to evaluating participatory processes [R]. Barcelona: Department of Governance and Institutional Relations,2013.

[234] 田发,周琛影.社会治理水平:指数测算、收敛性及影响因素[J].财政研究,2016(8):54-65.

[235] 程同顺,李畅.世界银行"世界治理指数"对中国的测量与启示[J].理论探讨,2017(5):13-20.

[236] 萧鸣政,张博.中西方国家治理评价指标体系的分析与比较[J].行政论坛,2017,

24(1):19-24.

[237] 包国宪,赵晓军.新公共治理理论及对中国公共服务绩效评估的影响[J].上海行政学院学报,2018,19(2):29-42.

[238] 何增科.治理评价体系的国内文献述评[J].经济社会体制比较,2008(6):10-22.

[239] 何增科.中国治理评价体系框架初探[J].北京行政学院学报,2008(5):1-8.

[240] 唐天伟,曹清华,郑争文.地方政府治理现代化的内涵、特征及其测度指标体系[J].中国行政管理,2014(10):46-50.

[241] 陈诚,卓越.基于结构与过程的社区治理能力评估框架构建[J].华侨大学学报(哲学社会科学版),2016(1):70-79.

[242] NADEEM O, FISCHER T B. An evaluation framework for effective public participation in EIA in Pakistan[J]. Environmental impact assessment review,2011,31(1):36-47.

[243] 李文静.社会工作在社区治理创新中的作用研究[J].华东理工大学学报(社会科学版),2014,29(4):21-27.

[244] 陆军,丁凡琳.多元主体的城市社区治理能力评价:方法、框架与指标体系[J].中共中央党校(国家行政学院)学报,2019,23(3):89-97.

[245] JOHNSON A L. Engaging Queenslanders: evaluating community engagement[M]. Queensland:Department Communities,2004.

[246] 南锐,王海军.我国东部地区社会管理水平测度及分类研究:兼论社会管理水平与经济发展的关系[J].上海财经大学学报,2014,16(2):19-26.

[247] BROMBAL D, MORIGGI A, MARCOMINI A. Evaluating public participation in Chinese EIA. An integrated Public Participation Index and its application to the case of the New Beijing Airport[J]. Environmentalimpact assessment review,2017,62:49-60.

[248] OECD. Focus on citizens: public engagement for better policy and services [J]. Source OECD governance, 2009 (19):320-326.

[249] 魏淑娟,李龙,章志敏,等.服务、参与、治理:以信息化完善城市社区治理[J].晋阳学刊,2017(2):103-114.

[250] 王菁.城市社区民主治理绩效评估体系的构建与指标设计[J].华东经济管理,2016,30(3):161-169.

[251] 卢瑾.基层群体性事件的参与式治理研究[M].北京:科学出版社,2016.

[252] 余逊达,赵永茂.参与式地方治理研究[M].杭州:浙江大学出版社,2009.

[253] 王敬尧.参与式治理:中国社区建设实证研究[M].北京:中国社会科学出版社,2006.

[254] 赵楠楠,刘玉亭,刘铮.新时期"共智共策共享"社区更新与治理模式:基于广州社区微更新实证[J].城市发展研究,2019,26(4):117-124.

[255] 张连刚.组织支持感对合作社成员满意度的影响研究:以成员参与为调节变量[J].统计与信息论坛,2014,29(12):84-91.

[256] 孙飞,陈玉萍.中国农民发展水平模糊评价[J].华南农业大学学报(社会科学版),2019,18(5):45-58.

[257] 邓楚雄,刘唱唱,孙雄辉,等.异质典型县域耕地流转绩效评价及差异分析[J].经济地理,2019,39(8):192-199.

[258] 齐默尔曼.模糊集合论及其应用[M].北京:世界图书出版公司,2011.

[259] CHAI J Y,LIU J N K,NGAI E W T. Application of decision-making techniques in supplier selection:a systematic review of literature [J]. Expertsystems with applications,2013,40(10):3872-3885.

[260] 孙钰,赵玉萍,崔寅.我国乡村生态环境治理:效率评价及提升策略[J].青海社会科学,2019(3):53-59.

[261] 郭存芝,彭泽怡,丁继强.可持续发展综合评价的DEA指标构建[J].中国人口·资源与环境,2016,26(3):9-17.

[262] 熊婵,买忆媛,何晓斌,等.基于DEA方法的中国高科技创业企业运营效率研究[J].管理科学,2014,27(2):26-37.

[263] 张丽.模糊信息下战略性新兴产业评价模型构建及应用[J].统计与决策,2015(10):81-83.

[264] 杨宗周,徐琪.结合主成分分析和Electre方法的供应商选择方法研究[J].统计与决策,2008(16):52-54.

[265] 韦钢,刘佳,张鑫,等.配电网规划方案的AHP/PROMETHEE综合决策[J].电力系统及其自动化学报,2009,21(3):36-40.

[266] 曾超,杨侃,刘朗,等.基于层次分析法的变权PROMETHEE模型在雨水利用评价中的应用[J].水资源与水工程学报,2018,29(3):124-129.

[267] 石宝峰,刘锋,王建军,等.基于PROMETHEE-Ⅱ的商户小额贷款信用评级模型及实证[J].运筹与管理,2017,26(9):137-147.

[268] 顾辉.综合评价法在城市治理评估指标体系中的应用[J].江淮论坛,2015(6):21-25.

[269] 王珺,夏宏武.五区域中心城市治理能力评价[J].开放导报,2015(3):16-19.

[270] 汪芳,郝小斐.基于层次分析法的乡村旅游地社区参与状况评价:以北京市平谷区黄松峪乡雕窝村为例[J].旅游学刊,2008,23(8):52-57.

[271] 李洋洋,刘志敏.基于社会实践理论的中国城乡居民体育参与比较研究[J].沈阳体育

学院学报,2016,35(4):59-65.

[272] 宫留记.布迪厄的社会实践理论[M].开封:河南大学出版社,2009.

[273] 王丽丽,张晓杰.城市居民参与环境治理行为的影响因素分析:基于计划行为和规范激活理论[J].湖南农业大学学报(社会科学版),2017,18(6):92-98.

[274] 吴士艳,张旭熙,孙凯歌,等.慢性病高危人群和健康人群休闲类身体活动健康信念模式的多组结构方程模型分析[J].北京大学学报(医学版),2018,50(4):711-716.

[275] 毛荣建,晏宁,毛志雄.国外锻炼行为理论研究综述[J].北京体育大学学报,2003,26(6):752-755.

[276] 罗建平,李春明.健康信念模式对社区高血压患者服药行为的影响[J].中国老年学杂志,2013,33(6):1359-1361.

[277] 郭新艳,李宁.城镇居民体育健身行为整合理论模型的构建与系列实证[J].数学的实践与认识,2014,44(10):63-71.

[278] LINDSAY J J,STRATHMAN A.Predictors of recycling behavior:an application of a modified health belief Model1[J].Journal of applied social psychology,1997,27(20):1799-1823.

[279] 王晓楠.我国环境行为研究20年:历程与展望:基于CNKI期刊文献的可视化分析[J].干旱区资源与环境,2019,33(2):22-31.

[280] SCHWARTZ S H.Normative explanations of helping behavior:a critique,proposal,and empirical test[J].Journal of experimental social psychology,1973,9(4):349-364.

[281] 胡凤培,张晓宁,赵雷.心理学视角下的民众环境行为述评[J].环境保护,2019,47(增刊1):66-70.

[282] Stern P.Toward a coherent theory of environmentally significant behavior[J].Journal of social issues,2000,56(3):407-424.

[283] GHAZALI E M,NGUYEN B,MUTUM D S,et al.Pro-environmental behaviours and value-belief-norm theory:assessing unobserved heterogeneity of two ethnic groups[J].Sustainability,2019,11(12):3237.

[284] AJZEN I.The theory of planned behavior[J].Organizational behavior and human decision processes,1991,50(2):179-211.

[285] MORRIS J,MARZANO M,DANDY N,et al.Theories and models of behaviour and behaviour change[J].Forestry,sustainable behaviours and behaviour change:theories,2012:1-27.

[286] MEHDIZADEH M,NORDFJAERN T,MAMDOOHI A.Environmental norms and

sustainable transport mode choice on children's school travels：the norm-activation theory[J]. International journal of sustainable transportation，2020，14(2)：137-149.

[287] LIU X W，ZOU Y，WU J P. Factors influencing public-sphere pro-environmental behavior among Mongolian college students：a test of value-belief-norm theory[J]. Sustainability，2018，10(5)：1384.

[288] AJZEN I. Residual effects of past on later behavior：habituation and reasoned action perspectives[J]. Personality and social psychology review，2002，6(2)：107-122.

[289] DE L A，VALOIS P，AJZEN I，et al. Using the theory of planned behavior to identify key beliefs underlying pro-environmental behavior in high-school students：implications for educational interventions[J]. Journal of environmental psychology，2015，42：128-138.

[290] ZIMMERMAN B J，BANDURA A，MARTINEZ-PONS M. Self-motivation for academic attainment：the role of self-efficacy beliefs and personal goal setting[J]. American educational research journal，1992，29(3)：663-676.

[291] 朱正威，李文君，赵欣欣. 社会稳定风险评估公众参与意愿影响因素研究[J]. 西安交通大学学报(社会科学版)，2014，34(2)：49-55.

[292] 贾鼎. 基于计划行为理论的公众参与环境公共决策意愿分析[J]. 当代经济管理，2018，40(1)：52-58.

[293] SLAGLE K，WILSON R S，HEEREN A. Seeking，thinking，acting：understanding suburban resident perceptions and behaviors related to stream quality[J]. JAWRA journal of the American water resources association，2015，51(3)：821-832.

[294] 董新宇，杨立波，齐璞. 环境决策中政府行为对公众参与的影响研究：基于西安市的实证分析[J]. 公共管理学报，2018，15(1)：33-45.

[295] 田北海，王连生. 城乡居民社区参与的障碍因素与实现路径[J]. 学习与实践，2017(12)：98-105.

[296] LI X N，CHEN W P，CUNDY A B，et al. Analysis of influencing factors on public perception in contaminated site management：simulation by structural equation modeling at four sites in China[J]. Journal of environmental management，2018，210：299-306.

[297] 宋源. 工作压力、心理资本与员工建言行为研究[J]. 河南社会科学，2018，26(9)：77-81.

[298] 焦开山. 社会经济地位、环境意识与环境保护行为：一项基于结构方程模型的分析[J]. 内蒙古社会科学(汉文版)，2014，35(6)：138-144.

[299] 夏祥伟,黄金玲,郝翔,等.高校研究生体育与健康教育效应的实证研究:基于研究生全面健康促进机制的结构方程模型[J].教师教育研究,2018,30(5):85-89.

[300] 程开明.结构方程模型的特点及应用[J].统计与决策,2006(10):22-25.

[301] 方杰,温忠麟,张敏强,等.基于结构方程模型的多重中介效应分析[J].心理科学,2014,37(3):735-741.

[302] 邱皓政.量化研究与统计分析:SPSS中文视窗版数据分析范例解析[M].重庆:重庆大学出版社,2009.

[303] 张晓君,王郅强.从感知到行为:公民参与群体性事件的机制研究:基于社会行为理论视角的解释与实证检验[J].华南师范大学学报(社会科学版),2019(2):106-116.

[304] 孙祯祥,张丹清.教师信息化领导力生成动力研究:借助场动力理论的分析[J].远程教育杂志,2016,34(5):105-112.

[305] LEWIN. Field theory and learning [M]//Resolving social conflicts and field theory in social science. Washington:American Psychological Association,1942.

[306] BURNES B,COOKE B. Kurt lewin′s field theory:a review and re-evaluation[J]. International journal of management reviews,2013,15(4):408-425.

[307] 范叶超,赫特·斯巴哈伦.实践与流动:可持续消费研究的社会理论转向[J].学习与探索,2017(8):34-39.

[308] 塔尔科特·帕森斯.社会行动的结构[M].张明德,夏遇南,彭刚,译.南京:译林出版社,2012.

[309] 吴立保,王达,孙薇.大学共同治理的行动结构与路径选择:基于帕森斯的社会行动理论[J].教育发展研究,2017,37(5):39-45.

[310] 郭玲玲.基于社会行动理论的全民健身运动行动偏差研究[J].武汉体育学院学报,2013,47(5):25-31.

[311] 龙欢,王翠绒.社会资本理论的争辩与整合[J].湖南农业大学学报(社会科学版),2016,17(5):49-54.

[312] 徐忠麟.社会资本理论视域下我国环境监管的困境与出路[J].安徽大学学报(哲学社会科学版),2017,41(6):120-129.

[313] 陈奕林,尹贻林,钟炜.BIM技术创新支持对建筑业管理创新行为影响机理研究:内在激励的中介作用[J].软科学,2018,32(11):69-72.

[314] WALTHER M. Repatriation to France and Germany:a comparative study based on Bourdieu's theory of practice[M]. [S. l.]:Springer,2014.

[315] 倪代川,季颖斐.布迪厄场域理论视域下的大学图书馆场域探析[J].图书馆工作与研究,2013(7):15-18.

[316] 俞可平. 社会资本与草根民主:罗伯特·帕特南的《使民主运转起来》[J]. 经济社会体制比较,2003(2):21-25.

[317] 刘卫平. 社会协同治理:现实困境与路径选择:基于社会资本理论视角[J]. 湘潭大学学报(哲学社会科学版),2013,37(4):20-24.

[318] 宋煜萍. 公众参与社会治理:基础、障碍与对策[J]. 哲学研究,2014(12):90-93.

[319] 宋惠芳. 场域、惯习与文化资本:农村妇女城市社区参与边缘化的原因与对策[J]. 安康学院学报,2012,24(5):22-25.

[320] 梁莹. 重塑政府与公民的良好合作关系:社会资本理论的视域[J]. 中国行政管理,2004(11):85-91.

[321] 牛喜霞,邱靖. 社会资本及其测量的研究综述[J]. 理论与现代化,2014(3):119-127.

[322] 罗伯特·D. 帕特南. 使民主运转起来:现代意大利的公民传统[M]. 王列,赖海榕,译. 南昌:江西人民出版社,2001.

[323] WARREN A M,SULAIMAN A,JAAFAR N I. Understanding civic engagement behaviour on Facebook from a social capital theory perspective[J]. Behaviour& information technology,2015,34(2):163-175.

[324] TRAN H,NGUYEN Q,KERVYN M. Factors influencing People's knowledge, attitude,and practice in land use dynamics:a case study in Ca Mau Province in the Mekong delta,Vietnam[J]. Landuse policy,2018,72:227-238.

[325] ALAMEDDINE I,JAWHARI G,EL-FADEL M. Social perception of public water supply network and groundwater quality in an urban setting facing saltwater intrusion and water shortages[J]. Environmental management,2017,59(4): 571-583.

[326] BAKARE B F,MTSWENI S,RATHILAL S. A pilot study into public attitudes and perceptions towards greywater reuse in a low cost housing development in Durban, South Africa[J]. Journal of water reuse and desalination,2016,6(2):345-354.

[327] HAEFFNER M,JACKSON-SMITH D,FLINT C G. Social position influencing the water perception gap between local leaders and constituents in a socio-hydrological system[J]. Water resources research,2018,54(2):663-679.

[328] GARCÍA-RUBIO M A,TORTAJADA C,GONZÁLEZ-GÓMEZ F. Privatising water utilities and user perception of tap water quality:evidence from Spanish urban water services[J]. Water resources management,2016,30(1):315-329.

[329] SEGURA D,CARRILLO V,REMONSELLEZ F,et al. Comparison of public perception in desert and rainy regions of Chile regarding the reuse of treated sewage

water[J]. Water,2018,10(3):334.

[330] XIAO L S,ZHANG G Q,ZHU Y,et al. Promoting public participation in household waste management:a survey based method and case study in Xiamen City,China[J]. Journal ofcleaner production,2017,144:313-322.

[331] LAI C,CHAN N,ROY R. Understanding public perception of and participation in non-revenue water management in Malaysia to support urban water policy[J]. Water,2017,9(1):26.

[332] GACHANGO F G,ANDERSEN L M,PEDERSEN S M. Adoption of voluntary water-pollution reduction technologies and water quality perception among Danish farmers[J]. Agricultural water management,2015,158:235-244.

[333] ZHANG B,FU H L. Effect of guiding policy on urban residents' behavior to use recycled water[J]. Desalination and water treatment,2018,114:93-100.

[334] SCHIRMER J,DYER F. A framework to diagnose factors influencing proenvironmental behaviors in water-sensitive urban design[J]. PNAS,2018,115(33):7690-7699.

[335] CARPIANO R M. Toward a neighborhood resource-based theory of social capital for health:can Bourdieu and sociology help? [J]. Social science & medicine, 2006, 62(1):165-175.

[336] GRAYMORE M L M,WALLIS A M. Water savings or water efficiency? Water-use attitudes and behaviour in rural and regional areas[J]. International journal of sustainable development & world ecology,2010,17(1):84-93.

[337] GARCIA X,MURO M,RIBAS A,et al. Attitudes and behaviours towards water conservation on the Mediterranean coast:the role of socio-demographic and place-attachment factors[J]. Waterinternational,2013,38(3):283-296.

[338] DENG X P,LOW S P. Exploring critical variables that affect political risk level in international construction projects:case study from Chinese contractors[J]. Journal of professional issues in engineering education and practice,2014,140(1):04013002.

[339] 朱煜明,闫文琪,郭鹏. 基于实证方法的航空产业升级效果评价指标体系构建研究[J]. 运筹与管理,2018,27(2):94-105.

[340] 王强. 治理与社会资本问题研究[J]. 内蒙古民族大学学报(社会科学版),2007,33(2):74-77.

[341] 何文盛,廖玲玲,孙露文,等. 中国地方政府绩效评估中公民参与的障碍分析及对策[J]. 兰州大学学报(社会科学版),2011,39(1):80-86.

[342] 董光前. 公共政策参与的障碍性因素分析[J]. 西北师大学报(社会科学版),2010,

47(3):118-121.

[343] 郭渐强,田园.公众参与政府绩效评估的障碍与克服途径[J].求索,2010(1):81-82.

[344] 徐善登,李庆钧.市民参与城市规划的主要障碍及对策:基于苏州、扬州的调查数据分析[J].国际城市规划,2009,24(3):91-95.

[345] 丹尼尔·A.鲍威斯,谢宇.分类数据分析的统计方法[M].任强,等译.北京:社会科学文献出版社,2018.

[346] 格里高利夫.AnyLogic 建模与仿真/高等院校信息技术规划教材[M].北京:清华大学出版社,2014.

[347] 钟永光,贾晓菁,钱颖,等.系统动力学[M].2 版.北京:科学出版社,2013.

[348] 陈英武,邢立宁,王晖,等.网络环境下社会管理的组织行为建模与计算实验研究综述[J].自动化学报,2015,41(3):462-474.

[349] 唐少虎,刘小明,陈兆盟,等.基于计算实验的城市道路行程时间预测与建模[J].自动化学报,2015,41(8):1516-1527.

[350] 刘天印,万琼.动态网络分析与仿真研究[M].北京:清华大学出版社,2017.

[351] 赵业清.基于复杂 agent 网络的高校舆论演化系统研究[J].情报科学,2016,34(1):130-134.

[352] 魏奇锋,石琳娜.基于小世界网络的知识网络结构演化模型研究[J].软科学,2017,31(7):135-140.

[353] 李臣明,赵嘉,徐立中.复杂适应性系统建模与多 agent 仿真及应用[M].北京:科学出版社,2017.

[354] 华沐阳.老旧小区海绵化改造中居民参与机理研究[D].南京:东南大学,2018.